国家能源集团
CHN ENERGY

U0168839

国华电力公司
防止电力生产事故的
二十五项重点措施

国家能源集团国华电力公司　编

中国电力出版社
CHINA ELECTRIC POWER PRESS

内 容 提 要

为贯彻国家安全生产政策法规，有效落实国家能源局《防止电力生产事故的二十五项重点要求》，进一步加强电力生产安全风险预防控制，提高电力安全生产水平，有效防止电力生产事故的发生，国华电力公司在总结安全生产管理和技术新成果的基础上，组织专业人员对《国华电力防止电力生产重大事故的二十五项重点要求》进行了修编。

本次修编，对公司不涉及的电网相关设备设施内容进行了删除，增加了防止供热中断的相关内容，补充了新技术设备的相关内容，细化、量化了部分条款。通过公司专业内审、发电单位意见征集、中国电机工程学会组织的专家审查，形成《国华电力公司防止电力生产事故的二十五项重点措施》。

修编后内容更加翔实、重点更加突出、可供发电行业生产单位、筹建单位和管理部门有关工作人员在规划设计、安装调试、运行维护、隐患排查、风险管控、教育培训等工作中参考使用。

图书在版编目（CIP）数据

国华电力公司防止电力生产事故的二十五项重点措施／国家能源集团国华电力公司编 . —北京：中国电力出版社，2020.5
ISBN 978-7-5198-4268-0

Ⅰ . ①国… Ⅱ . ①国… Ⅲ . ①电力工业－安全事故－事故预防 Ⅳ . ① TM08

中国版本图书馆 CIP 数据核字（2020）第 023369 号

出版发行：中国电力出版社
地　　址：北京市东城区北京站西街 19 号（邮政编码 100005）
网　　址：http://www.cepp.sgcc.com.cn
责任编辑：娄雪芳
责任校对：黄　蓓　闫秀英
装帧设计：王红柳
责任印制：吴　迪

印　　刷：三河市航远印刷有限公司
版　　次：2020 年 5 月第一版
印　　次：2020 年 5 月北京第一次印刷
开　　本：880 毫米 ×1230 毫米　32 开本
印　　张：10.625
字　　数：225 千字
印　　数：0001—2000 册
定　　价：48.00 元

版权专有 侵权必究

本书如有印装质量问题，我社营销中心负责退换

《国华电力公司防止电力生产事故的二十五项重点措施》编写委员会

主任委员　李　巍

副主任委员　张　翼　李宏伟　卓　华

编写成员　（按姓氏笔画排序）

王顶辉　王　茂　王　晨

孙志春　刘　辉　张建丽

李飒岩　岳建华　周洪光

赵慧传　谢建文　韩长利

序　言 >>>

　　电力是国民经济的基础性产业，电力安全生产事关国计民生。为有效防止电力生产重大事故的发生，1992年，国家能源部发布《防止电力生产重大事故的二十项重点要求》；2000年9月，国家电力公司发布《防止电力生产重大事故的二十五项重点要求》；2014年，国家能源局发布《防止电力生产事故的二十五项重点要求》，迄今五年有余。

　　随着电力技术的跨越发展，清洁高效环保发电新技术、新工艺、新材料、新装备普遍应用，加之特高压电网建设、长距离直流输电等技术应用，以及风电、太阳能等新能源的快速发展，电力事故发展规律和形态都在发生变化，因此，反事故措施必须与时俱进。这也是国华电力在2010版基础上，修订反事故技术措施的背景和初衷。

　　本次修编，以国家安全生产法律法规为根本遵循，结合国家能源集团有关管理要求和国华电力实际，将国家能源局二十五项重点要求中的发电侧条款，进一步细化、量化为具体措施；完善防止供热中断等保民生措施，新增电力监控系统安全防范等国家安全管理要求，以期用最新的管理手段和最适用的技术防范二十五类重大事故。

　　大学之道，止于至善。本次修编汲取了国华电力20年安全生产管理的精髓，志在"所有风险皆可控制、所有事故皆可避免"。本版反事故措施是《国华安全风险预控管理体系》框架的重要支撑文件，贯穿电力基建工程和生产领域全过程，以专业化纵深管理融入风险管控体系。

本版反事故措施源自国华，践行于国华，同时具有一定的行业借鉴意义。国华电力拥有燃煤机组 68 台，燃气机组两台套，运营总装机容量 42.85GW，供热能力 6067MW，其中 600MW 机组及以上容量占比 79.8%，超临界、超超临界煤电机组容量占比 59.6%，代表了高参数、大容量的发展趋势；公司率先在国内开展汽轮机提效改造和环保"近零排放"，在电力"四新"应用、防止烟气湿除着火等安全管理方面积累了丰富的实践经验。本版反事故措施已在国华电力公司下发执行，并尝试融入班组日常工作，实现在线培训、风险警示、互动反馈、案例分享等功能，使之在基层深化应用。

本次修编汇集了国华电力多年安全生产的积淀，修编成员专业水平高，或为行业专业委员会委员，或为电力科技奖评审专家库成员。编撰历时 4 个多月，初稿完成后经多次专业研讨、基层单位征求意见和五大发电集团、电科院、中国电机工程学会等外部专家审查，集中了行业智慧。

人身安全事关千家万户，事故防范责任重于泰山。推进技术进步，提升电力安全生产水平，是每个电力企业的责任和使命。以国华电力的管理实践为推进行业安全生产尽绵薄之力，我觉得很有意义。这本书中，即使一条管理要点、一条技术措施为您所用，或对您的实践有借鉴价值，我们都深感欣慰。

值此《国华电力公司防止电力生产事故的二十五项重点措施》付梓之际，谨此作序。

李庄

2019 年 12 月 10 日

目　录

1 防止人身伤亡事故

1.1 防止高处坠落事故

1.1.1 高处作业人员必须经县级以上医疗机构体检合格（体格检查每年一次），担任高处作业人员必须身体健康。患有精神病、癫痫病及经医师鉴定患有高血压、心脏病等不宜从事高处作业病症的人员，不准参加高处作业。严禁酒后、疲劳、精神不佳、情绪异常人员参加高处作业。

1.1.2 高处作业前，应针对作业内容，进行危险辨识，制定相应的作业程序及安全措施。将辨识出的危害因素写入作业文件，并制定出对应的安全措施。

1.1.3 高处作业必须正确使用双钩安全带，安全带必须系在牢固物（构）件上，禁止挂在移动或不牢固的物件上，防止脱落。在高处作业必须穿防滑鞋、设专人监护。高处作业不具备挂安全带的情况下，应使用防坠器、安全绳或采取其他安全措施。

1.1.4 高处作业应设有合格、牢固的防护栏，防止作业人员失误或坐靠坠落。作业立足点面积要足够，跳板进行满铺及有效固定。

1.1.5 高处作业用的脚手架必须由有资质的架子工搭设，并设置供作业人员上下使用的安全扶梯、爬梯或斜道，使用前应按规定组织验收合格，使用中严禁超载。斜道板及作业层脚手板应满铺、采用定型卡带进行固定，脚

1

手板安装前必须经过检查合格，木质脚手板应采用杉木或松木，且无木节、裂纹、腐蚀等缺陷，宽度不得小于200mm，厚度不得小于50mm，长度不超过6m，距板两端80mm处两端应用直径为4mm镀锌钢丝各绑扎两道。按规定在施工作业层下部、临边等处设置安全网。斜道两边、斜道拐弯处和脚手架作业层外侧，应设置符合要求的防护栏杆及18cm高的挡脚板。在攀爬或在脚手架上移动过程中，严禁失去保护。

1.1.6 安装使用吊篮必须有安装使用方案，安装使用方案要经过企业和使用单位专业技术人员和有关负责人审核批准；严格按照说明书要求进行吊篮的安装和试验，并经检查验收后方可使用。吊篮进行安装和使用前，要进行安全技术交底。吊篮安全锁应在有效标定期内，升高限位应灵敏可靠，悬挂机构的结构件应有足够的强度、刚度和配重及固定措施。禁止单人使用吊篮作业，禁止在吊篮内使用梯子、电焊、放置氧气、乙炔瓶等，严禁超负荷使用。作业人员必须将安全带系在独立设置的安全绳上，严禁将安全带系在吊篮上。

1.1.7 基坑（槽）临边应装设由钢管 ϕ48mm×3.5mm（直径×管壁厚）搭设带中杆的防护栏杆，防护栏杆上除警示标示牌、警示灯外不得拴挂任何物件，以防作业人员行走踏空坠落。作业层脚手架的脚手板应铺设严密，采用定型卡带进行固定，踢脚板符合要求。

1.1.8 洞口应装设盖板并盖实，表面刷黄黑相间的安全警示线，以防人员行走踏空坠落，洞口盖板掀开后，应装设刚性防护栏杆，悬挂安全警示牌，夜间应将洞口盖实或安装临时刚性防护栏杆并装设警示灯进行警示，以防人员失足坠落。

1.1.9 格栅楼梯开孔工作，应采取特别措施，除楼梯进出口两端设置能防止人员穿越的隔离措施、醒目的"楼梯开孔，禁止通行"警示外，还应在孔洞处再设置一道隔离措施。

1.1.10 登高作业应使用两端装有防滑套的合格的梯子，梯阶的距离不应大于40cm，并在距梯顶1m处设限高标志。使用单梯工作时，梯子与地面的斜角度为60°左右，梯子有人扶持或绑扎固定牢固，以防失稳坠落。

1.1.11 拆除工程必须制定安全防护措施、正确的拆除程序，不得颠倒，以防建（构）筑物倒塌坠落。

1.1.12 严禁在强度不足的作业面（如石棉瓦、铁皮板、采光浪板、装饰板等）作业。如必须在上面作业时，应采取加强措施，并在下部挂设安全网，以防踏空坠落。

1.1.13 在5级及以上的大风以及暴雨、雷电、冰雹、大雾等恶劣天气，应停止露天高处作业。特殊情况下，确需在恶劣天气进行抢修时，必须组织人员充分讨论必要的安全措施，经本单位分管生产的领导（总工程师）批准后方可进行。台风暴雨后，应对高处作业安全设施逐一检查合格后方可开工。

1.1.14 登高作业人员，必须经过专业技能培训，并应取得合格证书方可上岗。

1.2 防止触电事故

1.2.1 凡从事电气操作、电气检修和维护人员（统称电工）或者按照国家规定实行准入制度的职业（工种）的人员，必须经专业技术培训及触电急救培训并取得特种作业资格证书方可上岗，如：低压电工作业、高压电工作业、电力电缆作业、继电保护作业、电气试验作业、防爆电气作业。

1.2.2 凡从事电气作业人员应佩戴合格的个人防护用品：高压绝缘鞋（靴）、高压绝缘手套等必须选用具有国家"劳动防护品安全生产许可证书"资质单位的产品且在检验有效期内。作业时必须穿好工作服、戴安全帽，穿绝缘鞋（靴）、戴绝缘手套。

1.2.3 使用绝缘安全用具——绝缘操作杆、验电器、携带型短路接地线等必须选用具有"生产许可证""产品合格证""安全鉴定证"的产品，使用前必须检查是否贴有"检验合格证"标签及是否在检验有效期内。

1.2.4 选用的手持、移动电动工器具包括潜水泵、电焊机等，必须具备有效的产品合格证，必须定期按标准进行检查检验，无检验合格证标识或超过检验周期（六个月）不得使用。现场使用电气工器具应根据不同的工作环境、工艺要求、工作负荷、电压等级合理地选用电气工器具，严禁超铭牌使用。使用时应遵守有关使用、操作规定及《电业安全工作规程》，必须接在装有动作电流不大于30mA、一般型（无延时）的剩余电流动作保护器的电源上，并不得提着电动工具的导线或转动部分使用，严禁将电缆金属丝直接插入插座内使用。

1.2.5 现场临时用电的检修电源箱必须装自动空气开关、剩余电流动作保护器、接线柱或插座、专用接地铜排和端子、箱体必须可靠接地，接地、接零标识应清晰，并固定牢固。对氢站、氨站、油区、危险化学品间等特殊场所，应选用防爆型检修电源箱，并使用防爆插头。现场临时布置的所有电线应平直、整齐、靠边敷设，电线过通道应使用专用电缆槽，电线架空搭设应使用临时支架或专用挂钩。

1.2.6 在高压设备作业时，人体及所带的工具与带电体的最小安全距离，应符合表 1-1 要求。

表 1-1 人体与带电体的最小安全距离

电压等级（kV）	10 及以下	20~35	66~110	220	330	500	750	±800	1000
最小安全距离（m）	0.35	0.6	1.5	3.0	4.0	5.0	8.0	9.3	8.7

在低压设备作业时，人体与带电体的安全距离不低于 0.1m。当高压设备接地故障时，室内不得接近故障点 4m 以内，室外不得接近故障点 8m。

1.2.7 高压电气设备带电部位对地距离不满足设计标准时周边必须装设防护围栏，门应加锁，并挂好安全警示牌。在做高压试验时，必须装设围栏，并设专人看护，非工作人员禁止入内。操作人员应站在绝缘物上。

1.2.8 电气设备"五防"功能必须完备，严格按规定保管和使用万能解锁钥匙；电气设备、设施安全接地、接零应牢固可靠，不得将接地线接在金属管道上或其他金属构件上，并应定期测量接地阻值是否合格；配电盘前后标志清楚，严禁单人打开柜门进行拆装接地线工作，设备带电部位应设置明显的带电警示标识和安全色，定期检查，确保完好。

1.2.9 当发觉有跨步电压时，应立即将双脚并在一起或用一条腿跳着离开导线断落地点。

1.2.10 在地下敷设电缆附近开挖土方时，严禁使用机械开挖。

1.2.11 严禁湿手触摸电源开关以及其他电器设备。

严禁不停电移动电焊机。

1.2.12 为防止发生电气误操作触电，操作时应遵循以下原则：

（1）停电：断路器在"分闸"位置时，方准拉开隔离开关。

（2）验电：先检验验电器是否完好，并设监护人，方准进行验电操作。

（3）装设地线：先挂接地端，再挂导体端。拆除时，则顺序相反。严禁带电挂（合）接地线（接地开关）。

1.2.13 严禁无票操作及擅自解除高压电器设备的防误操作闭锁装置，严禁带接地线（接地开关）合断路器（隔离开关）及带负荷合（拉）隔离开关，严禁误入带电间隔。

1.2.14 潜水泵使用前必须检测电机及电缆绝缘，不合格不得使用。电源应使用漏电保护器，外壳必须可靠接地。要使用绝缘绳固定吊挂且满足负载要求。在放置、撤除时必须切断电源。不应用电源线承载或提拉潜水泵。禁止人员进入运行的潜水泵放置水域（区域）。

1.3 防止物体打击事故

1.3.1 进入生产现场人员必须进行安全培训教育，掌握相关安全防护知识，从事手工加工的作业人员，必须掌握工器具的正确使用方法及安全防护知识，从事人工搬运的作业人员，必须掌握撬杠、滚杠、跳板等工具的正确使用方法及安全防护知识。

1.3.2 进入现场的作业人员必须戴好安全帽。人工搬运的作业人员必须戴好安全帽、防护手套，穿好防砸鞋，必要时戴好披肩、垫肩、护目镜。

1.3.3 高处作业时，必须做好防止物件掉落的防护措施，下方设置警戒区域，并设专人监护，不得在工作地点下面通行和逗留。上、下层垂直交叉同时作业时，中间必须搭设严密牢固的防护隔板、罩栅或其他隔离设施。

高处作业必须佩带工具袋时，工具袋应拴紧系牢，上下传递物件时，应用绳子系牢物件后再传递，严禁上下抛掷物品。高处作业下方，应设警戒区域，设专人看护。

1.3.4 高处临边不得堆放物件，空间小必须堆放时，必须采取防坠落措施，高处场所的废弃物应及时清理。

1.3.5 对厂房屋顶定期检查清理，无杂物，建筑物上的化妆板（皮）、玻璃应定期检查加固，防止脱落。

1.3.6 在钢格栅上工作，严禁将能通过格栅坠落的小工具、小备件、小料头、电焊头等直接放在格栅上，应及时控制、清理，防止落物伤人。

1.4 防止机械伤害事故

1.4.1 操作人员必须经过专业技能培训，并掌握机械（设备）的现场操作规程和安全防护知识。

1.4.2 操作人员必须穿好工作服，衣服、袖口应扣好，不得戴围巾、领带，女同志长发必须盘在帽内，操作时必须戴防护眼镜，必要时戴防尘口罩、穿绝缘鞋。操作钻床时，不得戴手套，不得在开动的机械设备旁换衣服。

1.4.3 机械设备各转动部位（如传送带、齿轮机、联轴器、飞轮等）必须装设全封闭防护装置。

机械设备必须装设紧急制动装置，一机一闸一保护。周边必须划警戒线，工作场所应设人行通道，照明必须充足。

1.4.4 皮带启动前应进行声、光警示，声、光报警应覆盖至皮带全区域，并且警示时间应满足人员撤离需求。

1.4.5 输煤皮带的转动部分及拉紧重锤必须装设遮栏，加油装置应接在遮栏外面。两侧的人行通道必须装设固定防护栏杆，并装设紧急停止拉线开关。

运行或停运备用侧皮带上严禁站人、越过、爬过及传递各种用具。皮带运行过程中严禁清理皮带中任何杂物。

1.4.6 严禁在运行中清扫、擦拭、维护设备的旋转和移动部分。严禁将手伸入栅栏内。严禁将头、手脚伸入转动部件活动区内。各式运煤机操作室的门窗应保持完好，窗户应加装栏杆，门应加装闭锁，以防行车中操作人员探头瞭望或走出操作室。

1.4.7 给料（煤）机在运行中发生卡、堵时，应停止设备运行，做好设备防转动措施后方可清理卡塞物。严禁用手直接清理卡塞物。钢球磨煤机运行中，严禁在传动装置和滚筒下部清除煤粉、钢球、杂物等。

1.4.8 燃料采样机、卸煤机、斗轮机和堆取料机等大型机械设备驾驶室门、各平台门必须安装可靠的闭锁装置，平台护栏高度符合规定，扩音器、警铃音响设施保持良好。设备运行期间操作人员不得离开驾驶室，身体各部位不得探出驾驶室、围栏以外，人员不得进入机械作业区域。

1.4.9 翻车机系统拨车机、迁车台、推车机等移动设备位置信号及闭锁应保持正确可靠，机械限位应牢固、动作正常，自动操作（程控）应正常投入使用。切至手动操作状态下，应按自动操作的步序执行。拨车机、迁车台、推车机手动操作回路应具备相互闭锁功能，推车机返回不到位，迁车台不应动作，迁车台不到位，拨车机不应动作。迁车台对轨位置信号应与人工确认相结合，以避免车厢脱轨、坠坑。

1.4.10 任何人严禁从火车车厢下部穿越铁道。斗轮机、卸船机、车厢（牵引）运行中，禁止从其运行前方强行穿越铁道。翻车机、牵车台等大型机械运行时，工作人员应规避至安全距离外。

1.4.11 车厢编组连挂必须到位，避免留有人员穿越空当。

1.4.12 转动设备检修后试转前，检修人员应全部撤离工作地点，工作票交回运行处，运行人员必须到现场检查确认后方可进行送电操作。试转设备时，观察人员应站在试转设备的纵向且不允许身体任何部位触及转动部分。试转设备需继续检修时，必须重新履行工作票程序。

1.5 防止灼烫伤害事故

1.5.1 电工、电（气）焊人员均属于特种作业人员，必须经专业技能培训，取得《特种作业操作证》。电工作业、焊接与热切割作业、除灰（焦）人员、热力作业人员必须经专业技术培训，符合上岗要求。从事危险化学品工作的人员应取得相关资质证明，并定期培训、考试合格、复证。

1.5.2 除焦作业人员必须穿好防烫伤的隔热工作服、工作鞋，戴好防烫伤手套、防护面罩和必须的安全工具。

电（气）焊作业人员必须穿好焊工工作服、焊工防护鞋，戴好工作帽、焊工手套，其中电焊须戴好焊工面罩，气焊须戴好防护眼镜。

化学作业人员〔配置化学溶液，装卸酸（碱）等〕必须穿好耐酸（碱）服，戴好橡胶耐酸（碱）手套、防护眼镜（面罩）以及戴好防毒口罩。

1.5.3 从事酸、碱作业的人员，必须熟悉这些物质的特性及应急处理常识，防止不当施救。化验人员应用滴管或移液管吸取。

1.5.4 搬运盛装浓酸或浓碱溶液的容器时，应将容器固定，严禁溶液溅出和损坏容器，容器应由 2 人搬运，不应由一人单独搬运。用车子或抬箱搬运时，必须将容器稳固地放在车上或抬箱中，或加以捆绑。严禁用肩扛、背驮或抱住的方法搬运盛装浓酸或浓碱溶液的容器。

1.5.5 拆卸酸碱等强腐蚀性设备时，必须先泄掉设备内部压力，防止酸碱喷出伤人；当有酸碱液体流出时，应立即用大量清水冲洗稀释，防止流出的酸碱液体腐蚀设备及基础。

1.5.6 捞渣机周边应装设固定的防护栏杆，挂"当心烫伤"警示牌。循环流化床锅炉的外置床事故排渣口周围必须设置固定围栏。循环流化床排渣门须使用先进、可远方操作的电动锤型阀，取消简易的插板门。禁止在运行中的捞渣机周围长时间停留，防止人员烫伤。吹灰期间不得进行捞渣机检修和捞渣机运行巡检。不停炉进行捞渣机检修时，应采取措施防止大焦块坠落飞溅伤人。不停炉检修干渣机时应带空气呼吸器，防止烫伤。

1.5.7 电（气）焊作业面应铺设防火隔离毯，作业区下方设置警戒线并设专人看护，作业现场照明充足。清理焊渣时必须戴上白光眼镜，并避免对着人的方向敲打焊渣。

1.5.8 发电厂锅炉运行时，工作需要打开的门孔应及时关闭。不得在锅炉人孔门、炉膛连接的膨胀节处长时间逗留，对于循环流化床等正压锅炉，在锅炉运行时，严禁打开任何门孔。

1.5.9 当制粉设备内部有煤粉空气混合物流动时，禁止打开检查门。开启锅炉的看火门、检查门、灰渣门，观察炉膛燃烧情况时，应缓慢小心，必须站在看火孔的侧面，并选好向两旁躲避的退路，同时佩戴防护眼镜或用有色玻璃遮盖眼睛。

1.5.10 除焦时，原则应停炉进行。确需不停炉除焦（渣）时，应设置警戒区域，挂上安全警示牌，设专人监护。循环流化床除焦时，必须指定专门的现场指挥人员，除焦工作应由经过训练的工作人员进行，实习人员未经指导与学习，不准单独进行除焦工作，除焦人员必须正确穿戴防烫伤安全防护用品。开工前必须制订好除焦方案，并进行安全和技术交底，确保除焦人员安全。除焦人员严禁站在楼梯、管子或栏杆等上面，工作地点应有良好照明，安全撤离通道不得有阻塞物。当燃烧不稳定或有炉烟向外喷出时，禁止打焦。停炉采用水力除焦时应做好防止烫伤的措施，进入炉内人工除焦时，应防止高空掉焦和渣井坍塌。

1.5.11 清灰时，工作人员应戴手套，穿防烫伤工作服和长筒靴，并将裤脚套在靴外面，以防热灰进入靴内。向灰车中灰渣浇水时，工作人员站立的位置至少距离灰车1.5～2m，以免被灰渣和蒸汽烫伤。浇水时，禁止无关人员在旁逗留。

1.5.12 水压试验进水时，管理空气门及给水门的人员不准擅自离开，以免水满烫伤其他人员。安全门不启座时，禁止用敲打阀门的方法助力起跳。封闭式校验安全门时应打开窗户通风，防止蒸汽外泄烫伤。

1.5.13 锅炉设备等承压部件、管道原则上不允许带压堵漏。特殊情况下在运行中的管道、阀门上紧固阀门盘根和在管道上打卡子以消除轻微的泄漏等工作，应经主管领导书面批准并取得值长同意，安排有专业资质的单位（人员）进行，并严格执行《承压设备带压密封技术规范》（GB/T 26467）的要求。电厂应按照压力最低原则调整配合，操作现场照明应充足，并设置警戒区，堵漏操作人员应穿戴防烫工作服、手套和防雾面罩等防护用品，区内人员应不超过 2 人。

1.5.14 必须按规程要求正确使用喷灯，不熟悉喷灯使用方法的人员禁止使用喷灯。

1.5.15 投运、解列及冲洗水位计时，应站在水位计侧面，缓慢操作，操作人员必须穿防烫伤隔热工作服、手套。

1.6 防止起重伤害事故

1.6.1 起重设备经检验检测机构监督检验合格，并在特种设备安全监督管理部门登记。

1.6.2 从事起吊作业及其安装维修的人员必须经专业技能培训、考试合格并取得"特种作业操作证"后方可上岗，且经县级以上医疗机构体检合格，合格的（含矫正视力）双目视力不低于 0.7，无色盲、听觉障碍、癫痫病、高血压、心脏病、眩晕、突发性昏厥等疾病及生理缺陷。

1.6.3 吊装作业（采用非常规起重设备、方法，且单件起吊重量在 10kN 及以上的起重吊装工程以及采用起重机械进行安装的工程）必须编制专项施工方案，并应充分考虑施工现场的环境、道路、架空电线等情况。作业前应进行安全技术交底；作业中，未经技术负责人批准，不得随意更改。

1.6.4 吊装作业必须设专人指挥，指挥人员佩戴指挥袖标或穿指挥马甲，不得兼做司索（挂钩）以及其他工作，应认真观察起重作业周围环境。对起吊物进行移动、吊升、停止、安装时的全过程应用旗语或通用手势信号、音响信号进行指挥。信号不明不得起吊，上下相互协调联系应采用对讲机。确保信号正确无误，严禁违章指挥或指挥信号不规范。

1.6.5 起重作业前，应检查起重吊装所使用的起重机滑轮、吊索、卡环和地锚等，应确保其完好，符合安全要求。起重设备的通行道路应平整坚实。

1.6.6 起重吊物之前，必须清楚物件的实际重量，吊起的构件应确保在起重机吊杆顶的正下方，严禁采用斜拉、斜吊。严禁起吊不明物和埋在地下或黏结在地面上的物件。当重物无固定死点时，必须按规定选择吊点并捆绑牢固，使重物在吊运过程中保持平衡和吊点不发生移动。工件或吊物起吊时必须捆绑牢靠。

1.6.7 吊装大、重、新结构构件和采用新的吊装工艺时，应先进行试吊。

1.6.8 严禁在吊起的构件上行走或站立，不得用起重机载运人员，不得在构件上堆放或悬挂零星物件。严禁在已吊起的构件下面或起重臂下旋转范围内作业或行走。吊装作业现场必须设警戒区域，设专人监护，严禁非操作人员入内。

1.6.9 起重作业人员必须穿防滑鞋、戴安全帽，高处作业应佩挂安全带，并应系挂可靠和严格遵守高挂低用。起吊现场照明充足，视线清晰。

1.6.10 带棱角、缺口的物体无防割措施不得起吊。

1.6.11 在带电的电气设备或高压线下起吊物体，起重机应可靠接地，注意与输电线的安全距离，必要时制订好防范措施，并设电气监护人监护。

1.6.12 起吊易燃、易爆物（如氧气瓶、煤气罐）时，必须制订好安全技术措施，并经主管生产负责人批准后，方可吊装。

1.6.13 遇大雨天、雾天、大雪天及五级以上大风天等恶劣天气，严禁户外或露天起重作业。

1.6.14 起吊时不得忽快忽慢和突然制动。回转时动作应平稳，当回转未停稳前不得做反向动作。重物发生摆动时，司机应做好"稳钩"操作。

1.6.15 采用双机抬吊时，宜采用同类型或性能相近的起重机，负载分配应合理，单机载荷不得超过额定起重的80%。两机应协调起吊和就位，起吊的速度应平稳缓慢。指挥人员使用音响信号的音调应有明显区别，并要配合手势或旗语指挥。严禁单独使用相同音调的音响指挥。

1.6.16 生产厂房使用的电梯应经有关部门检验合格后方可使用。电梯的日常维护保养应由依法取得相应资质的单位或电梯制造单位进行。

1.6.17 电梯层门打开时，必须确认轿厢停在该层，再进入轿厢。电梯各层门附近加装"当心坠落"警示标识，宜加装层站到位声光提示。

1.6.18 严禁使用安全闭锁装置、自动装置、机械部分和信号部分有缺陷的电梯。

1.7 防止烟气脱硫设备及其系统中人身伤亡事故

1.7.1 新建、改建和扩建电厂的吸收塔及内部支撑架、烟道、浆液箱罐、烟气挡板、浆液管道、烟囱做防腐处理时，应选择耐腐蚀、耐磨损的材料，对浆液泵及搅拌器、浆液管道、旋流器、膨胀节要做防磨处理，并加强日常监视、检查、检修、维护，防止由于设备腐蚀、磨损、卡涩带来的安全隐患。

1.7.2 防止脱硫塔进口烟气温度过高损坏防腐层，脱硫塔入口增加事故喷淋系统，并及时修复损坏的防腐层和更换损坏的衬胶管。

1.7.3 加强石灰石粉输送系统防尘措施，防止粉尘飞扬对作业人员造成职业健康伤害。在脱硫石膏装载作业时，必须在确认运输车厢（罐）停靠且车厢（罐）内无人后才能进行装载作业。

1.7.4 加强浆液池等盛装液体的沟池的安全防护，有淹溺危险的场所必须设置盖板或护栏，做到盖板严密，定期检查盖板、护栏强度，以防作业人员落入沟池。

1.7.5 进入脱硫塔前，必须打开人孔门进行通风，在有毒气体浓度降低到允许值以下才能进入。进入脱硫塔检修，必须在外设专人监护。

1.7.6 进入吸收塔，重点检查塔壁结垢情况，施工必须做好防高空落物的措施。

1.7.7 加强保安电源的维护，发生全厂停电或者脱硫系统突然停电时，保安电源能确保及时启动并向脱硫系统供电。

1.7.8 加强对脱硫系统工作人员，尤其是施工人员的安全教育，强化工人安全意识，加强施工现场和运行作业时的安全管理、巡检到位，确保设备及人身安全。

1.8 防止液氨储罐泄漏、中毒、爆炸伤人事故

1.8.1 液氨储罐区须由具有综合甲级资质或者化工、石化专业甲级设计资质的化工、石化设计单位设计。储罐、管道、阀门、法兰等必须严格把好质量关，并定期检验、检测、试压。储罐应符合《压力容器》（GB 150）等特种设备相关规定。

1.8.2 液氨储罐区内压力容器、重大危险源应登记注册，重大危险源还应在当地安全监督管理部门备案。

1.8.3 防止液氨储罐意外受热或罐体温度过高而致使饱和蒸汽压力显著增加。储罐应设有必要的安全自动装置并采用保安电源或 UPS 供电，当储罐温度和压力超过设定值时启动降温喷淋系统；液氨泄漏检测超过设定值时启动消防喷淋系统。

1.8.4 加强液氨储罐的运行管理，严格控制液氨储罐充装量，液氨的储存体积不应大于 50％～80％储罐容器，严禁过量充装，防止因超压而发生罐体开裂或阀门顶脱、液氨泄漏伤人。

1.8.5 储罐区设置遮阳棚等防晒措施，在每个储罐四周安装水喷淋装置，当储罐罐体温度过高时自动淋水装置启动，防止液氨罐受热、爆炸。

1.8.6 设置安全警示标识，严禁吸烟、携带火种和穿带钉皮鞋进入罐区和有火灾爆炸危险原料储存场所。

1.8.7 液氨储罐区至少在三个方向设置逃生出口，储罐区内有人作业时，逃生出口应能方便开启，检修时要做好防护措施，严格执行动火工作票管理制度，空罐检修时，应采取措施防止空气漏入罐内形成爆炸性混合气体。

1.8.8 设计储量超过 10t 的液氨储罐进出口管线（含气相、液相）必须设置具有远程控制功能的紧急切断阀。

1.8.9 检修时做好防护措施，氨区及周围 30m 范围内动用明火或可能散发火花的作业，应严格执行动火票审批制度，并加强监护和防范措施。严禁在运行中的氨管道、容器外壁进行焊接、气割等作业。空罐检修时，采取措施防止空气漏入罐内形成爆炸性混合气体，采取可靠的隔离措施并充分置换后方可作业，不准带压修理和紧固法兰等设备，系统经过检修后应进行严密性试验。

1.8.10 严格执行防雷电、防静电措施，设置符合规程的避雷装置，按照规范要求在罐区入口设置放静电装置，氨储罐及氨管道系统应可靠接地，易燃物质的管道、法兰等应有防静电接地措施，电气设备应满足《爆炸和火灾危险环境电力装置设计规范》（GB 50058），采用防爆电气设备。

1.8.11 完善储运等生产设施的安全阀、压力表、放空管、氮气吹扫置换口等安全装置，并做好日常维护；严禁使用软管卸氨，应采用金属万向管道充装系统卸氨。万向充装系统应使用干式快速接头，周围设置防撞设施。

1.8.12 氨储存箱、氨计量箱的排气，应设置氨气吸收装置。

1.8.13 加强管理、严格工艺措施，防止跑、冒、漏；充装液氨的罐体上严禁实施焊接、防止因罐体内液面以上部位达到爆炸极限的混合气体发生爆炸。

1.8.14 坚持巡回检查，发现问题及时处理，避免因外环境腐蚀发生泄漏。

1.8.15 槽车卸车作业时应严格遵守操作规程，卸车过程应有专人监护，监护时应配置安全、应急装备。恶劣天气或周围有明火等情况下，应立即停止或不得卸氨操作，卸氨结束应静置 10min 后方可拆除槽车与卸料区的接地线，监测空气中的氨浓度小于 $35\mu L/L$ 后方可启动槽车。

1.8.16 加强进入氨区车辆管理，严禁未装阻火器的机动车辆进入火灾、爆炸危险区，运送物料的机动车辆必须按照指定路线正确行驶，不能发生任何故障和车祸。

1.8.17 设置符合规定要求的消防灭火器材，在本单位职工和附近居民容易看到的高处设置方向标，及时掌握风向变化，发生事故时，应及时撤离影响范围内的人员，液氨区作业人员必须佩戴防毒面具。现场和值班室应配备相应的应急防护器材，包括过滤式防毒面具（配氨气专用滤毒罐）、正压式空气呼吸器、隔离式（气密式）防护服、橡胶防冻手套、胶靴、化学安全防护眼镜、便携式氨浓度检测仪、应急通信器材、救援绳索、堵漏器材、工具和酸性饮料等。其中正压式空气呼吸器、气密式防护服、便携式氨浓度检测仪至少配备两套，其他防护器具应满足岗位人员一人一具。

1.8.18 氨区作业人员应正确穿戴劳动防护用品，严禁穿戴易产生静电服装和带钉子的鞋进入氨区；作业人员进入氨区前应先触摸静电释放装置消除人体静电，实施操作时应按规定佩戴个人防护品，避免因正常工作时或事故状态下吸入过量氨气。

1.8.19 建立氨管理制度，加强相关人员的业务知识培训，使用和储存人员必须熟悉氨的性质；杜绝误操作和习惯性违章。应编制液氨泄漏事故专项应急预案和现场处置方案，制订液氨泄漏事故应急演练计划并定期组织演练工作。

1.8.20 液氨厂外运输应加强安全措施，不得随意找社会车辆进行液氨运输。电厂应与具有危险货物运输资质的单位签订专项液氨运输协议。

1.8.21 由于液氨泄漏后与空气混合形成密度比空气大的蒸气云，为避免人员穿越"氨云"，氨区控制室和配电间出入门口不得朝向装置间。制定应急救援预案，并定期组织演练。

1.8.22 氨区所有电气设备、远传仪表、执行机构、热控盘柜等均应选用相应等级的防爆设备，防爆结构选用隔爆型（Ex-d），防爆等级不低于ⅡAT1。

1.8.23 液氨金属管道除需要采用法兰连接外，均应采用焊接。管道安装或维修后焊缝应进行100%无损检测，并进行泄漏试验。泄漏试验时，应重点检查阀门填料函、法兰或者螺纹连接处、放空阀、排气阀、排污阀等处。验收移交时，还应对安装焊缝进行不少于20%的无损检测复查。

1.9 防止中毒与窒息伤害事故

1.9.1 在受限空间（如电缆沟、烟道、管道等）内长时间作业时，必须严格遵守"先通风、后检测、再作业"的原则，保持通风良好，防缺氧窒息。

在沟道（池）内作业时〔如电缆沟、烟道、中水前池、污水池、化粪池、阀门井、排污管道、地沟（坑）、地下室等〕，为防止作业人员吸入一氧化碳、硫化氢、二氧化硫、沼气等中毒、窒息，必须做好以下措施：

（1）打开沟道（池、井）的盖板或人孔门，保持良好通风，严禁关闭人孔门或盖板。

（2）进入沟道（池、井）内施工前，应用鼓风机向内进行吹风，保持空气循环，并检查沟道（池、井）内的有害气体含量不超标，氧气浓度保持在 19.5%～21% 范围内。作业时，应每隔 2h 检测一次有害气体含量，作业中断超过 30min 应重新检测。

（3）地下维护室至少打开 2 个人孔，每个人孔上放置通风筒或导风板，一个正对来风方向，另一个正对去风方向，确保通风畅通。

（4）井下或池内作业人员必须系好安全带和安全绳，安全绳的一端必须握在监护人手中，当作业人员感到身体不适，必须立即撤离现场。在关闭人孔门或盖板前，必须清点人数及工具，并喊话确认无人。

（5）当受限空间内有人中毒、窒息时，施救人员必须佩戴正压式空气呼吸器，方准进入受限空间作业区内。

（6）在存在中毒、窒息场所进行作业时，必须安排好监护人员。监护人员应密切监视作业状况，不得离岗。发现异常情况，应及时采取有效的措施。

1.9.2 对容器内的有害气体置换时，吹扫必须彻底，不留残留气体，防止人员中毒。进入容器内作业时，必须先测量容器内部气体含量，氧气含量低于规定值或有害气体含量超过规定值时不得进入，同时做好逃生措施，并保持通风良好，严禁向容器内输送氧气。容器外设专人监护且与容器内人员定时喊话联系。

1.9.3 进入粉尘较大的场所作业，作业人员必须戴防尘口罩。进入有害气体的场所作业，作业人员必须佩戴防毒面罩。进入酸气较大的场所作业，作业人员必须戴好套头式防毒面具。进入液氨泄漏的场所作业时，作业人员必须穿好重型防化服。

1.9.4 危险化学品应在具有"危险化学品经营许可证"的机构购买，不得购买无厂家标志、无生产日期、无安全说明书和安全标签的"三无"危险化学品。

1.9.5 危险化学品专用仓库必须装设机械通风装置、冲洗水源及排水设施，并设专人管理，建立健全档案、台账，并有出入库登记。化学实验室必须装设通风和机械通风设备，应有自来水、消防器械、急救药箱、酸（碱）伤害急救中和用药、毛巾、肥皂等。

1.9.6 有毒、致癌、有挥发性等物品必须储藏在隔离房间和保险柜内，保险柜应装设双锁，并双人、双账管理，装设电子监控设备，并挂"当心中毒"警示牌。

1.9.7 六氟化硫电气设备室必须装设机械排风装置，其排风机电源开关应设置在门外。排气口距地面高度应小于 0.3m，并装有六氟化硫泄漏报警仪，且电缆沟道必须与其他沟道可靠隔离。

1.9.8 化验人员必须穿专用工作服，必要时戴防护口罩、防护眼镜、防酸（碱）手套、穿橡胶围裙和橡胶鞋。化学实验时，严禁一边作业一边饮（水）食。

1.10 防止电力生产交通事故

1.10.1 建立健全交通安全管理规章制度，明确责任，加强交通安全监督及考核。严格执行车辆交通管理规章制度。

1.10.2 按照"谁主管、谁负责"的原则，对企业所有车辆（含厂内专用机动车辆）、船舶以及驾驶员加强管理、车辆（含厂内专用机动车辆）、船舶以及驾驶员必须依法取得相应资格证。交通安全应与安全生产同布置、同考核、同奖惩。

1.10.3　企业内部必须实行"准驾证"许可制度，驾驶员在取得国家有关主管部门颁发的资格证外，还需经企业二次培训许可。未经企业培训许可的驾驶员，严禁驾驶企业所属车辆（含厂内专用机动车辆）、船舶。

1.10.4　厂区范围内，应依法完善道路行走、限速、限高、防撞等安全提示、警示标识标志。对重要架空管线（氯气、氢气等）和标高较低的综合架空管线，在道路架空段应设置牢固的防撞设施。

1.10.5　加强对专职驾驶员的管理和教育，定期组织驾驶员进行安全技术培训，提高驾驶员的安全行车意识和驾驶技术水平，严禁违章驾驶。叉车、翻斗车、起重机，除驾驶员、副驾驶员座位以外，任何位置在行驶中不得有人坐立；起重机、翻斗车在架空高压线附近作业时，必须划定明确的作业范围，并设专人监护。

1.10.6　加强对各种车辆维修管理，确保各种车辆的技术状况符合国家规定，安全装置完善可靠。定期对车辆进行检修维护，在行驶前、行驶中、行驶后对安全装置进行检查，发现危及交通安全问题，应时处理，严禁带病行驶。

1.10.7　加强对多种经营企业和外包工程的车辆交通安全管理，在管理制度中明确承包商车辆入厂、现场作业、安全教育等事项。加强对员工私家车辆的管理，定期组织培训教育。

1.10.8　加强大型活动用车、作业用车、通勤用车和异常天气用车管理，制订并落实防止重、特大交通事故的安全措施。

1.10.9 大件运输、大件转场应严格履行有关规程的规定程序，应制订搬运方案和专门的安全技术措施，指定有经验的专人负责，事前应对参加工作的全体人员进行全面的安全技术交底。

1.10.10 叉车、翻斗车、起重机、推煤机、装载机、工程车及厂内机动车，驾驶室装设安全带且功能完好。作业时驾驶员必须系安全带，防止车辆异常情况下人员被抛出。除驾驶员、副驾驶员座位以外，任何位置在行驶中不得有人坐立；起重机、翻斗车、绝缘斗臂车在架空高压线附近作业时，必须划定明确的作业范围，并设专人监护。

1.10.11 煤场作业车辆驾驶室必须进行加固，防止车辆异常情况下驾驶室挤压变形。

1.10.12 煤场整形作业应使用推煤机，禁止装载机上 1.5m 以上煤垛。煤场作业车辆上煤堆作业时，距煤堆边缘 1.5m 处要设置隔离墩、警示带或警示线等警示隔离措施，随时提醒车辆驾驶员与煤堆边缘保持 1.5m 以上的安全距离。

1.10.13 推煤机、装载机等配合堆取料机、斗轮机作业时，应保持 3m 以上的安全距离。推煤机上下煤堆坡度不得超过 35°，以防止推煤机溜车。装载机、推煤机检修时应用枕木等将铲架、车斗等垫起来，以防止突然落下造成人身伤害。

2 防止火灾事故

2.1 加强防火组织与消防设施管理

2.1.1 各单位应建立健全防止火灾事故组织机构，健全消防工作制度，落实各级防火责任制，建立火灾隐患排查治理常态机制。配备消防专责人员并建立有效的消防组织网络和训练有素的群众性消防队伍。定期进行全员消防安全培训、开展消防演练和火灾疏散演习，定期开展消防安全检查。

2.1.2 配备完善的消防设施，定期对各类消防设施进行检查与保养，禁止使用过期和性能不达标消防器材。

2.1.3 消防水系统应同工业水系统分离，以确保消防水量、水压不受其他系统影响，燃煤、燃机发电厂应设置带消防水泵、稳压设施和消防水池的临时（稳）高压给水系统或带高位消防水池的高压给水系统；消防设施的备用电源应由保安电源供给，未设置保安电源的应按Ⅱ类负荷供电。

2.1.4 消防水系统应定期检查、维护。正常工作状态下，不应将自动喷水灭火系统、防烟排烟系统和联动控制的防火卷帘分隔设施设置在手动控制状态。

2.1.5 可能产生有毒、有害物质的场所应配备必要的正压式空气呼吸器、防毒面具等防护器材，并应进行使用培训，确保其掌握正确使用方法，以防止人员在灭火中因使用不当中毒或窒息。正压式空气呼吸器和防火服应每月检查一次。

2.1.6 检修现场应有完善的防火措施，应制定禁火区动火作业管理制度，严格执行动火工作票制度。变压器、油库、氢站等重点防火区域，吸收塔、金属容器等受限空间内存在火灾风险的作业，现场检修工作期间，应有专人值班，不得出现现场无人情况。

2.1.7 电力调度大楼（含集控、燃料、化水等辅控楼）、油库、氢站、电缆竖井、电缆沟、地下变电站、无人值守变电站等重点防火部位应安装火灾自动报警或自动灭火设施，其火灾报警信号应接入有人监视的测控系统，以及时发现火警。

2.1.8 应将《中华人民共和国消防法》《电业安全工作规程》《电力设备典型消防规程》等法律法规及消防知识、消防设备系统操作技能等纳入员工岗位培训内容并严格执行，有关人员应能熟练操作厂区内各种消防设备设施。消防水压力纳入正常巡检，消防泵定期切换，并定期进行联动试验。应制定防止消防设备设施误动、拒动的措施。

2.2 防止电缆着火事故

2.2.1 新、扩建工程中的电缆选择与敷设应按有关规定进行设计。严格按照设计要求完成各项电缆防火措施，并与主体工程同时投产。

2.2.2 在密集敷设电缆的主控制室下电缆夹层和电缆沟内，不得布置热力管道、油气管以及其他可能引起着火的管道和设备。

2.2.3 对于新建、扩建的变电站主控室、火电厂主厂房、输煤、燃油、制氢、氨区及其他易燃易爆场所，应选用阻燃电缆，必要时采用铠装电缆。

2.2.4 采用排管、电缆沟、隧道、桥梁及桥架敷设的阻燃电缆，其成束阻燃性能应不低于C级。与电力电缆同通道敷设的低压电缆、控制电缆、非阻燃通信光缆等宜分层敷设，应穿入阻燃管，或采取其他防火隔离措施。

2.2.5 严格按正确的设计图册施工，做到布线整齐，同一通道内不同电压等级的电缆，应按照电压等级的高低从下向上排列，分层敷设在电缆支架上。电缆的弯曲半径应符合要求，避免任意交叉并留出足够的人行通道。

2.2.6 控制室、开关室、计算机室等通往电缆夹层、隧道、穿越楼板、墙壁、柜、盘等处的所有电缆孔洞和盘面之间的缝隙（含电缆穿墙套管与电缆之间缝隙）必须采用合格的防火材料封堵。

2.2.7 非直埋电缆接头的最外层应包覆阻燃材料，充油电缆接头及敷设密集的中压电缆的接头应用耐火防爆槽盒封闭。

2.2.8 扩建工程敷设电缆时，应与运行单位密切配合，在电缆通道内敷设电缆需经运行部门许可。对贯穿在役变电站或机组产生的电缆孔洞和损伤的阻火墙，应及时恢复封堵，并由运行部门和电气专业共同验收。

2.2.9 在电缆沟、隧道及架空桥架中的公用电缆沟、隧道及架空桥架主通道的分支处；多段配电装置对应的电缆沟、隧道分段处；长距离电缆沟、隧道及架空桥架相隔约100m处，或隧道通风区段处，厂、站外相隔约200m处；电缆沟、隧道及架空桥架至控制室或配电装置的入口、厂区围墙处，宜设置防火墙或阻火段，可在阻火墙紧靠两侧不少于1m区段所有电缆上施加防火涂料、阻火包带或设置挡火板等。与电力电缆同通道敷设的控制电缆、非阻燃通信光缆，应采取穿入阻燃管或耐火电缆槽盒，或采取在电力电缆和控制电缆之间设置防火封堵板材。在电缆竖井中，宜按每隔 7m 或建（构）筑物楼层设置防火封堵。

2.2.10 应尽量减少电缆中间接头的数量。如需要，应按工艺要求制作安装电缆头，对 6kV 及以上电力电缆经质量验收合格后，在电缆接头两侧及相邻电缆 2～3m 长的区段施加防火涂料或防火包带，再用耐火防爆槽盒将其封闭。变电站夹层内在役接头应逐步移出，电力电缆切改或故障抢修时，应将接头布置在站外的电缆通道内。

2.2.11 在封堵电缆孔洞时，封堵应严实可靠，不应有明显的裂缝和可见的孔隙，堵体表面平整，孔洞较大者应加耐火衬板后再进行封堵。电缆竖井封堵应保证必要的强度，不应漏光、漏风。有机堵料封堵不应龟裂、脱落、硬化；无机堵料封堵不应粉化、开裂。

2.2.12 在电缆通道、夹层内动火作业应办理动火工作票，并采取可靠的防火措施。在电缆通道、夹层内使用的临时电源应满足绝缘、防火、防潮要求。工作人员撤离时应立即断开电源。

2.2.13 变电站夹层宜安装温度、烟气监视报警器，重要的电缆隧道应安装温度在线监测装置，并应定期传动、检测，确保动作可靠、信号准确。

2.2.14 建立健全电缆维护、检查及防火、报警等各项规章制度。严格按照运行规程规定对电缆夹层、通道进行定期巡检，并检测电缆和接头运行温度，按规定进行预防性试验。

2.2.15 电缆通道、夹层应保持清洁，无积尘积水，采取安全电压的照明应充足，禁止堆放杂物，并有防火、防水、通风的措施。发电厂锅炉、输煤皮带间内架空电缆上的粉尘应定期清扫。电缆桥架上盖板应封闭严密。

2.2.16 靠近高温管道、阀门等热体的电缆应有隔热措施，靠近带油设备的电缆沟盖板应密封。

2.2.17 发电厂主厂房内架空电缆与热体管路应保持足够的距离，控制电缆不小于0.5m，动力电缆不小于1m。

2.2.18 电缆通道临近易燃或腐蚀性介质的存储容器、输送管道时，应加强监视，防止其渗漏进入电缆通道，进而损害电缆或导致火灾。

2.3 防止汽机油系统着火事故

2.3.1 油系统应尽量避免使用法兰连接，禁止使用铸铁、铸铜阀门。

2.3.2 油系统法兰禁止使用塑料垫、橡皮垫（含耐油橡皮垫）和石棉纸垫。

2.3.3 油系统管道、法兰、阀门、仪表及可能漏油部位附近不应有明火，必须明火作业时要采取有效安全措施，附近的热力管道或其他热体的保温应紧固完整，并包好铁皮。

2.3.4 禁止在油管道上进行焊接工作。在拆下的油管上进行焊接时，必须事先将管子冲洗干净。

2.3.5 油系统管道、法兰、阀门、仪表及轴承、调速保安系统等应保持严密不漏油，如有漏油应及时消除，严禁漏油渗透至下部蒸汽管、阀保温层。

2.3.6 油系统管道、法兰、阀门、仪表的周围及下方，如敷设有热力管道或其他热体，这些热体保温必须齐全，保温外面应包铁皮。

2.3.7 检修时如发现保温材料内有渗油时，应消除漏油点，并更换保温材料。

2.3.8 事故排油阀应设两个串联钢质截止阀，其操作手轮应设在距油箱5m以外的地方，并有两个以上的通道，操作手轮不允许加锁，应挂有明显的"禁止操作"标识牌。

2.3.9 油管道要保证机组在各种运行工况下自由膨胀，应定期检查和维修油管道支吊架。

2.3.10 机组油系统的设备及管道损坏发生漏油，凡不能与系统隔绝处理的或热力管道已渗入油的，应立即停机处理。

2.3.11 仪表油管布置应尽量减少交叉，防止运行中振动磨损。油管路的布置应便于维护检查。

2.3.12 进行汽轮机滤油作业时，现场必须有人看护。严禁盲目补油操作。

2.3.13 将油管道（套装油管道内管除外）焊口检查列入机炉外管检查滚动计划，要求10万h内全部检查完毕，利用机组C级及以上计划检修，对油管道焊口进行100％无损检测。

2.4 防止燃油罐区及锅炉油系统着火事故

2.4.1 严格执行《电业安全工作规程 第1部分：热力和机械》（GB 26164.1）中第6章有关要求。

2.4.2 储油罐或油箱的加热温度必须根据燃油种类严格控制在允许的范围内，加热燃油的蒸汽温度，应低于油品的自燃点。

2.4.3 油罐区、输卸油管道应有可靠的防静电安全接地装置，并定期测试接地电阻值。火车、汽车、船舶等运油工具停靠卸油前，必须可靠接地。

2.4.4 油区、油库必须有严格的管理制度。油区内明火作业时，必须办理明火工作票，并应有可靠的安全措施。对消防系统应按规定定期进行检查试验。

2.4.5 油区内易着火的临时建筑要拆除，禁止存放易燃物品。

2.4.6 燃油罐区及锅炉油系统的防火还应遵守2.3.4、2.3.6、2.3.7的规定。

2.4.7 燃油系统的软管，应定期检查、更换。

2.5　防止氢气系统爆炸事故

2.5.1 严格执行《电业安全工作规程 第1部分：热力和机械》（GB 26164.1）中"氢冷设备和制氢、储氢装置运行与维护"和《氢气使用安全技术规程》（GB 4962）的有关规定。

2.5.2 氢冷系统和制氢设备中的氢气纯度和含氧量必须符合《氢气使用安全技术规程》（GB 4962）。制氢站产品、发电机充氢、补氢用氢气纯度应不低于99.8%，含氧量应不超过0.2%。发电机内部氢气纯度应不低于96%，含氧量应不超过1.2%。氢气系统中含氧量应不超过0.5%，发现超标应立即处理。

2.5.3 在氢站或氢气系统如需要动火作业时，应有严格的管理制度，并应办理一级动火工作票。氢气使用区域空气中氢气体积分数不应超过1%，氢气系统动火检修，系统内部和动火区域的氢气体积分数不应超过0.4%。在氢站或氢气系统周边至少10m内不得有明火。

2.5.4 在发电机内充有氢气时或在电解装置上进行

检修工作，应严格执行《工作票管理规定》并使用铜质工具或采取必要防护措施的工具。对制氢系统及氢罐的检修要进行可靠地隔离。

2.5.5 制氢场所应按规定配备足够的消防器材，并定期检查、试验和更换，保证灭火效果。

2.5.6 氢气管道宜采用架空敷设，其支架应为非燃烧体。储氢罐底部及其排水管防冻不应采用封闭方式，以防漏氢造成氢气积聚。氢气放空阀、安全阀均须设通往室外高出屋顶 2m 以上的金属放空管和阻火器。放空管应设防雨罩以及防堵塞措施。发电机氢密封油箱排油烟管道应引至厂房外远离发电机出线且无火源处，并设禁火标志。

2.5.7 制氢室应设漏氢检测装置，房顶应有经常处于开启状态的透气窗，采用木制门窗，门应向外开。检查制氢站、主厂房内以及与氢系统有关的仪表柜等顶部空间的排氢措施，避免氢气积聚。

2.5.8 氢气站、供氢站内的设备、管道、构架、电缆金属外皮、钢屋架和突出屋面的放空管、风管等应接到防雷电感应接地装置上。制氢站内氢罐及压缩空气储罐应设有合格的导静电装置，且应设置合格的避雷针，防止因静电集聚或雷电导致氢罐爆炸事故。

2.5.9 制氢站应采用性能可靠的压力调整器，并加装液位差越限联锁保护装置和氢侧氢气纯度表，在线氢中氧量、氧中氢量监测仪表，防止制氢设备系统爆炸。

2.5.10 氢气系统应保持正压状态，禁止负压或超压运行。同一储氢罐（或管道）禁止同时进行充氢和送氢操作。排除带有压力的氢气或储氢时，应均匀缓慢地打开设备上的阀门和节气门使气体缓慢释放，禁止剧烈地排送。

排氢时，周围不应有明火，防止氢气排出造成火灾。

2.5.11 密封油系统平衡阀、压差阀必须保证动作灵活、可靠，密封瓦间隙必须调整合格。

2.5.12 空气、氢气侧各种备用密封油泵应定期进行联动试验。密封油泵的缺陷应及时消除，防止设备异常时备用泵不联起，造成发电机氢气大量外泄。

2.6 防止输煤皮带着火事故

2.6.1 输煤皮带停止上煤期间，也应坚持巡视检查，发现积煤、积粉应及时清理。

2.6.2 煤垛发生自燃现象时应及时扑灭，不得将带有火种的煤送入输煤皮带。

2.6.3 燃用易自燃煤种的电厂必须采用阻燃输煤皮带。

2.6.4 应定期清扫输煤系统、辅助设备、电缆排架等各处的积粉。

2.6.5 输煤皮带系统动火作业时严格执行动火票管理制度，动火结束后必须对现场遗留火种进行检查清理。

2.6.6 输煤皮带系统技术改造必须严格遵守变更管理程序，改造前后要进行风险辨识、分析，制定有效防范措施。

2.6.7 按照规定输煤皮带系统必须配置消防监控系统、火灾自动灭火系统，并保证自动投入系统正常可靠。感温电缆沿输煤皮带全线敷设，杜绝监控盲区，报警系统电缆应用阻燃电缆。

2.7 防止脱硫系统着火事故

2.7.1 脱硫系统作业应严格执行受限空间作业管理要求。

2.7.2 脱硫防腐工程用的原材料应按生产厂家提供的储存、保管、运输特殊技术要求，入库储存分类存放，配置灭火器等消防设备，设置严禁烟火标志，在其附近5m范围内严禁动火；存放地应采用防爆型电气装置，照明灯具应选用低压防爆型。

2.7.3 脱硫原、净烟道，吸收塔，石灰石浆液箱、事故浆液箱、滤液箱、衬胶管、防腐管道（沟）、集水箱区域或系统等动火作业时，必须严格执行动火工作票制度，办理动火工作票，动火结束后必须对现场遗留火种进行检查清理，确认无残留火种后方可离开。

2.7.4 脱硫塔、湿除安装时，应有完整的施工方案和消防方案，施工人员须接受过专业培训，了解材料的特性，掌握消防灭火技能。施工场所的电线、电动机、配电设备应符合防爆要求。应避免安装和防腐工程同时施工。

2.7.5 脱硫防腐作业时，属于高危作业，须编制火灾应急预案，并在施工前在现场开展应急演练，由施工单位组织，业主和监理单位参加。

2.7.6 脱硫防腐施工、检修时，检查人员进入现场除按规定着装外，不得穿带有铁钉的鞋子，以防止产生静电引起挥发性气体爆炸；各类火种严禁带入现场。

2.7.7 脱硫防腐施工、检修作业区，应设置明显的消防标志，消防通道保持畅通。现场配备足量的灭火器；防腐施工面积在 $10m^2$ 以上时，防腐现场应接引消防水带，并保证消防水随时可用。有条件的配备消防车。

2.7.8 脱硫防腐施工、检修作业区5m范围设置安全警示牌并布置警戒线，警示牌应挂在显著位置，由专职安全人员现场监督，未经允许不得进入作业场地。

2.7.9 吸收塔和烟道内部防腐施工时，至少应留 2 个以上紧急逃生通道，配置逃生绳、引导绳，逃生口应设有自发光方向指示灯，并保持通道畅通；至少应设置 2 台防爆型排风机进行强制通风，作业人员应戴防毒面具。

2.7.10 施工单位应配置专职防腐监护人，24h 监护。监护人工作区域设置灭火器，监护人对灭火器定置管理并负责检查确保灭火器有效。监护人对防腐施工现场进行全面安全监护，直至防腐涂层完全凝固后，方可离开，严禁间断性或者涂层未完全凝固前离开防腐作业现场。

2.7.11 脱硫防腐作业进行全过程视频监控。

2.7.12 脱硫塔安装时，应有完整的施工方案和消防方案，施工人员须接受过专业培训，了解材料的特性，掌握消防灭火技能；施工场所的电线、电动机、配电设备应符合防爆要求；严禁安装和防腐工程同时施工。

2.7.13 防腐作业材料按需领取，按需配制，不可堆积。

2.7.14 防腐施工现场施工材料应一日一清，严禁在防腐作业现场堆放防腐材料，确保防腐施工区域保持干净，无可燃易燃物。

2.7.15 在防腐作业过程中要实行 24h 巡检制度。

2.8 防止氨系统着火爆炸事故

2.8.1 健全和完善氨制冷和脱硝氨系统运行与维护规程。

2.8.2 液氨储罐区门口应安装静电释放装置。人员进入氨区，严禁携带手机、火种，严禁穿带铁钉的鞋，在进入氨区前要进行静电释放。

2.8.3 液氨接卸前槽车应进行可靠接地，释放静电，防止静电聚集。

2.8.4 氨压缩机房和设备间应使用防爆型电器设备，通风、照明良好。

2.8.5 液氨设备、系统的布置应便于操作、通风和事故处理，同时必须留有足够宽度的操作空间和安全疏散通道。

2.8.6 在正常运行中会产生火花的氨压缩机启动控制设备、氨泵及空气冷却器（冷风机）等动力装置的启动控制设备不应布置在氨压缩机房中。库房温度遥测、记录仪表等不宜布置在氨压缩机房内。

2.8.7 在氨罐区或氨系统附近进行明火作业时，必须严格执行动火工作票制度，办理动火工作票；氨系统动火作业前、后应置换排放合格；动火结束后，及时清理火种。氨区内严禁明火采暖。

2.8.8 氨储罐区及使用场所，应按规定配备足够的消防器材、水消防设备设施，氨泄漏检测器和视频监控系统，并按时检查和试验。

2.8.9 氨储罐的新建、改建和扩建工程项目应进行安全性评价，其防火、防爆设施应与主体工程同时设计、同时施工、同时验收投产。

2.8.10 尿素制备车间保持室内通风良好，通风设施必须满足防火防爆要求。

2.8.11 尿素溶解罐、储存罐保持排汽管畅通，不准在罐体外壁上动火作业，进入溶解罐、储存罐内前，必须将罐内浆液全部排空，充分通风并测试罐内氨气残余量符合要求后，方可进入检修或动火作业。

2.8.12 对尿素溶液输送管道动火作业时，必须做好通风置换措施，防止管道内残余氨气爆炸。

2.9　防止天然气系统着火爆炸事故

2.9.1　天然气系统的设计和防火间距应符合《石油天然气工程设计防火规范》（GB 50183）的规定。

2.9.2　天然气系统的新建、改建和扩建工程项目应进行安全性评价，其防火、防爆设施应与主体工程同时设计、同时施工、同时验收投产。

2.9.3　天然气系统区域应建立严格的防火防爆制度，生产区与办公区应有明显的分界标志，并设有"严禁烟火"等醒目的防火标志。

2.9.4　天然气爆炸危险区域，应按《石油天然气工程可燃气体检测报警系统安全技术规范》（SY 6503—2008）的规定安装、使用可燃气体检测报警器。

2.9.5　应定期对天然气系统进行火灾、爆炸风险评估，对可能出现的危险及影响应制定和落实风险削减措施，并应有完善的防火、防爆应急救援预案。

2.9.6　天然气系统的压力容器使用管理应按《中华人民共和国特种设备安全法》（2013 年主席令第 4 号）的规定执行。

2.9.7　天然气系统中设置的安全阀，应做到启闭灵敏，每年至少委托有资格的检验机构检验、校验一次。压力表等其他安全附件应按其规定的检验周期定期进行校验。

2.9.8　在天然气管道中心两侧各 5m 范围内，严禁取土、挖塘、修渠、修建养殖水场、排放腐蚀性物质、堆放大宗物资、采石、建温室、垒家畜棚圈、修筑其他建筑（构）物或者种植深根植物。在天然气管道中心两侧或者管道设施场区外各 50m 范围内，严禁爆破、开山和修建大型建（构）筑物。

2.9.9 天然气爆炸危险区域内的设施应采用防爆电器，其选型、安装和电气线路的布置应按《爆炸和火灾危险环境电力装置设计规范》（GB 50058）执行，爆炸危险区域内的等级范围划分应符合《石油设施电器装置场所分类》（SY/T 0025）的规定。

2.9.10 天然气区域应有防止静电荷产生和集聚的措施，并设有可靠的防静电接地装置。

2.9.11 天然气区域的设施应有可靠的防雷装置，防雷装置每年应进行两次监测（其中在雷雨季节前监测一次），接地电阻不应大于 10Ω。

2.9.12 连接管道的法兰连接处，应设金属跨接线（绝缘管道除外），当法兰用 5 副以上的螺栓连接时，法兰可不用金属线跨接，但必须构成电气通路。

2.9.13 人员进入天然气易燃易爆区域内，需消除静电，禁止带入火种和手机等非防爆电子产品，并穿戴防静电服和不带铁掌的工鞋。进行作业时，应使用防爆工具。

2.9.14 机动车辆进入天然气系统区域，排气管应带阻火器。

2.9.15 天然气区域内不应使用汽油、轻质油、苯类溶剂等擦地面、设备和衣物。

2.9.16 天然气区域需要进行动火、动土、进入有限空间等特殊作业时，应按照作业许可的规定，办理作业许可。

2.9.17 在天然气系统上进行动火作业时，必须对系统内天然气进行氮气置换，置换后天然气浓度应小于爆炸下限的 5%，气体置换充排不少于 3 次。动火设备所有相连管道应用堵板加以隔离，若用阀门隔离时，需对上下游扩大一级范围进行隔离置换。动火设备防火间距内若有天然气应排空，动火作业期间应定期检测可燃气体浓度，小于爆炸下限的 5%。

2.9.18 天然气区域应做到无油污、无杂草、无易燃易爆物，生产设施做到不漏油、不漏气、不漏电、不漏火。

2.9.19 应配置专职的消防队（站）人员、车辆和装备，并符合国家和行业的标准要求，制定灭火救援预案，定期演练。

2.9.20 发生火灾、爆炸后，事故有继续扩大蔓延的态势时，火场指挥部应及时采取安全警戒措施，果断下达撤退命令，在确保人员、设备、物资安全的前提下，采取相应的措施。

2.9.21 设有调（增）压装置的专用建筑耐火等级不低于二级，且建筑物门、窗向外开启，顶部应采取通风措施。

2.9.22 天然气系统应设置用于气体置换的吹扫和取样接头及放散管等。放散管应设置在不致发生火灾危险的地方，放散管口应布置在室外，高度应比附近建（构）筑物高出 2m 以上，且总高度不应小于 10m。放散管口应处于接闪器的保护范围内。

2.9.23 承担天然气钢质管道、设备焊接的人员，必须具有锅炉压力容器压力管道特种设备操作人员资格证（焊接）焊工合格证书，且在证书的有效期及合格范围内从事焊接工作。间断焊接时间超过 6 个月，应重新考试合格后方可再次上岗。

2.9.24 对天然气系统设备进行拆装维护保养工作前，必须根据《城镇燃气设施运行、维护和抢修安全技术规程》（CJJ 51）的相关规定，进行惰性气体置换工作。

2.10 防止湿式静电除尘器着火事故

2.10.1 湿除系统作业应严格执行受限空间作业管理要求，湿除系统设备在调试、启动、运行和检修等过程中严格执行《湿式静电除尘器防火措施（试行）》（国家能源办〔2018〕542 号）。

2.10.2 湿式静电除尘器设计时，在材料选用、工艺设计上应充分考虑防火风险，在施工过程中加强材料质量控制和防火措施落实。

2.10.3 应将湿式静电除尘器作为主设备管理。运行操作必须按照规程逐一投运电场。严禁未通烟气空载运行。电场启动前和停运后必须进行冲洗，并进行阴极绝缘测试和阳极接地电阻测试。投运前须做电源短路和开路试验。严禁用空升试验的方法清除电场内部异物。

2.10.4 检修维护要严格执行受限空间作业要求，至少应留 2 个以上紧急逃生通道，配置逃生绳、引导绳，逃生口应设有自发光方向指示灯，并保持通道畅通；至少应设置 2 台防爆型排风机进行强制通风，作业人员应戴防毒面具。

2.10.5 防腐和玻璃钢密封作业应制定专项施工方案，施工期间应接引消防水带。动火作业应严格履行审批和开工手续，按规定进行检测试验，有关人员应到场监护。

2.10.6 防腐衬里施工前，应对非金属防腐材料进行氧指数测试，氧指数值须不低于 30%。内部阳极模块密封及防腐作业期间，严禁交叉作业，外部 10m 范围内严禁动火施工。

2.10.7 湿式静电除尘器四周应配置合格的消防器材，消防栓防火范围须覆盖到最顶层平台设备。阳极上方设置全覆盖事故喷淋系统，阳极、导流格栅等重点区域须在覆盖范围内。

2.10.8 应在湿式静电除尘器和烟囱之间设置挡板门等安全隔离措施，安全隔离挡板应结构可靠、耐高温、能随时关闭严密，隔离挡板应有可靠的防误操作措施。

2.11 防止风力发电机组着火事故

2.11.1 建立健全预防风力发电机组（以下简称风机）火灾的管理制度，严格风机内动火作业管理，定期巡视检查风机防火控制措施。

2.11.2 严格按设计图册施工，布线整齐，各类电缆按规定分层布置，电缆的弯曲半径应符合要求，避免交叉。

2.11.3 风机叶片、隔热吸音棉、机舱、塔筒应选用阻燃电缆及不燃、难燃或经阻燃处理的材料，靠近加热器等热源的电缆应有隔热措施，靠近带油设备的电缆槽盒要密封，电缆通道应采取分段阻燃措施，机舱内应涂刷防火涂料。风机叶片在制造前对原料抽样，对叶片成品按照铺层设计方案另制作小样送第三方检测机构检测。检测内容按照行业标准、技术协议和集团相关防火要求确定。对于有阻燃要求的材料及制品需抽样送第三方检测机构做阻燃性能检测，检验合格后方能使用。

2.11.4 风机内禁止存放易燃物品，机舱保温材料必须阻燃。机舱通往塔筒穿越平台、柜、盘等处电缆孔洞和盘面缝隙采用有效的封堵措施且涂刷电缆防火涂料。

2.11.5 定期监控设备轴承、发电机、齿轮箱及机舱内环境温度变化，发现异常及时处理。

2.11.6 母排、并网接触器、励磁接触器、变频器、变压器等一次设备动力电缆必须选用阻燃电缆，定期对其连接点及设备本体等部位进行温度检测。

2.11.7 风机机舱、塔筒内的电气设备及防雷设施的预防性试验合格，并定期对风机防雷系统和接地系统检查、测试。

2.11.8 严格控制油系统加热温度在允许温度范围内，并有可靠的超温保护。

2.11.9 刹车系统必须采取对火花或高温碎屑的封闭隔离措施。

2.11.10 风机机舱的齿轮油系统应严密、无渗漏、法兰不得使用铸铁材料、不得使用塑料垫、橡胶垫（含耐油橡胶垫）和石棉纸、钢纸垫。

2.11.11 风机机舱、塔筒内应装设火灾报警系统（如感烟探测器）和灭火装置。必要时可装设火灾检测系统，每个平台处应摆设合格的消防器材。

2.11.12 风机机舱的末端装设提升机，配备缓降器、安全绳、安全带及逃生装置，且定期检验合格，保证人员逃逸或施救安全。塔筒的醒目部位必须悬挂安全警示牌，应尽量避免动火作业，必要动火时保证安全规范。

2.11.13 应尽量避免塔筒内动火作业，必须动火时要确保安全规范，进入塔筒人员应控制在 2 人以内。动火作业必须办理动火工作票，清除动火区域内可燃物，火花必须控制在可视范围之内。氧气、乙炔气瓶应垂直固定在塔筒外使用，间距不得小于 5m，不得爆晒。电焊机电源应取自塔筒外，不得将电焊机放在塔筒内使用。严禁在机舱内油管道上进行焊接作业。作业场所保持良好通风和照明，动火结束后应清理火种，并应观察10min，在确保安全前提下，方可撤离。

2.11.14 进入风机机舱、塔筒内，严禁携带火种、严禁吸烟，不得存放易燃品。清洗、擦拭设备时，必须使用非易燃清洗剂。严禁使用汽油、酒精等易燃物。

3 防止电气误操作事故

3.1 加强防误操作管理

3.1.1 严格执行操作票、工作票、风险预控票，并使"三票"制度标准化，管理规范化。

3.1.2 运行人员使用操作票时，原则上应使用标准操作票。对于特殊情况下且无标准操作票的操作，必须根据现场实际情况，对现场操作进行风险再辨识、再评估，制定相应的控制措施，并经审核批准，现场操作必须有运行专业工程师监督执行。

3.1.3 严格执行调度指令及操作票。当操作中发生疑问时，应立即停止操作，向值班调度员或值班负责人报告，并禁止单人滞留在操作现场，待值班调度员或值班负责人再行许可后，方可进行操作。不准擅自更改操作票，不准随意解除闭锁装置。

3.1.4 建立完善防误闭锁装置的管理制度和解锁工具（钥匙）使用管理制度。防误闭锁装置不能随意退出运行，停用防误闭锁装置时应经本单位分管生产的行政副职或总工程师批准；短时间退出防误闭锁装置应经发电厂当班值长批准，并实行双重监护后实施，并应按程序尽快投入运行。"五防闭锁"装置万能钥匙要集中封存管理。

3.1.5 设备运行、备用时，禁止擅自开启直接封闭的高压配电设备柜门、箱盖、封板等。

3.1.6 装设临时地线的地点，不得随意变更。户内携带型接地线的装设应将接地线的接地端子设置在明显处。地线管理宜使用智能地线柜。

3.1.7 对继电保护、安全自动装置等二次设备操作，应制订正确操作方法和防误操作措施。

3.1.8 继电保护、安全自动装置（包括直流控制保护软件）的定值及其他设定值的修改应按规定流程办理，不得擅自修改。定值调整后检修、运维人员双方应核对确认签字，并做好记录。

3.1.9 应配备充足的经过国家或省、部级市场监管机构检测合格的安全工器具和安全防护用具。检修时，应采用全封闭（包括网状等）的临时围栏，以防止误登室外带电设备。

3.1.10 应配备充足的经过国家或省、部级市场监管机构检测合格的安全工器具和安全防护用具。检修时，应采用全封闭（包括网状等）的临时围栏，以防止误登室外带电设备。

3.1.11 强化岗位培训，使运行操作人员、检修维护人员等熟练掌握防误装置及操作技能。

3.1.12 使用标准票、微机办票的企业，要定期调考运行人员操作票、检修维护人员工作票独立写票能力。

3.2 完善防误操作技术措施

3.2.1 高压电气设备应安装完善的防误闭锁装置，装置的性能、质量、检修周期和维护等应符合防误装置技术标准规定。

3.2.2 制定和完善防误装置的运行规程及检修规程，加强防误闭锁装置的运行、维护管理，定期开展防误闭锁装置专项隐患排查及治理工作，确保防误闭锁装置正常运行。

3.2.3 采用计算机监控系统时，远方、就地操作均应具备防止误操作闭锁功能。

3.2.4 断路器或隔离开关电气闭锁回路不应设重动继电器类元器件，应直接用断路器或隔离开关的辅助触点；操作断路器或隔离开关时，应确保待操作断路器或隔离开关位置正确，并以现场实际状态为准。

3.2.5 防误装置因缺陷不能及时消除，防误功能暂时不能恢复时，执行审批手续后，可以通过加挂机械锁作为临时措施，此时机械锁的钥匙也应纳入解锁工具（钥匙）管理，禁止随意取用。

3.2.6 高压开关柜内手车开关拉出后，隔离带电部位的挡板应可靠封闭，禁止开启。

3.2.7 防误闭锁装置的安装率、投入率、完好率应为100％。同一集控站范围内应选用同一类型的微机防误系统，以保证集控主站和受控子站之间的"五防"信息互联互通、"五防"功能相互配合。

3.2.8 利用计算机监控系统实现防误闭锁功能时，应有符合现场实际并经审批的防误规则，防误规则判别依据可包含断路器、隔离开关、接地开关、就地锁具等一、二次设备状态信息，以及电压、电流等模拟量信息。若防误规则通过拓扑生成，则应加强校核。

3.2.9 防误装置所用的电源应与继电保护控制回路所用的电源分开。微机防误装置主机应由不间断电源（UPS）供电。防误装置应防锈蚀、不卡涩、防干扰、防异物开启，户外的防误装置还应防水、耐低温。

3.2.10 成套高压开关柜、成套六氟化硫（SF_6）组合电器（GIS/PASS/HGIS）的"五防"功能应齐全，性能良好，并与线路侧接地开关实行闭锁，出线侧应装设具有自检功能的带电显示装置。成套组合电器设备隔离开关开闭状态应能满足可视要求。

3.2.11 防误装置（系统）应满足国家或行业关于电力监控系统安全防护规定的要求，严禁与外部网络互联，并严格限制移动存储介质等外部设备的使用。

3.2.12 对已投产尚未装设防误闭锁装置的发、变电设备，要制订切实可行的防范措施和整改计划，必须尽快装设防误闭锁装置。

3.2.13 新、扩建的发、变电工程或主设备经技术改造后，防误闭锁装置应与主设备同时投运，防误装置主机应具有实时对位功能，通过对受控站电气设备位置信号采集，实现与现场设备状态一致。

3.2.14 倒闸操作过程中应严格执行隔离开关分合闸位置核对工作的要求。通过观察孔认真核对 GIS 组合电器隔离开关状态；隔离开关、断路器等主要一次设备就地位置指示应能方便观察，不具备观察条件的应增加移动式或固定式观察装置或本体改造，改造完成前，运行人员可根据机构箱分/合闸指示牌、汇控箱位置指示灯、后台监控机的位置指示、现场位置划线标识确认、拐臂及传动连杆位置状态、遥测信号指示等综合判断，明确隔离开关分合闸状态。

3.2.15 隔离开关、断路器等主要一次设备就地位置指示应能方便观察，不具备观察条件的应增加移动式或固定式观察装置或本体改造。

3.2.16 新投 GIS 设备，隔离开关应具备内窥孔功能，能够观察隔离开关断口状态，断口位置应有明显标识。

3.2.17 隔离开关各金属部件应具有良好防锈耐腐性

能，传动连接部件应采用万向轴承和具有自润滑功能的轴套，轴销应采用不锈钢或铝青铜等防锈材料，万向轴承应带有防尘结构。

3.2.18 定期检查隔离开关转动部分、操作机构等部件，重点检查转轴、拐臂、传动连杆的变形情况以及销钉、紧固螺栓、防松锁母，防止机械卡涩、连杆变形断裂、轴承锈蚀、传动机构松动等故障发生，必要时进行金属探伤。

3.2.19 断路器、隔离开关等重要设备在 DCS、NCS 等监控系统的状态监视应采用合位、分位双位置接点进行组态，严禁以单位置组态，监控画面应能分别显示分位、合位、故障位三种位置状态。

3.2.20 短引线保护应具备手动投入功能，严禁仅依赖隔离开关位置接点自动投入，在投用时同时投入手动和自动功能。

3.2.21 保护装置异常时，按保护已退出程序处理，执行操作时严禁以缺陷单等形式跳过检查。

3.2.22 对于机组解列后并网开关仍需运行的接线方式（如 3/2 接线），机组启停等过程中，应防止突加电压、误上电保护与短引线保护同时退出而导致无主保护运行。

3.2.23 机组停备时，严禁进行断路器操作机构及二次回路的任何工作，以防止断路器误合闸造成机组误上电。如有断路器操作机构及二次回路的工作，必须向电网调度申请，将断路器与系统之间隔离开关断开。

4 防止系统稳定破坏事故

4.1 加强电源系统管理

4.1.1 合理规划电源接入点。受端系统中大型发电厂应具有不同方向的多条送电通道，合理分散接入电网。

4.1.2 发电厂宜根据布局、装机容量以及所起的作用，接入相应电压等级，并综合考虑地区受电需求、地区电压及动态无功支撑需求、相关政策等影响。

4.1.3 发电厂的升压站不应作为系统枢纽站，也不应装设构成电磁环网的联络变压器。

4.1.4 新能源电场（站）接入系统方案应与电网总体规划相协调，并满足相关规程、规定的要求。在完成电网接纳新能源能力研究的基础上，开展新能源电场（站）接入系统设计；对于集中开发的大型能源基地新能源项目，在开展接入系统设计之前，还应完成输电系统规划设计。

4.1.5 对于点对网、大电源远距离外送等有特殊稳定要求的情况，应开展励磁系统对电网影响等专题研究，研究结果用于指导励磁系统的选型。

4.1.6 并网发电厂机组投入运行时，相关继电保护、安全自动装置、一次调频、电力系统稳定器（PSS）、自动发电控制（AGC）、自动电压控制（AVC）等设备和电力专用通信配套设施应同时投入运行。

4.1.7 严格做好新能源电场（站）并网工作，严防不符合电网要求的设备并入电网运行。

4.1.8 并网电厂发电机组配置的频率异常、低励限制、定子过电压、定子低电压、失磁、失步等涉网保护定值应满足电力系统安全稳定运行的要求。

4.1.9 加强并网发电机组涉及电网安全稳定运行的励磁系统及电力系统稳定器（PSS）和调速系统的运行管理，其性能、参数设置、设备投停等应满足接入电网安全稳定运行要求。

4.2 合理布置电力网架结构

4.2.1 系统可研设计阶段，应考虑所设计的输电通道的送电能力在满足生产需求的基础上留有一定的裕度。

4.2.2 受端电网 330kV 及以上变电站设计时应考虑一台变压器停运后对地区供电的影响，必要时一次投产两台或多台变压器。

4.2.3 在工程设计、建设、调试和启动阶段，发电公司的相关管理机构应与独立的电网、设计、调试等相关企业相互协调配合，分别制定有效地组织、管理和技术措施，以保证一次设备投入运行时，相关配套设施等能同时投入运行。

4.2.4 加强设计、设备订货、监造、出厂验收、施工、调试和投运全过程的质量管理。鼓励科技创新，改进施工工艺和方法，提高质量工艺水平和基建管理水平。

4.2.5 避免和消除严重影响系统安全稳定运行的电磁环网。对已建成的具有两个或以上电压等级送出的发电厂，宜按照电网调度部门要求，断开不同电压等级之间的联系（如联络变压器）。对于暂不能消除的影响系统安全稳定运行的电磁环网，应采取必要的稳定控制措施，同时应采取后备措施限制系统稳定破坏事故的影响范围。

4.2.6 加强断路器设备的运行维护和检修管理，确保能够快速、可靠地切除故障。

4.2.7 根据电网"黑启动"方案及调度实施方案的要求，在电厂应急预案中增加具体措施，并定期演练。

4.3 完善电网安全稳定控制措施

4.3.1 重视和加强系统稳定计划分析工作。严格按照《电力系统安全稳定导则》等相关规定要求进行系统安全稳定计算分析，全面把握系统特性，完善电网安全稳定控制措施，提高系统安全稳定水平。

4.3.2 发电公司委托设计部门开展各种设计，在设计阶段的稳定分析计算中，发电机组均应采用详细模型，对尚未有具体参数的规划机组，宜采用同类型、同容量机组的典型模型和参数。

4.3.3 对基建阶段的特殊运行方式，应进行认真细致的电网安全稳定分析，制定相关的控制措施和事故预案。

4.3.4 严格执行相关规定，进行必要的计算分析，制订详细的基建投产启动方案。必要时应开展电网相关适应性专题分析。

4.3.5 严格执行电网调度部门的相关规定，制订详细的基建投产启动方案。必要时组织开展相关的计算分析工作。

4.3.6 加强有关计算模型、参数的研究和实测工作，并据此建立系统计算的各种元件、控制装置及负荷的模型和参数。并网发电机组的保护定值必须满足电力系统安全稳定运行的要求。

4.3.7 严格执行电网调度控制管理规程及各项运行管理要求，严禁超运行控制极限值运行。电网一次设备故障后，应按照故障后方式电网运行控制的要求，尽快将相关设备的潮流（或发电机出力、电压等）控制在规定值以内。

4.3.8 加强电网在线安全稳定分析与预警系统建设，保证发电厂内各种测量元件的准确性及传输通道的安全性，提高电网运行决策时效性和预警预控能力。

4.4 防止二次系统故障导致稳定破坏

4.4.1 结合电网发展规划，做好继电保护、安全自动装置、自动化系统、通信系统规划，提出合理配置方案，保证二次相关设施的安全水平与电网保持同步。

4.4.2 稳定控制措施设计应与系统设计同时完成。合理设计稳定控制措施和失步、低频、低压等解列措施，合理、足量地设计和实施高频切机、低频减负荷及低压减负荷方案。

4.4.3 加强 110kV 及以上电压等级母线、220kV 及以上电压等级主设备快速保护建设。

4.4.4 一次设备投入运行时，相关继电保护、安全自动装置、稳定措施、自动化系统、故障信息系统和电力专用通信配套设施等应同时投入运行。

4.4.5 按照电网调度部门的相关要求，对新入网或软、硬件更改后的安全稳定控制装置，应进行出厂测试或验收试验、现场联合调试和挂网试运行等工作。

4.4.6 严把工程投产验收关，专业人员应全程参与基建和技改工程验收工作。

4.4.7 各发电公司应按照调度部门的要求定期核查、

统计、分析各种安全自动装置的运行情况。运行维护单位应加强检修管理和运行维护工作，防止电网事故情况下各种安全自动装置出现拒动、误动。

4.4.8 加强继电保护运行维护，正常运行时，严禁220kV 及以上电压等级线路、变压器等设备无快速保护运行。

4.4.9 双重化的母差保护单套保护临时退出时，应尽量减少退出时间，并严格限制母线及相关元件的倒闸操作。

4.4.10 应对两回及以上并联线路两侧系统短路容量进行校核，如果因两侧系统短路容量相差较大，存在重合于永久故障时由于直流分量较大而导致断路器无法灭弧，需靠失灵保护动作延时切除故障的问题时，线路重合闸应选用一侧先重合，另一侧待对侧重合成功后再重合的方式。新建工程在设计阶段应考虑为实现这种方式所需要的重合闸检线路三相有压的条件。对于已投运厂站未配置线路三相电压互感器的，改造前可利用线路保护闭锁后合侧重合闸的方式作为临时解决方案。

4.4.11 受端系统枢纽厂站继电保护定值整定困难时，应侧重防止保护拒动。当灵敏度与选择性难以兼顾时，应以保护灵敏度为主。

4.5 防止系统电压崩溃事故

4.5.1 新投产的发电机组在基建阶段应完成自动电压控制系统（AVC）的联调和传动工作，并具备同步投产条件。如果已投产的发电机组的 AVC 不满足电网调度部门要求的，或因机组限制不能完全执行 AVC 调节指令的，应认真查找和解决问题，并按照电网调度机构的要求进行整改。

4.5.2 并入电网的发电机组应具备满负荷时功率因数在 0.9（滞相）~0.97（进相）运行的能力，新建机组应满足进相 0.95 运行的能力。在电网薄弱地区或对动态无功有特殊需求的地区，发电机组应具备满负荷滞相 0.85 的运行能力。发电机自带厂用电运行时，进相能力应不低于 0.97。

4.5.3 变电站一次设备投入运行时，配套的无功补偿及自动投切装置等应同时投入运行。

4.5.4 发电厂、变电站电压监测系统和能量管理系统（EMS）应保证有关测量数据的准确性。中枢点电压超出电压合格范围时，必须及时向运行人员告警。

4.5.5 电网主变压器最大负荷时高压侧功率因数不应低于 0.95，最小负荷时不应高于 0.95。

4.5.6 100kVA 及以上高压供电的电力用户，在用电高峰时段变压器高压侧功率因数应不低于 0.95；其他电力用户功率因数应不低于 0.9。

4.5.7 电网局部电压发生偏差时，应首先调整该局部厂站的无功出力，改变该点的无功平衡水平。当母线电压低于调度部门下达的电压曲线下限时，应闭锁接于该母线有载调压变压器分接头的调整。

4.5.8 电网应保留一定的无功备用容量，以保证正常运行方式下，突然失去一回线路、一台最大容量无功补偿设备或本地区一台最大容量发电机（包括发电机失磁）时，能够保持电压稳定。无功事故备用容量，应主要储备于发电机组、调相机和静止型动态无功补偿设备。

5 防止发电厂、变电站全停事故

5.1 防止发电厂全停事故

5.1.1 根据电厂运行实际情况，制订合理的全厂公用系统运行方式，优先采用正常运行方式，重要公用系统在非标准运行方式时，应制定监控措施，保障运行正常，防止部分公用系统故障导致全厂停电。

5.1.2 重视机组厂用电切换装置的合理配置及日常维护，确保系统电压、频率出现较大波动时，具有可靠的保厂用电源技术措施。

5.1.3 机、炉、脱硫保安电源设置，除应配置引自各自独立的低压厂用电源系统两路工作、备用电源外，对200MW以上的机组宜采用能快速启动的柴油发电机组，各路电源的容量必须经核算满足全部负荷的要求。

5.1.4 加强对空压机等重要公用系统的检查和维护，保证系统公用设备的安全可靠运行。对有可能引起全厂停电的公用系统（空压机、循环水等）及其低压配套装置应保证供电可靠，0.4kV 专用 MCC 应接入相互独立的双路电源，有条件的宜采用自动切换装置。

5.1.5 蓄电池组配置应符合《电力工程直流系统设计技术规程》（DL/T 5044）要求，设计时要注意蓄电池容量需满足负荷要求，同时做好蓄电池组安装前首次充放电的实际容量核对。

5.1.6 单元机组交流不间断电源（UPS）的设置应

满足计算机监控系统的要求，对于升压站继电器室和远离主厂房的辅组车间应单独配置。各UPS宜由一路交流主电源、一路旁路电源、一路直流电源供电，各电源应相互独立，容量满足要求。

5.1.7 电厂应制定直配电负荷接入管理制度，完善对电厂直配电负荷的接入管理，保证其负荷产生的谐波成分及负序分量不对厂用系统造成污染，不对电厂及其自身供用电设备造成影响。

5.1.8 带直配电负荷电厂的机组应设置低频率、低电压解列装置，确保机组在发生系统故障时，解列部分机组后能单独带厂用电和直配负荷运行。

5.1.9 自动准同期装置和厂用电切换装置宜单独配置。

5.1.10 高压启动/备用电源宜取自独立的配电系统，当主变压器高压侧系统发生故障时，应能保证独立正常供电。

5.1.11 独立引入的施工电源宜保留作为低压厂用保安/备用电源。

5.1.12 可能导致主设备停用的电动机交流接触器控制回路的自保持时间应大于备用电源自投时间，以防止低电压或备用电源自投前释放跳闸。对Ⅰ类负荷低电压无延时释放接触器应进行改造或更换，防止厂用电系统故障时电压降低引起接触器返回，以确保厂用Ⅰ类负荷在厂用系统发生电气故障和厂用电切换过程中的供电可靠性。

5.1.13 厂房内重要辅机（如送引风，给水泵，循环水泵等）电动机事故控制按钮必须加装保护罩，防止误碰造成停机事故。

5.1.14 在汽轮机油系统间加装能隔离开断的设施并设置备用冷油器，定期化验油质，防止因冷油器漏水导致油质老化，造成轴瓦过热熔化被迫停机。

5.1.15 加强蓄电池和直流系统（含逆变电源）及柴油发电机组的运行维护，确保主机交直流润滑油泵和主要辅机小油泵供电可靠。做好事故情况下直流电源供电中断的事故预想。

5.1.16 重要辅机变频设施应采取措施实现低电压穿越功能，防止因电网系统故障或电压波动导致事故扩大。

5.1.17 制定并落实防止交流电串入直流系统的技术措施，直流电源端子与交流电源端子应有明显的区分标志，两种电源端子间留有足够的距离，防止造成保护误动。

5.1.18 动力电缆和控制电缆应分开或分层敷设。

5.1.19 完善电缆隧道、夹层、竖井的防火措施，防止电缆故障或火灾引起电缆燃烧扩大事故。

5.1.20 对 0.4kV 重要动力电缆应选用阻燃型电缆，已采用非阻燃型电缆的电厂，应复查电缆在敷设中是否已采用分层阻燃措施，否则应尽快采取补救措施或及时更换电缆，以防电缆过热着火时引发全厂停电事故。

5.1.21 加强蓄电池和直流系统（含逆变电源）及柴油发电机组的运行维护，确保主机交直流润滑油泵和主要辅机小油泵供电可靠。做好事故情况下直流电源供电中断的事故预想。

5.1.22 确定合理的厂用中低压系统接线方式，减少母线级联段数，确保保护可靠配合。

5.1.23 重要辅机变频设施应采取措施实现低电压、过电压穿越功能，防止因电网系统故障或电压波动导致事故扩大。变频器低、过电压保护定值原则上应以保证辅机正常工作为底线，严禁取消变频器低、过电压保护。

5.1.24 积极开展汽轮发电机组小岛试验工作，完善运行控制措施，以保证机组与电网解列后的厂用电源。

5.1.25 对厂房屋顶定期检查清理无杂物，建筑物上的化妆板（皮）定期检查加固，防止脱落。厂区内环境保持整洁，防止废弃物飞扬。

5.2 防止变电站全停事故

5.2.1 变电站规划设计

5.2.1.1 变电站站址应具有适宜的地质、地形条件，应避开滑坡、泥石流、塌陷区和震断裂带等不良地质构造。宜避开溶洞、采空区、明和暗的河塘、岸边冲刷区、易发生滚石的地段，尽量避免或减少破坏林木和环境自然地貌。

5.2.1.2 变电站场地排水方式应根据站区地形、降雨量、土质类别、竖向布置及道路布置，合理选择排水方式。

5.2.1.3 对软土地基的场地进行大规模填土时，如场地淤泥层较厚，应根据现场的实际情况，采用排水固结等有效措施。冬季施工时严禁使用冻土回填。

5.2.1.4 省级主电网枢纽变电站在非过渡阶段应有 3 条及以上输电通道，在站内部分母线或一条输电通道检修情况下，发生 $N-1$ 故障时不应出现变电站全停的情况；特别重要的枢纽变电站在非过渡阶段应有 3 条以上输电通道，在站内部分母线或一条输电通道检修情况下，发生 $N-2$ 故障时不应出现变电站全停的情况。

5.2.1.5 枢纽变电站宜采用双母分段接线或 3/2 接

线方式，根据电网结构的变化，应满足变电站设备的短路容量约束。

5.2.1.6 330kV 及以上变电站和地下 220kV 变电站的备用站用电源不能由该站作为单一电源的区域供电。

5.2.1.7 严格按照有关标准进行开关设备选型，加强对变电站断路器开断容量的校核，对短路容量增大后造成断路器开断容量不满足要求的断路器要及时进行改造，在改造以前应加强对设备的运行监视和试验。

5.2.1.8 为提高继电保护的可靠性，重要线路和设备按双重化原则配置相互独立的保护。传输两套独立的主保护通道相对应的电力通信设备也应为两套完整独立的、两种不同路由的通信系统，其告警信息应接入相关监控系统。

5.2.1.9 在确定各类保护装置电流互感器二次绕组分配时，应考虑消除保护死区。分配接入保护的互感器二次绕组时，还应特别注意避免运行中一套保护退出时可能出现的电流互感器内部故障死区问题。

5.2.1.10 应认真考虑保护用电流互感器的安装位置，尽量避免由于电流互感器安装位置不当而产生保护的死区。

5.2.1.11 继电保护及安全自动装置应选用抗干扰能力符合有关规程规定的产品，在保护装置内，直跳回路开入量应设置必要的延时防抖回路，防止由于开入量的短暂干扰造成保护装置误动出口。

5.2.1.12 对新建、扩建和生产改造工程新订购的电气设备，必须是符合国家及行业标准，具有一定运行经验的产品，否则不得在变电站中安装运行。

5.2.1.13 订购变压器时，应要求厂家提供变压器绕组频率响应特性曲线、变压器抗短路能力动态计算报告；安装调试应增做绕组变形试验，运行中发生变压器出口短路故障后应进行绕组变形试验，绕组变形试验结果应作为变压器能否继续运行的判据之一。

5.2.2 防止污闪造成的变电站和发电厂升压站全停。

5.2.2.1 变电站和发电厂升压站外绝缘配置应以污区分布图为基础，综合考虑环境污染变化因素，并适当留有裕度，爬距配置应不低于 d 级污区要求。

5.2.2.2 对于伞形合理、爬距不低于三级污区要求的瓷绝缘子，可根据当地运行经验，采取绝缘子表面涂覆防污闪涂料的补充措施。其中防污闪涂料的综合性能应不低于线路复合绝缘子所用高温硫化硅橡胶的性能要求。

5.2.2.3 硅橡胶复合绝缘子（含复合套管、复合支柱绝缘子等）的硅橡胶材料综合性能应不低于线路复合绝缘子所用高温硫化硅橡胶的性能要求；树脂浸渍的玻璃纤维芯棒或玻璃纤维筒应参考线路复合绝缘子芯棒材料的水扩散试验进行检验。

5.2.2.4 对于易发生黏雪、覆冰的区域，支柱绝缘子及套管在采用大小相间的防污伞形结构基础上，每隔一段距离应采用一个超大直径伞裙（可采用硅橡胶增爬裙），以防止绝缘子上出现连续黏雪、覆冰。110、220kV 及500kV 绝缘子串宜分别安装 3、6 片及 9～12 片超大直径伞裙。支柱绝缘子所用伞裙伸出长度 8～10cm；套管等其他直径较粗的绝缘子所用伞裙伸出长度 12～15cm。

5.2.3 加强直流系统配置及运行管理。

5.2.3.1 在新建、扩建和技改工程中，应按《电力工程直流系统设计技术规程》（DL/T 5044）和《蓄电池施工及验收规范》（GB 50172）的要求进行交接验收工作。所有已运行的直流电源装置、蓄电池、充电装置、微机监控器和直流系统绝缘监测装置都应按《蓄电池直流电源装置运行与维护技术规程》（DL/T 724）和《电力用高频开关整流模块》（DL/T 781）的要求进行维护、管理。

5.2.3.2 发电机组用直流电源系统与发电厂升压站用直流电源系统必须相互独立。

5.2.3.3 变电站、发电厂升压站直流系统配置应充分考虑设备检修时的冗余，330kV 及以上电压等级变电站、发电厂升压站及重要的 220kV 变电站、发电厂升压站应采用 3 台充电、浮充电装置，两组蓄电池组的供电方式。每组蓄电池和充电机应分别接于一段直流母线上，第三台充电装置（备用充电装置）可在两段母线之间切换，任一工作充电装置退出运行时，手动投入第三台充电装置。变电站、发电厂升压站直流电源供电质量应满足微机保护运行要求。

5.2.3.4 发电厂动力、UPS 及应急电源用直流系统，按主控单元，应采用 3 台充电、浮充电装置，两组蓄电池组的供电方式。每组蓄电池和充电机应分别接于一段直流母线上，第三台充电装置（备用充电装置）可在两段母线之间切换，任一工作充电装置退出运行时，手动投入第三台充电装置。其标称电压应采用 220V。直流电源的供电质量应满足动力、UPS 及应急电源的运行要求。

5.2.3.5 发电厂控制、保护用直流电源系统，按单台发电机组，应采用 2 台充电、浮充电装置，两组蓄电池组的供电方式。每组蓄电池和充电机应分别接于一段直流母线上。每一段母线各带一台发电机组的控制、保护用负荷。直流电源的供电质量应满足控制、保护负荷的运行要求。

5.2.3.6 采用两组蓄电池供电的直流电源系统,每组蓄电池组的容量,应能满足同时带两段直流母线负荷的运行要求。

5.2.3.7 直流系统的馈出网络应采用辐射状供电方式,严禁采用环状供电方式。直流母线应采用分段运行的方式,每段母线应分别采用独立的蓄电池组供电,并在两段直流母线之间设置联络断路器,正常运行时断路器处于断开位置。

5.2.3.8 变电站直流系统对负荷供电,应按电压等级设置分电屏供电方式,不应采用直流小母线供电方式。

5.2.3.9 发电机组直流系统对负荷供电,应按所供电设备所在段配设置分电屏,不应采用直流小母线供电方式。

5.2.3.10 直流母线采用单母线供电时,应采用不同位置的直流开关,分别带控制用负荷和保护用负荷。

5.2.3.11 新建或改造的直流电源系统选用充电、浮充电装置,应满足稳压精度优于0.5%、稳流精度优于1%、输出电压纹波系数不大于0.5%的技术要求。在用的充电、浮充电装置如不满足上述要求,应逐步更换。

5.2.3.12 新、扩建或改造的直流系统用断路器应采用具有自动脱扣功能的直流断路器,严禁使用普通交流断路器。

5.2.3.13 蓄电池组保护用电器,应采用熔断器,不应采用断路器,以保证蓄电池组保护电器与负荷断路器的级差配合要求。

5.2.3.14 除蓄电池组出口总熔断器以外，逐步将现有运行的熔断器更换为直流专用断路器。当负荷直流断路器与蓄电池组出口总熔断器配合时，应考虑动作特性的不同，对级差做适当调整。

5.2.3.15 直流系统的电缆应采用阻燃电缆，两组蓄电池的电缆应分别铺设在各自独立的通道内，尽量避免与交流电缆并排铺设，在穿越电缆竖井时，两组蓄电池电缆应加穿金属套管。

5.2.3.16 加强蓄电池组的维护检查，保证蓄电池安全完好，做好蓄电池的防火防爆工作。直流接线端子保持清洁和接线盒密封严密，防止出现直流接地，查找直流接地要采取安全措施并有专业人员监护。

5.2.3.17 及时消除直流系统接地缺陷，同一直流母线段，当出现同时两点接地时，应立即采取措施消除，避免由于直流同一母线两点接地，造成继电保护或断路器误动故障。当出现直流系统一点接地时，应及时消除。

5.2.3.18 两组蓄电池组的直流系统，应满足在运行中两段母线切换时不中断供电的要求，切换过程中允许两组蓄电池短时并联运行，禁止在两个系统都存在接地故障情况下进行切换。

5.2.3.19 充电、浮充电装置在检修结束恢复运行时，应先合交流侧开关，再带直流负荷。

5.2.3.20 新安装的阀控密封蓄电池组，应进行全核对性放电试验。以后每隔 2 年进行一次核对性放电试验。运行了 4 年以后的蓄电池组，每年做一次核对性放电试验，发现蓄电池组容量不满足要求时，应尽快做好蓄电池组的技术改造。

5.2.3.21 浮充电运行的蓄电池组，除制造厂有特殊规定外，应采用恒压方式进行浮充电。浮充电时，严格控制单体电池的浮充电压上、下限，每个月至少一次对蓄电池组所有的单体浮充端电压进行测量记录，防止蓄电池因充电电压过高或过低而损坏。

5.2.3.22 直流断路器（熔断器）应按有关规定分级配置，保证直流断路器（熔断器）上、下级之间的级差配合正确。新建或改造的发电机组、变电站、发电厂升压站的直流电源系统，应进行直流断路器的级差配合试验。保证事故情况下不越级跳闸而扩大影响。

5.2.3.23 严防交流窜入直流故障出现。

（1）雨季前，加强现场端子箱、机构箱封堵措施的巡视，及时消除封堵不严和封堵设施脱落缺陷。

（2）现场端子箱不应交、直流混装，现场机构箱内应避免交、直流接线出现在同一段或串端子排上。直流电源端子与交流电源端子应具有明显的区分标志，两种电源端子间应为接线等工作留有足够的距离。

5.2.3.24 加强直流电源系统绝缘监测装置的运行维护和管理。

（1）新投入或改造后的直流电源系统绝缘监测装置，不应采用交流注入法测量直流电源系统绝缘状态。在用的采用交流注入法原理的直流电源系统绝缘监测装置，应逐步更换为直流原理的直流电源系统绝缘监测装置。

（2）直流电源系统绝缘监测装置，应具备检监测蓄电池组和单体蓄电池绝缘状态的功能。

（3）新建或改造的变电站，直流电源系统绝缘监测装置，应具备交流窜直流故障的测记和报警功能。原有的直流电源系统绝缘监测装置，应逐步进行改造，使其具备交流窜直流故障的测记和报警功能，宜配置蓄电池在线检测、养护设备。

5.2.4 加强站用电系统配置及运行管理。

5.2.4.1 站用电系统空气开关、熔断器配置建议参照直流系统空气开关、熔断器配置要求。

5.2.4.2 对站用电屏设备订货时，应要求厂家出具完整的试验报告，确保其站用电系统过流跳闸、瞬时特性满足系统运行要求。

5.2.4.3 对于新安装、改造的站用电系统，高压侧有继电保护装置的，应加强对站用变压器高压侧保护装置定值整定，避免站用变压器高压侧保护装置定值与站用电屏断路器自身保护定值不匹配，导致越级跳闸事件。

5.2.4.4 加强站用电高压侧保护装置、站用电屏总路和馈线空气开关保护功能校验，确保短路、过载、接地故障时，各级空气开关能正确动作，以防止站用电故障越级动作，确保站用电系统的稳定运行。

5.2.4.5 两套分列运行的站用交流电源系统，电源环路中应设置明显断开点，禁止合环运行。

5.2.4.6 正常运行中，禁止两台不具备并联运行功能的站用交流不间断电源装置（UPS）并列运行。

5.2.5 强化变电站、发电厂升压站的运行、检修管理。

5.2.5.1 运行人员必须严格执行运行有关规程、规定。操作前要认真核对接线方式，检查设备状况。严格执行"三票三制"制度，操作中禁止跳项、倒项、添项和漏项。

5.2.5.2 加强防误闭锁装置的运行和维护管理，确保防误闭锁装置正常运行。闭锁装置的解锁钥匙必须按照有关规定严格管理。

5.2.5.3 对于双母线接线方式的变电站、发电厂升压站，在一条母线停电检修及恢复送电过程中，必须做好各项安全措施。对检修或事故跳闸停电的母线进行试送电时，具备空余线路且线路后备保护齐备时应首先考虑用外来电源送电；若用母联断路器给停电母线送电，母联断路器充电保护必须投入。

5.2.5.4 隔离开关和硬母线支柱绝缘子，应选用高强度支柱绝缘子，定期对变电站、发电厂升压站支柱绝缘子，特别是母线支柱绝缘子、隔离开关支柱绝缘子进行检查，防止绝缘子断裂引起母线事故。

5.2.5.5 加强对铜铝过渡接线板及固定销的定期检查，利用外观检查、红外测温、着色探伤等手段对铜铝结合部位进行检查，若发现铜铝过渡线夹存在裂纹、气孔、疲劳等严重缺陷，必须及时更换处理。

5.2.5.6 定期对设备外绝缘进行有效清扫，加强户内设备的外绝缘监督，防止高压配电室的门、窗及房屋漏雨进水引起户内配电装置的闪络事故。

5.2.5.7 在运行方式上和倒闸操作过程中，应避免用带断口电容器的断路器切带电磁式电压互感器的空载母线，以防止因谐振过电压损坏设备。

5.2.5.8 变电站、发电厂升压站带电水冲洗工作必须保证水质要求，并严格按照《电力设备带电水冲洗导则》（GB 13395）规范操作，母线冲洗时要投入可靠的母差保护。

5.2.5.9 保护装置的配置及整定计算方案应充分考

虑系统可能出现的不利情况，尽量避免在复杂、多重故障情况下的继电保护、安全自动装置的不正确动作。

5.2.5.10 根据电网容量和网架结构变化定期校验变电站短路容量，当设备额定短路电流不满足要求时，应及时采取设备改造、限流或调整运行方式等措施。

5.2.5.11 对变电站中的电气设备应定期开展带电测温工作，尤其是对套管及其引线接头、隔离开关触头、引线接头的温度监测，要定期开展红外成像测温工作。

5.2.5.12 定期检查避雷针、支柱绝缘子、悬垂绝缘子、耐张绝缘子、设备架构、隔离开关基础、GIS母线筒的位移与沉降情况，以及母线绝缘子串锁紧销的连接情况。

5.2.5.13 保持变电站周围环境清洁，不得堆放废弃物品，定期对变电站内及周边飘浮物、塑料大棚、彩钢板建筑、风筝及高大树木等进行清理，大风前后应进行专项检查，防止异物漂浮造成设备短路。

5.2.5.14 加强电子设备间管理，定期检查小间屋面、门窗、空调排水等设施的完好情况，防止电子设备间进水或受潮引起短路或接地事故。

5.2.5.15 汛期前应检查变电站的周边环境、排水设施（排水沟、排水井等）状况，保证在恶劣天气（特大暴雨、连续强降雨、台风等）的情况下顺利排水。

6 防止机网协调及风电大面积脱网事故

6.1 防止机网协调事故

6.1.1 各发电厂应重视和完善与电网运行关系密切的励磁、调速、无功补偿装置和保护选型、配置，其涉网控制性能除了保证主设备安全的情况下，还应满足电网安全运行的要求。

6.1.2 并网电厂、风电机组涉及电网安全稳定运行的励磁系统和调速系统、继电保护和安全自动装置、升压站电气设备、调度自动化和通信等设备的技术性能和参数应达到国家及行业有关标准要求，其技术规范、各种参数及整定值应满足所接入电网要求。

6.1.3 发电机励磁调节器（包括 PSS）须经认证的检测中心的入网检测合格，挂网试运行半年以上，形成入网励磁调节器软件版本，才能进入电网运行。

6.1.4 根据电网安全稳定运行的需要，100MW 及以上容量的核电机组、火力发电机组和燃气发电机组、40MW 及以上容量的水轮发电机组，或接入 220kV 电压等级及以上的同步发电机组应配置电力系统稳定器（PSS）。

6.1.5 发电机应具备进相运行能力。100MW 及以上容量的核电机组、火力发电机组和燃气发电机组、40MW 及以上容量的水轮发电机组，或接入 220kV 电压等级及以上的同步发电机组，发电机有功额定工况下功率因数应能达到-0.95～0.97。

6.1.6 新投产的大型汽轮发电机应具有一定的耐受带励磁失步振荡的能力。发电机失步保护应考虑既要防止发电机损坏又要减小失步对系统和用户造成的危害。为防止失步故障扩大为电网事故，应当为发电机解列设置一定的时间延迟，使电网和发电机具有重新恢复同步的可能性。

6.1.7 为防止频率异常时发生电网崩溃事故，发电机组应具有必要的频率异常运行能力。正常运行情况下，汽轮发电机组频率异常允许运行时间应满足表 6-1 的要求。

表 6-1　　　　汽轮发电机组频率异常允许运行时间

频率范围（Hz）	允许运行时间	
	累计（min）	每次（s）
51.0 以上～51.5	＞30	＞30
50.5 以上～51.0	＞180	＞180
48.5～50.5	连续运行	
48.5 以下～48.0	＞300	＞300
48.0 以下～47.5	＞60	＞60
47.5 以下～47.0	＞10	＞20
47.0 以下～46.5	＞2	＞5

6.1.8 发电机励磁系统应具备一定过负荷能力。

6.1.8.1 励磁系统应保证发电机励磁电流不超过其额定值的 1.1 倍时能够连续运行。

6.1.8.2 交流励磁机励磁系统顶值电压倍数不低于 2 倍，自并励静止励磁系统顶值电压倍数在发电机额定电压时不低于 2.25 倍，强励电流倍数等于 2 时，允许持续强励时间不低于 10s。

6.1.8.3 励磁系统强励电压倍数一般为 2 倍，强励电流倍数等于 2，允许持续强励时间不低于 10s。

6.1.9 对于接入大规模新能源汇集地区电网、有串联补偿电容器送出线路以及直流换流站近区的电厂，应进行汽轮发电机组次同步谐振/振荡风险评估，协助电力调度部门做好抑制和预防次同步谐振/振荡措施。发电厂应准确掌握汽轮发电机组轴系扭转振动频率，同时应装设机组轴系扭振监测或保护装置。机组轴系扭振保护定值由汽轮机制造厂家提供计算依据，并经第三方专业机构校核、确定。

6.1.10 新投产机组并网调试前 3 个月，发电厂应向相应调度部门提供电网计算分析所需的主设备（发电机、变压器等）参数、二次设备（电流互感器、电压互感器）参数及保护装置技术资料，以及励磁系统（包括电力系统稳定器）、调速系统技术资料（包括原理及传递函数框图）等。

6.1.11 新建机组及增容改造机组，发电厂应根据有关调度部门要求，开展励磁系统、调速系统建模及参数实测试验、电力系统稳定器参数整定试验、发电机进相试验、一次调频试验、自动发电控制（AGC）试验、自动电压控制（AVC）试验工作，实测建模报告需通过调度部门认可的且有资质的电科院审核，并报有关调度部门。

6.1.12 并网电厂应根据《大型发电机变压器继电保护整定计算导则》（DL/T 684）、《国家电网公司网源协调管理规定》[国网（调/4）457—2014] 的规定、电网运行情况和主设备技术条件，认真校核涉网保护 [包括高频率与低频率保护、过电压保护、过激磁保护、失磁保护、失步保护、汽轮机功率负荷不平衡保护（PLU）、发电机零功率保护等〕与电网保护的整定配合关系，每年度对所辖设备的整定值进行全面复算和校核，并根据调度部门的要求及时备案，当电网结构、线路参数和短路电流水平发生变化时，应及时校核相关涉网保护的配置与整定，避免保护发生不正确动作行为。

6.1.13 发电机励磁系统正常应投入发电机自动电压调节器（机端电压恒定的控制方式）运行，电力系统稳定器正常必须置入投运状态，励磁系统（包括电力系统稳定器）的整定参数应适应跨区交流互联电网不同联网方式运行要求，对 0.1～2.0Hz 系统振荡频率范围的低频振荡模式应能提供正阻尼。

6.1.13.1 利用自动电压控制系统（AVC）对发电机调压时，受控机组励磁系统应投入自动电压调节器。

6.1.13.2 严格执行调度部门有关电力系统稳定器的定值要求。

6.1.13.3 励磁系统应具有无功调差环节和合理的无功调差系数。接入同一母线的发电机的无功调差系数应基本一致。励磁系统无功调差功能应投入运行。

6.1.14 200MW 及以上并网机组的高频率、低频率保护，过电压、低电压保护，过励磁保护，失磁保护，失步保护，阻抗保护及振荡解列装置、发电机励磁系统（包括电力系统稳定器）等设备（保护）定值必须报有关调度部门备案。

6.1.14.1 自动励磁调节器的过励限制和过励保护的定值应在制造厂给定的容许值内，并与相应的机组保护在定值上配合，并定期校验。

6.1.14.2 励磁变压器保护定值应与励磁系统强励能

力相配合，防止机组强励时保护误动作。

6.1.14.3 励磁系统 V/Hz 限制应与发电机或变压器的过激磁保护定值相配合，一般具有反时限和定时限特性。实际配置中，可以选择反时限或定时限特性中的一种。应结合机组检修定期检查限制动作定值。

6.1.14.4 励磁系统如设有定子过压限制环节，应与发电机过压保护定值相配合，该限制环节应在机组保护之前动作。

6.1.15 电网低频减载装置的配置和整定，应保证系统频率动态特性的低频持续时间符合相关规定，并有一定裕度。发电机组低频保护定值可按汽轮机和发电机制造厂有关规定进行整定，低频保护定值应低于系统低频减载的最低一级定值，机组低电压保护定值应低于系统（或所在地区）低压减载的最低一级定值。

6.1.16 发电机组一次调频运行管理。

6.1.16.1 并网发电机组的一次调频功能参数应按照电网运行的要求进行整定，一次调频功能应按照电网有关规定投入运行，不得擅自修改一次调频死区、转速不等率等相关参数。

6.1.16.2 新投产机组和在役机组大修、通流改造、数字电液控制系统（DEH）或分散控制系统（DCS）改造及运行方式改变后，发电厂应向相应调度部门交付由技术监督部门或有资质的试验单位完成的一次调频性能试验报告，以确保机组一次调频功能长期安全、稳定运行。

6.1.16.3 发电机组调速系统中的汽轮机调门特性参数应与一次调频功能和自动发电控制调度方式相匹配。在阀门大修后或发现两者不匹配时，应进行汽轮机调门特性参数测试及优化整定，确保机组参与电网调峰调频的安全性。

6.1.17 发电机组进相运行管理。

6.1.17.1 发电厂应根据发电机进相试验绘制指导实际进相运行的 $P—Q$ 图，编制相应的进相运行规程，并根据电网调度部门的要求进相运行。发电机应能监视双向无功功率和功率因数。根据可能的进相深度，当静稳定成为限制进相因素时，应监视发电机功角进相运行。

6.1.17.2 机组进相运行范围应由试验确定，试验过程中发电机原则上应带高压厂用变压器运行，试验结果应报电网调度部门备案。

6.1.17.3 发电厂高压厂用变压器的分接头位置应与主变压器分接头位置相协调，在发电机组从迟相到进相的运行过程中，厂用系统运行正常。

6.1.17.4 并网发电机组的低励限制辅助环节功能参数应按照电网运行的要求进行整定和试验，与电压控制主环合理配合，确保在低励限制动作后发电机组稳定运行。

6.1.17.5 低励限制定值应考虑发电机电压影响并与发电机失磁保护相配合，应在发电机失磁保护之前动作。应结合机组检修定期检查限制动作定值。

6.1.18 加强发电机组自动发电控制（AGC）运行管理。

6.1.18.1 单机 300MW 及以上的机组和具备条件的单机容量 200MW 及以上机组，根据所在电网要求，都应参加电网自动发电控制运行。

6.1.18.2 发电机组自动发电控制的性能指标应满足接入电网的相关规定和要求。发电厂应及时调整无功出力，控制母线电压在调度部门下达的电压曲线范围内。调整无效时，及时报告调度。

6.1.18.3 对已投运自动发电控制的机组，在年度大修后投入自动发电控制运行前，应重新进行机组自动增加/减少负荷性能的测试以及机组调整负荷响应特性的测试。

6.1.19 发电厂应制订完备的发电机带励磁失步振荡故障的应急措施，并按有关规定做好保护定值整定，包括：

6.1.19.1 当失步振荡中心在发电机-变压器组内部时，失步运行时间超过整定值或电流振荡次数超过规定值时，保护动作于解列。多台并列运行的发变组可采用不同延时的解列方式。

6.1.19.2 当发电机电流低于三相出口短路电流的60%～70%时（通常振荡中心在发电机-变压器组外部），发电机组应允许失步运行5～20个振荡周期。此时，应立即增加发电机励磁，同时减少有功负荷，切换厂用电，延迟一定时间，争取恢复同步。

6.1.20 发电机失磁异步运行。

6.1.20.1 严格控制发电机组失磁异步运行的时间和运行条件。根据国家有关标准规定，不考虑对电网的影响时，汽轮发电机应具有一定的失磁异步运行能力，但只能维持发电机失磁后短时运行，此时必须快速降负荷。若在规定的短时运行时间内不能恢复励磁，则机组应与系统解列。

6.1.20.2 发电机失去励磁后是否允许机组快速减负荷并短时运行，应结合电网和机组的实际情况综合考虑。如电网不允许发电机无励磁运行，当发电机失去励磁且失磁保护未动作时，应立即将发电机解列。

6.1.21 发电机组附属设备变频器应具备在电网发生故障的瞬态过程中保持正常运行的能力，电网发生事故引起发电厂高压母线电压、频率等异常时，电厂重要辅机保护不应先于主机保护动作，必要时加装防止低电压穿越装置，以免切除辅机造成发电机组停运。

6.2 防止风电机组大面积脱网事故

6.2.1 新建风电机组必须满足《风电场接入电力系统技术规定》（GB/T 19963）等相关技术标准要求，并通过国家有关部门授权的有资质的检测机构的并网检测，不符合要求的不予并网。

6.2.2 风电场并网点电压波动和闪变、谐波、三相电压不平衡等电能质量指标满足国家标准要求时，风电机组应能正常运行。

6.2.3 风电场应配置足够的动态无功补偿容量，应在各种运行工况下都能按照分层分区、基本平衡的原则在线动态调整，且动态调节的响应时间不大于30ms。

6.2.4 风电机组应具有规程规定的低电压穿越能力和必要的高电压耐受能力。

6.2.5 电力系统频率在49.5～50.2Hz范围（含边界值）内时，风电机组应能正常运行。电力系统频率在48～49.5Hz范围（含48Hz）内时，风电机组应能不脱网运行30min。

6.2.6 风电场应配置风电场监控系统，实现在线动态调节全场运行机组的有功/无功功率和场内无功补偿装置的投入容量，并具备接受电网调度部门远程监控的功能。风电场监控系统应按相关技术标准要求，采集、记录、保存升压站设备和全部机组的相关运行信息，并向电网调度部门上传保障电网安全稳定运行所需的运行信息。

6.2.7 风电场应向相应调度部门提供电网计算分析所需的主设备（发电机、变压器等）参数、二次设备（电流互感器、电压互感器）参数及保护装置技术资料及无功补偿装置技术资料等。风电场应经静态及动态试验验证定值整定正确，并向调度部门提供整定调试报告。

6.2.8 风电场应根据有关调度部门电网稳定计算分析要求，开展建模及参数实测工作，并将试验报告报有关调度部门。

6.2.9 电力系统发生故障、并网点电压出现跌落时，风电场应动态调整机组无功功率和场内无功补偿容量，应确保场内无功补偿装置的动态部分自动调节，确保电容器、电抗器支路在紧急情况下能被快速正确投切，配合系统将并网点电压和机端电压快速恢复到正常范围内。

6.2.10 风电场无功动态调整的响应速度应与风电机组高电压耐受能力相匹配，确保在调节过程中风电机组不因高电压而脱网。

6.2.11 风电场汇集线系统单相故障应快速切除。汇集线系统应采用经电阻或消弧线圈接地方式，不应采用不接地或经消弧柜接地方式。经电阻接地的汇集线系统发生单相接地故障时，应能通过相应保护快速切除，同时应兼顾机组运行电压适应性要求。经消弧线圈接地的汇集线系统发生单相接地故障时，应能可靠选线，快速切除。汇集线保护快速段定值应对线路末端故障有灵敏度，汇集线系统中的母线应配置母差保护。

6.2.12 风电机组主控系统参数和变流器参数设置应

与电压、频率等保护协调一致。

6.2.13 风电场内涉网保护定值应与电网保护定值相配合，并报电网调度部门备案。

6.2.14 风电机组故障脱网后不得自动并网，故障脱网的风电机组须经电网调度部门许可后并网。

6.2.15 发生故障后，风电场应及时向调度部门报告故障及相关保护动作情况，及时收集、整理、保存相关资料，积极配合调查。

6.2.16 风电场二次系统及设备，均应满足《电力二次系统安全防护规定》（国家电力监管委员会令第 5 号）要求，禁止通过外部公共信息网直接对场内设备进行远程控制和维护。

6.2.17 风电场应在升压站内配置故障录波装置，启动判据应至少包括电压越限和电压突变量，记录升压站内设备在故障前 200ms 至故障后 6s 的电气量数据，波形记录应满足相关技术标准。

6.2.18 风电场应配备全站统一的卫星时钟设备和网络授时设备，对场内各种系统和设备的时钟进行统一校正。

7 防止锅炉事故

7.1 防止锅炉尾部再次燃烧事故

7.1.1 防止锅炉尾部再次燃烧事故，除了防止回转式空气预热器转子蓄热元件发生再次燃烧事故外，还要防止脱硝装置的催化元件部位、除尘器及其干除灰系统以及锅炉底部干除渣系统的再次燃烧事故。

7.1.2 在锅炉机组设计选型阶段，必须保证回转式空气预热器本身及其辅助系统设计合理、配套齐全，必须保证回转式空气预热器在运行中有完善的监控和防止再次燃烧事故的手段。

7.1.2.1 回转式空气预热器应设有独立的主辅电机、盘车装置、火灾报警装置、入口烟气挡板、出入口风挡板及相应的联锁保护。

7.1.2.2 回转式空气预热器应设有可靠的停转报警装置，停转报警信号应取自空气预热器的主轴信号，而不能取自空气预热器的马达信号。

7.1.2.3 回转式空气预热器应有相配套的水冲洗系统，不论是采用固定式或者移动式水冲洗系统，设备性能都必须满足冲洗工艺要求，发电厂必须配套制订出具体的水冲洗规定和水冲洗措施或作业指导书。

7.1.2.4 回转式空气预热器应设有完善的消防系统，在空气及烟气侧应装设消防水喷淋水管，喷淋面积应覆盖整个受热面。如采用蒸汽消防系统，其汽源必须与公共汽源相联，以保证启停及正常运行时随时可投入蒸汽进行隔绝空气式消防。

7.1.2.5 回转式空气预热器应设计配套有完善合理的吹灰系统，冷热端均应设有吹灰器。如采用蒸汽吹灰，其汽源应合理选择，且必须与公共汽源相联，疏水设计合理，以满足机组启动和低负荷运行期间的吹灰需要。

7.1.3 锅炉设计和改造时，必须高度重视油枪、小油枪、等离子燃烧器等锅炉点火、助燃系统和设备的适应性与完善性。

7.1.3.1 在锅炉设计与改造中，加强选型等前期工作，保证油燃烧器的出力、雾化质量和配风相匹配。

7.1.3.2 无论是煤粉锅炉的油燃烧器还是循环流化床锅炉的风道燃烧器，都必须配有配风器，以保证油枪点火可靠、着火稳定、燃烧完全。

7.1.3.3 对于循环流化床锅炉，油燃烧器出口必须设计足够的油燃烧空间，保证油进入炉膛前能够完全燃烧。

7.1.3.4 锅炉采用微油/无油点火技术进行设计和改造时，必须充分把握燃用煤质特性，保证微油枪设备可靠、出力合理，保证等离子发生装置功率与燃用煤质、等离子燃烧器和炉内整体空气动力场的良好匹配，以保证锅炉微油/无油点火的可靠性和锅炉启动初期的燃尽率以及整体性能。

7.1.3.5 所有燃烧器均应设计有完善可靠的火焰监测保护系统。

7.1.4 回转式空气预热器在制造等阶段必须采取正确保管方式，应进行监造。

7.1.4.1 锅炉空气预热器的传热元件在出厂和安装保管期间不得采用浸油防腐方式。

7.1.4.2 在设备制造过程中，应重视回转式空气预热器着火报警系统测点元件的检查和验收。

7.1.5 必须充分重视回转式空气预热器辅助设备及系统的可靠性和可用性。新机基建调试和机组检修期间，必须按照要求完成相关系统与设备的传动检查和试运工作，以保证设备与系统可用，联锁保护动作正确。

7.1.5.1 机组基建、调试阶段和检修期间应重视空气预热器的全面检查和资料审查，重点包括空气预热器的热控逻辑、吹灰系统、水冲洗系统、消防系统、停转保护、报警系统及隔离挡板等。

7.1.5.2 机组基建调试前期和启动前，必须做好吹灰系统、冲洗系统、消防系统的调试、消缺和维护工作，应检查吹灰、冲洗、消防行程、喷头有无死角，有无堵塞问题并及时处理。有关空气预热器的所有系统都必须在锅炉点火前达到投运状态。

7.1.5.3 基建机组首次点火前或空气预热器检修后，应逐项检查传动火灾报警测点和系统，确保火灾报警系统正常投用。

7.1.5.4 基建调试或机组检修期间应进入烟道内部，就地检查、调试空气预热器各烟风挡板，确保分散控制系统显示、就地刻度和挡板实际位置一致，且动作灵活，关闭严密，能满足运行中隔离要求。

7.1.6 机组启动前要严格执行验收和检查工作，保证空气预热器和烟风系统干净无杂物、无堵塞。

7.1.6.1 空气预热器在安装后第一次投运时，应将杂物彻底清理干净，蓄热元件必须进行全面的通透性检查，经制造、施工、建设、生产等各方验收合格后方可投入运行。

7.1.6.2 基建或检修期间，不论在炉膛或者烟风道内进行工作后，必须彻底检查清理炉膛、风道和烟道，并经过验收，防止风机启动后杂物积聚在空气预热器换热元件表面上或缝隙中。

7.1.7 要重视锅炉冷态点火前的系统准备和调试工作，保证锅炉冷态启动燃烧良好，特别要防止出现由于设备故障导致的燃烧不良。

7.1.7.1 新建机组或改造过的锅炉燃油系统必须经过辅汽吹扫，并按要求进行油循环，每次投运前必须经过燃油泄漏试验确保各油阀的严密性。

7.1.7.2 油枪、微油/无油点火系统必须保证安装正确，新设备和系统在投运前必须进行正确整定和冷态调试。

7.1.7.3 火焰监测保护系统点火前必须全部投用，火焰监测保护系统严禁随意退出，对于保护逻辑或定值严禁随意修改。

7.1.7.4 锅炉启动点火或锅炉灭火后重新点火前，必须按照运行规程要求对炉膛及烟道进行充分吹扫，防止未燃尽物质聚集在尾部烟道造成再燃烧。

7.1.8 精心做好锅炉启动后的运行调整工作，保证燃烧系统各参数合理，加强运行分析，以保证燃料燃烧完全，传热合理。

7.1.8.1 油燃烧器运行时，必须保证油枪根部燃烧所需用氧量，以保证燃油燃烧稳定完全。

7.1.8.2 锅炉燃用渣油或重油时应保证燃油温度和

油压在规定值内，雾化蒸汽参数在设计值内，以保证油枪雾化良好、燃烧完全。锅炉点火时应严格监视油枪雾化情况，一旦发现油枪雾化不好应立即停用，并进行清理检修。

7.1.8.3 采用微油/无油点火方式启动锅炉，应保证入炉煤质有良好的着火燃尽特性，调整煤粉细度、磨煤机通风量及出口风温在合理范围，控制磨煤机出力和风、粉浓度，使着火稳定和燃烧充分，防止未完全燃烧的油和煤粉在烟道内的沉积。

7.1.8.4 采用微油/无油点火方式启动时，应防止启动燃烧器出力超出点火热功率允许的范围；并监视燃烧器金属壁温，防止超温。

7.1.8.5 采用微油/无油点火方式启动时，应注意监视和分析燃烧情况和锅炉沿程温度、阻力变化情况。

7.1.9 要重视空气预热器的吹灰，必须精心组织机组冷态启动和低负荷运行情况下的吹灰工作，做到合理吹灰。

7.1.9.1 投入蒸汽吹灰器前应进行充分疏水，确保吹灰要求的蒸汽过热度。

7.1.9.2 机组启动期间，锅炉负荷低于25％额定负荷时空气预热器应连续吹灰；锅炉负荷大于25％额定负荷时至少每8h吹灰一次；当回转式空气预热器压差异常增加时，应增加吹灰次数；当低负荷煤、油混烧时，应连续吹灰，并严密监视炉膛燃烧状况和尾部烟气温度。

7.1.9.3 停炉前应对空气预热器全面吹灰一次。

7.1.10 要加强对空气预热器的检查，重视发挥水冲洗的作用，及时精心组织，对回转式空气预热器正确地进行水冲洗。

7.1.10.1 锅炉停炉1周以上时必须对回转式空气预热器受热面进行检查，若有存挂油垢或积灰堵塞的现象，应及时清理并进行彻底通风干燥。

7.1.10.2 若锅炉较长时间低负荷燃油或煤油混烧，可根据具体情况利用停炉对回转式空气预热器受热面进行检查，重点是检查中层和下层传热元件，若发现有残留物积存，应及时组织进行水冲洗。

7.1.10.3 机组运行中，如果回转式空气预热器阻力超过对应工况设计阻力的150%，应及时安排水冲洗；机组每次C级及以上检修均应对空气预热器受热面进行检查，若发现受热元件有残留物积存，必要时可以进行水冲洗。

7.1.10.4 对空气预热器不论选择哪种冲洗方式，都必须事先进行风险预控分析、制定全面的冲洗措施并经过审批，整个冲洗工作严格按措施执行，必须严格达到冲洗工艺要求，一次性彻底冲洗干净，验收合格。

7.1.10.5 回转式空气预热器冲洗后必须正确地进行干燥，并保证彻底干燥。不能立即启动引送风机进行强制通风干燥，防止炉内积灰被空气预热器金属表面水膜吸附造成二次污染。

7.1.11 应重视加强对锅炉尾部再次燃烧事故风险点的监控。

7.1.11.1 运行规程应明确省煤器、脱硝装置、空气预热器等部位烟道在不同工况的烟气温度限制值。运行中应当加强监视脱硝装置入口烟气温度及回转式空气预热器出口烟风温度变化情况，当烟气温度超过规定值、有再燃前兆时，应立即停炉，并及时采取消防措施。

7.1.11.2 机组停运后和温热态启动时，是回转式空气预热器受热和冷却条件发生巨大变化的时候，容易产生热量积聚引发着火，应更重视运行监控和检查，如有再燃前兆，必须及早发现，及早处理。

7.1.11.3 锅炉停炉后，严格按照运行规程和厂家要求停运空气预热器，应加强停炉后的回转式空气预热器运行监控，防止异常发生。

7.1.11.4 锅炉启动、低负荷时应加强炉底密封检查，防止大量冷风进入炉膛引起燃烧不稳造成未燃尽物质沉积引起再燃。

7.1.12 回转式空气预热器跳闸后需要正确处理，防止发生再燃及空气预热器故障、事故。

7.1.12.1 若发现回转式空气预热器停转，立即将其隔绝，投入消防蒸汽和盘车装置。若挡板隔绝不严或转子盘不动，应立即停炉。

7.1.12.2 若回转式空气预热器未设出入口烟/风挡板，发现回转式空气预热器停转，应立即停炉。

7.1.13 加强空气预热器外的其他设备和部位防再次燃烧事故的工作。

7.1.13.1 锅炉安装脱硝系统，在低负荷煤油混烧、等离子点火期间，脱硝反应器内必须加强吹灰，监控反应器前后阻力及烟气温度，防止反应器内催化剂区域有未燃尽物质燃烧，若反应器配置有灰斗，需要及时排灰，防止沉积。

7.1.13.2 干排渣系统宜设置渣温测点，在低负荷燃油、等离子点火或煤油混烧期间，防止干排渣系统的钢带由于锅炉未燃尽的物质落入钢带再燃烧，损坏钢带。必要时派人就地监控。

7.1.13.3 新建燃煤机组尾部烟道下部省煤器灰斗应设输灰系统，以保证未燃物可以及时的输送出去。

7.1.13.4 如果在低负荷燃油、等离子点火或煤油混烧期间电除尘器投入运行时，电除尘器应降低二次电压、电流运行，防止在集尘极和放电极之间污染及燃烧，在此期间电除尘器加热及振打装置需连续运行，除灰系统连续输送。

7.1.13.5 袋式除尘器入口烟温应严格控制在规定值以内。锅炉启动、低负荷及煤油混烧时，应重视布袋烟温和压差监测，加强除灰系统输灰，防止沉积煤粉引起燃烧。

7.1.14 循环流化床锅炉干锅或严重缺水状态下应采取压火方式停炉，以防空气预热器再燃烧。停炉后应重点检查烟风系统各挡板和门孔关闭状态，防止空气漏入；严密监视各段烟温和烟道氧量，发现烟温、氧量异常应采取相应措施及时处理。当锅炉充分冷却（一般自然冷却48～60h）后，先向锅炉补水，随后才能打开门孔通风冷却。

7.2 防止锅炉炉膛爆炸事故

7.2.1 防止锅炉灭火爆燃

7.2.1.1 锅炉炉膛安全监控系统的设计、选型、安装、调试等各阶段都应严格执行《火力发电厂锅炉炉膛安全监控系统技术规程》（DL/T 1091）。

7.2.1.2 根据《电站煤粉锅炉炉膛防爆规程》（DL/T 435）中有关防止炉膛灭火放炮的规定以及设备的实际状况，制定防止锅炉灭火放炮的措施，应包括煤质监督、混配煤、燃烧调整、低负荷运行等内容，并严格执行。

7.2.1.3 加强燃煤的监督管理，完善混煤设施。保证入炉煤质量稳定，热值、挥发分、硫分、水分等主要指标不发生突变。加强配煤管理和煤质分析，并及时将煤质情况通知运行人员，以便做好调整燃烧的应变措施，防止发生锅炉灭火。

7.2.1.4 新炉投产、锅炉改进性大修后或入炉燃料与设计燃料有较大差异时，应进行燃烧调整，以确定一、二次风量、风速、合理的过剩空气量、风煤比、煤粉细度、燃烧器倾角或旋流强度及不投油最低稳燃负荷等。

7.2.1.5 当炉膛已经灭火或已局部灭火并濒临全炉膛灭火时，严禁投助燃油枪、等离子等稳燃方法。当锅炉灭火后，要立即停止燃料（含煤、油、燃气、制粉乏气风）供给，严禁用爆燃法恢复燃烧。重新点火前必须查明灭火原因，并对锅炉进行充分通风吹扫，以排除炉膛和烟道内的可燃物质。

7.2.1.6 当发生磨煤机堵煤时，缓慢增加磨煤机一次风压，以防磨煤机内存粉大量喷入炉膛发生迅速燃烧，导致炉膛负压快速升高。

7.2.1.7 新建锅炉制粉系统一次风管径的设计，应考虑在管间风速偏差10%、磨煤机最小出力工况下，各一次风管风速均不低于19m/s。

7.2.1.8 定期开展磨煤机不同出力工况下的热态一次风速调平试验，根据管间风速偏差情况确定磨煤机最小通风量，保证各出力工况下各粉管风速均不低于19m/s；运行中加强一次风速、风量、风压的监视，防止煤粉堵管造成锅炉灭火。

7.2.1.9 100MW 及以上等级机组的锅炉应装设锅炉灭火保护装置。该装置应包括但不限于以下功能：炉膛吹扫、锅炉点火、主燃料跳闸、全炉膛火焰监视和灭火保护功能、主燃料跳闸首出等。

7.2.1.10 锅炉灭火保护装置和就地控制设备电源应可靠，电源应采用两路直流或交流 220V 供电电源。当采用直流电源时，两路应取自不同的直流段；当采用交流供电时，其中一路应为交流不间断电源，另一路电源引自厂用事故保安电源。当设置冗余不间断电源系统时，也可两路均采用不间断电源，但两路进线应分别取自不同的供电母线上，防止因瞬间失电造成失去锅炉灭火保护功能。

7.2.1.11 炉膛负压等参与灭火保护的热工测点应单独设置并冗余配置。必须保证炉膛压力信号取样部位的设计、安装合理，取样管相互独立，系统工作可靠。应配备至少四个炉膛压力变送器：其中三个为调节用，另一个作监视用，其量程应大于炉膛压力保护定值。

7.2.1.12 炉膛压力保护定值应合理，要综合考虑炉膛防爆能力、炉底密封承受能力和锅炉正常燃烧要求；当炉膛正压保护动作后，炉膛压力继续升高 500Pa，无延时联跳所有引、送风机；新机启动或机组检修后启动时必须进行炉膛压力保护带工质传动试验。

7.2.1.13 加强锅炉灭火保护装置的维护与管理，确保锅炉灭火保护装置可靠投用。防止发生火焰探头烧毁、污染失灵、炉膛负压管堵塞、泄漏等问题。定期对灭火保护探头周围打焦清灰，认真落实灭火保护定期试验制度，防止因保护设备误动造成锅炉灭火。

7.2.1.14 每个煤、油、气燃烧器都应单独设置火焰检测装置，火焰检测装置应当精细调整，保证锅炉在高、低负荷以及适用燃料下都能正确检测到火焰。火焰检测装置冷却用气源应稳定可靠。

7.2.1.15 锅炉运行中严禁随意退出锅炉灭火保护。因设备缺陷需退出部分锅炉主保护时，应严格履行审批手续，并事先做好风险预控分析及安全措施。严禁在锅炉灭火保护装置退出情况下进行锅炉启动。

7.2.1.16 加强设备检修管理，重点解决炉膛严重漏风、一次风管不畅、送风不正常脉动、直吹式制粉系统磨煤机堵煤、断煤和粉管堵粉、中储式制粉系统给粉机下粉不均或煤粉自流、热控设备失灵等。

7.2.1.17 加强点火油、气系统的维护管理，消除泄漏，防止燃油、燃气漏入炉膛发生爆燃。对燃油、燃气速断阀要定期试验，确保动作正确、关闭严密。

7.2.1.18 锅炉点火系统应能可靠备用。定期对油枪进行清理和投入试验，确保油枪动作可靠、雾化良好；定期进行等离子拉弧试验，确保等离子拉弧正常，能在锅炉低负荷或燃烧不稳时及时投入助燃。

7.2.1.19 在停炉检修或备用期间，运行人员必须检查确认燃油或燃气系统阀门关闭严密。锅炉点火前应进行燃油、燃气系统泄漏试验，合格后方可点火启动。

7.2.1.20 对于装有等离子体点火系统或微油点火系统的锅炉点火时，严禁解除全炉膛灭火保护，严禁强制火检信号。

7.2.1.21 装有等离子体点火系统的锅炉，当采用中速磨煤机直吹式制粉系统时，点火启动前若磨煤机对应的等离子体发生器有任一只发生故障，禁止启动该磨煤机。

7.2.1.22 装有微油点火系统的锅炉，点火器打火10s内，如点火油（气）火焰未建立，则应退出该点火系统，并禁止在1min内再次点火。启动前若磨煤机对应的微油枪有任一只点火油（气）火焰未建立，禁止启动该磨煤机。

7.2.1.23 对于装有等离子体点火系统或微油点火系统的锅炉，当采用中速磨煤机直吹式制粉系统时，任一燃烧器在投粉后180s内未达到稳定着火时，应立即停止相应磨煤机的运行；对于中储式制粉系统在30s内未达到稳定着火时，应立即停止相应给粉机的运行，经充分通风吹扫、查明原因后再重新投入。

7.2.1.24 加强热工控制系统的维护与管理，防止因分散控制系统死机导致的锅炉炉膛灭火放炮事故。

7.2.1.25 在确定给粉电源失电时，锅炉可能已经灭火或燃烧不稳，应按紧急停炉处理，防止突然恢复给粉系统电源向炉膛内大量送入煤粉而爆炸。

7.2.1.26 锅炉低于最低稳燃负荷运行时或煤质变差影响到燃烧稳定性时，应投入稳燃系统。

7.2.1.27 对于采用声波吹灰与蒸汽吹灰相结合的塔式锅炉，应保证必要的蒸汽吹灰频率，防止炉膛塌灰灭火。

7.2.2 防止锅炉严重结渣

7.2.2.1 锅炉炉膛的设计、选型要参照《大容量煤粉燃烧锅炉炉膛选型导则》（DL/T 831）的有关规定进行，对于设计燃用神华侏罗纪烟煤的锅炉，炉膛容积放热强度、炉膛断面放热强度、燃烧器区壁面放热强度等放热强度特征参数选用推荐范围内低值。

7.2.2.2 重视锅炉燃烧器的安装、检修和维护，保留必要的安装记录,确保安装正确,避免一次风射流偏斜、飞边产生贴壁气流。燃烧器改造后的锅炉投运前应进行冷态炉膛空气动力场试验,以检查燃烧器安装是否正确,确定锅炉炉内空气动力场符合设计要求。

7.2.2.3 加强氧量计、一氧化碳测量装置、风量测量装置及二次风门等锅炉燃烧监视、调整重要设备的管理与维护,形成定期校验制度,以确保其指示准确、动作正确,避免在炉内形成整体或局部还原性气氛,从而加剧炉膛结渣。

7.2.2.4 加强运行调整,避免火焰中心偏斜,防止炉膛局部结渣;对冲燃烧锅炉应采取措施,保证沿炉膛宽度方向煤粉浓度、二次风量及炉膛热负荷分配均匀。

7.2.2.5 采用与锅炉相匹配的煤种,是防止炉膛结渣的重要措施。加强入厂煤、入炉煤的管理及煤质分析,对新进煤源应进行元素分析、煤灰熔融性、可磨性系数、煤的磨损指数、煤灰成分等检验分析,以确定煤源适用于本厂锅炉的燃烧;当煤种改变时,要进行变煤种燃烧调整试验;对于易结渣煤种,应制定防结渣技术措施。

7.2.2.6 加强运行培训和考核,使运行人员了解防止炉膛结渣的要素,熟悉燃烧调整手段,避免锅炉高负荷工况下缺氧燃烧。

7.2.2.7 运行人员应经常从看火孔或通过受热面壁温监视等手段、分析炉膛结渣情况,一旦发现结渣应及时处理。

7.2.2.8 锅炉吹灰器系统应正常投入运行,防止炉膛沾污结渣造成超温。

7.2.2.9 受热面及炉底等部位严重结渣,影响锅炉安全运行时，应立即停炉处理。

7.2.2.10 炉内低氮燃烧器改造及增加炉膛卫燃带时，应论证水冷壁及屏式受热面结渣风险，优化改造方案。

7.2.2.11 为防止循环流化床锅炉炉膛大面积结渣，运行期间应加强入炉风量、床温、床压及给煤量等参数的监视和调整，严格控制床料和入炉煤的品质，保持床料正常流化、严禁床温超限；停炉检修期间，加强布风板、风帽、二次风口、返料器等影响锅炉循环流化的设备的检修维护。排渣管、排渣门、冷渣机等排渣设备性能良好，具备连续满负荷排渣能力。

7.2.3 防止锅炉内爆

7.2.3.1 新建机组引风机和脱硫增压风机的最大压头设计必须与炉膛及尾部烟道防内爆能力相匹配，引风机及脱硫增压风机设计压头之和应小于炉膛及尾部烟道防内爆强度。

7.2.3.2 锅炉脱硫、脱硝、除尘、烟羽治理等涉及烟气系统改造时，必须重视改造方案的技术论证工作，改造方案应重新核算机组尾部烟道的负压承受能力，强度不足部分应进行重新加固。

7.2.3.3 单机容量100MW及以上机组或采用脱硫、脱硝、湿式电除尘器等装置的机组，应特别重视锅炉炉膛及尾部烟道的内爆危害。当炉膛负压保护动作后，炉膛压力继续降低500Pa，无延时联跳引风机；应设置尾部烟道负压超限报警或联锁保护，以保护尾部烟道；机组快速减负荷（RB）功能应可靠投用。

7.2.3.4 对采用引增合一技术的锅炉，若联合风机选型全压头超过锅炉炉膛、电除尘器及尾部烟道设计压力，当锅炉炉膛负压保护动作时，应立即联锁跳闸引风机。

7.2.3.5 加强引风机、脱硫增压风机等设备的检修维护工作，定期对调节装置进行试验，确保动作灵活可靠和炉膛负压自动调节特性良好，防止机组运行中设备故障时或锅炉灭火后产生过大负压。

7.2.3.6 运行规程中必须有防止炉膛内爆的条款和事故处理预案。

7.2.4 循环流化床锅炉防爆

7.2.4.1 锅炉启动前或主燃料跳闸、锅炉跳闸后应根据床温情况严格进行炉膛冷态或热态吹扫程序，投煤后一次流化风量应达到临界流化风量以上。

7.2.4.2 精心调整燃烧，确保床上、床下油枪雾化良好、燃烧完全。油枪投用时应严密监视油枪雾化和燃烧情况，发现油枪雾化不良应立即停用，并及时进行清理检修。

7.2.4.3 应根据实际燃用煤质着火点情况进行间断投煤操作，禁止床温未达到投煤允许条件连续大量投煤。

7.2.4.4 循环流化床锅炉压火应先停止给煤机，切断所有燃料，并严格执行炉膛吹扫程序，待床温开始下降、氧量回升时再按正确顺序停风机；禁止通过锅炉跳闸风机联跳主燃料跳闸的方式压火。压火后的热启动应严格执行热态启动吹扫程序，并根据床温情况进行投油升温或投煤启动。

7.2.4.5 水冷壁泄漏后，应尽快停炉，并保留一台引风机运行，禁止闷炉；冷渣器泄漏后，应立即切断炉渣进料，并隔绝冷却水。投运时先通冷却水，后通炉料。

7.2.4.6 水冷式冷渣器水冷系统应配备一定数量安

全阀并定期进行校验，设计冷却水流量、温度及压力等报警和联锁保护装置，防止运行中冷却水汽化引发设备超压甚至爆破。

7.3 防止制粉系统爆炸和煤尘爆炸事故

7.3.1 防止制粉系统爆炸

7.3.1.1 在锅炉设计和制粉系统设计选型时期，必须严格遵照相关规程要求，保证制粉系统设计和磨煤机的选型，与燃用煤种特性和锅炉机组性能要求相匹配和适应，必须体现出制粉系统防爆设计。

7.3.1.2 新建锅炉或者锅炉因煤种改变等原因进行燃烧系统改造，必须考虑制粉系统防爆要求，当煤的干燥无灰基挥发分大于 25%（或煤的爆炸性指数大于 3.0）时，不宜采用中间储仓式制粉系统，如必要时可掺混爆炸特性较低的煤种或抽取炉烟干燥、加入惰性气体。

7.3.1.3 对于制粉系统，应设计可靠足够的温度、压力、流量测点和完备的联锁保护逻辑，以保证对制粉系统状态测量指示准确、监控全面、动作合理。中间储仓式制粉系统的粉仓和直吹式制粉系统的磨煤机出口，应设置足够的温度测点和温度报警装置，炉烟干燥的中间储仓式制粉系统宜加装氧量测点，并定期进行校验。

7.3.1.4 制粉系统设计时，要尽量减少水平管段，整个系统要做到严密、内壁光滑、无积粉死角。中速磨入口风道向磨煤机方向应有一定倾斜坡度；在运锅炉可采取防石子煤回流拦阻措施，防止积煤自燃。

7.3.1.5 煤仓、粉仓、制粉和送粉管道、制粉系统阀门、制粉系统防爆压力和防爆门的防爆设计符合《火力发电厂烟风煤粉管道设计技术规程》（DL/T 5121）和

《火力发电厂制粉系统设计计算技术规定》（DL/T 5145）。

7.3.1.6 热风道与制粉系统连接部位，以及排粉机出入口风箱的连接部位，应达到防爆规程规定的抗爆强度。

7.3.1.7 制粉系统应配套设计合理的消防系统和必要的充惰系统。

7.3.1.8 保证系统安装质量，保证连接部位严密、光滑、无死角，避免出现局部积粉。定期对制粉系统中可能存在积粉的设备及管道进行检查，并及时处理及改进，消除制粉系统及粉仓漏风，保持其严密性。

7.3.1.9 加强防爆门的检查和管理工作，防爆薄膜应有足够的防爆面积和规定的强度，防爆门动作后火焰和高温气体的排放方向应避免危及人身安全、损坏设备和烧损电缆。

7.3.1.10 制粉系统应设计配置齐全的磨煤机出口隔离门和热风隔绝门，做好检修维护工作，保证磨煤机隔离严密。

7.3.1.11 在锅炉机组进行跨煤种改烧时，在对燃烧器和配风方式进行改造同时，必须对制粉系统进行相应配套工作，包括对干燥介质系统的改造，以保证炉膛和制粉系统全面达到安全要求。

7.3.1.12 加强入厂煤和入炉煤的管理工作，建立煤质分析和配煤管理制度，燃用易燃易爆煤种应及早通知运行人员，以便加强监视和检查。上煤过程中应防止自燃的煤进入制粉系统，发现异常及时处理。

7.3.1.13 做好"三块分离"和入炉煤中杂草、编织袋等杂物清除工作，保证制粉系统运行正常。

7.3.1.14 要做好磨煤机风门挡板和石子煤系统的检修维护工作，保证磨煤机能够隔离严密、石子煤能够清理排出干净。

7.3.1.15 定期检查煤仓、粉仓内壁衬板，严防衬板磨漏、夹层积粉自燃。每次大修煤粉仓应清仓，并检查粉仓的严密性及有无死角，特别要注意仓顶板-大梁搁置部位有无积粉死角。

7.3.1.16 粉仓、绞龙的吸潮管应完好，管内通畅无阻，运行中粉仓要保持适当负压。

7.3.1.17 要坚持执行定期降粉位制度和停炉前煤粉仓空仓制度。

7.3.1.18 根据煤种的自燃特性，建立停炉清理煤仓制度，防止因长期停运导致原煤仓自燃。

7.3.1.19 制粉系统的爆炸绝大部分发生在制粉设备的启动和停运阶段，因此不论是制粉系统的控制设计，还是运行规程中的操作规定和启停措施，特别是具体的运行操作，都必须遵守通风、吹扫、充惰、加减负荷等要求，保证各项操作规范，负荷、风量、温度等参数控制平稳，避免大幅扰动。

7.3.1.20 关注煤种变化，磨煤机出口温度、原煤斗和煤粉仓温度应严格控制在规定范围内。对于神华侏罗纪烟煤，磨煤机出口一次风温不应超过 80℃。

7.3.1.21 对于神华侏罗纪烟煤，磨煤机通风前和停磨后宜进行蒸汽惰化；给煤前应停止蒸汽惰化；磨煤机跳闸或紧急停运后，应进行蒸汽惰化。制粉系统停运后，输粉管道要充分吹扫。

7.3.1.22 针对燃用煤质和制粉系统特点，制定合理的制粉系统定期轮换制度，对于神华侏罗纪烟煤停备时间不应超过 7 天。

7.3.1.23 加强制粉系统运行监控。正压式制粉系统，原煤斗应保持煤位，防止反风。出现断煤、满煤问题，必须按照运行规程及时处理，防止严重超温和煤在磨煤机及系统内长时间滞留。

7.3.1.24 对采取人工排放石子煤的磨煤机要定期对石子煤斗料位进行检查，及时排放；正常运行中当石子煤量较少时也要定期排放，以防止石子煤自燃。

7.3.1.25 定期检查、维护制粉系统的灭火、充惰系统，确保灭火、充惰系统能随时投入。

7.3.1.26 发现备用磨煤机内着火，应立即关闭其所有出入口风门挡板，以隔绝空气，并用消防蒸汽进行灭火。

7.3.1.27 制粉系统煤粉爆炸事故后，必须在做好安全措施情况下，找到积粉着火点，采取针对性措施消除积粉。必要时可进行针对性改造。

7.3.1.28 不允许在运行的制粉设备上进行焊接、切割工作。制粉系统检修动火前应将积粉清理干净，并办理动火工作票。

7.3.1.29 输粉机启动前应进行检查有无自燃现象，输粉机使用后，应及时清理积粉，并定期检查、试转。

7.3.1.30 制粉系统运行中应经常检查粗、细粉分离器管锁气器动作情况，以保证在断煤时能及时关闭锁气器。

7.3.1.31 制粉系统管道检修，要采用挖补，不要贴补，焊缝对口要平齐，防止死角积粉自燃。

7.3.1.32 加强在线仪表（如风速、流量、风温等）

的检查和维护，满足运行监控要求。

7.3.1.33 煤粉仓外壁应强化保温，防止冷风吹袭，造成仓内煤粉结块影响流动性。

7.3.1.34 发现粉仓内温度异常升高或确认粉仓内有自燃现象时，应及时投入灭火系统，防止因自燃引起粉仓爆炸。

7.3.2 防止煤尘爆炸

7.3.2.1 消除制粉系统和输煤系统的粉尘泄漏点，降低煤粉浓度。大量放粉或清理煤粉时，应进行风险预控分析，制订和落实相关安全措施，应尽可能避免扬尘，杜绝明火。遇积粉自燃，不得用压力水直接浇注，应使用雾状水灭火。

7.3.2.2 煤粉仓、制粉系统和输煤系统附近应有消防设施，并备有专用的灭火器材，消防系统水源应充足、水压符合要求。消防灭火设施应保持完好，按期进行试验（试验时灭火剂不进入粉仓）。

7.3.2.3 煤粉仓投运前应做严密性试验，凡基建投产时未做过严密性试验的要补做漏风试验，如发现有漏风、漏粉现象要及时消除。

7.3.2.4 在微油或等离子点火期间，除灰系统储仓需经常卸料，防止在储仓未燃尽物质自燃爆炸。

7.3.2.5 在低负荷燃油、微油点火、等离子点火，或者煤油混烧期间，电除尘器应限二次电压、电流运行，除灰系统必须连续投入。

7.4 防止锅炉汽包满水和缺水事故

7.4.1 汽包锅炉的汽包水位计应不低于《火力发电厂锅炉汽包水位测量系统技术规定》（DRZ/T 01）的要求

配置。水位计的配置应采用两种以上工作原理共存的配置方式，就地水位计宜采用工业电视，以保证在任何运行工况下锅炉汽包水位的正确监视。在控制室，至少还应设置一个独立于 DCS 及其电源的汽包水位后备显示仪表（或装置）。

7.4.2　汽包水位计的安装

7.4.2.1　取样管应穿过汽包内壁隔层，管口应尽量避开汽包内水汽工况不稳定区（如：安全阀排汽口、汽包进水口、下降管口、汽水分离器水槽处等），若不能避开时，应在汽包内取样管口加装稳流装置。

7.4.2.2　汽包水位计水侧取样管孔位置应低于锅炉汽包水位停炉保护动作值，一般应有足够的裕量。

7.4.2.3　水位计、水位平衡容器或变送器与汽包连接的取样管，一般应至少有 1∶100 的斜度；就地水位计汽侧取样管应向上向汽包方向倾斜，水侧取样管应向下向汽包方向倾斜；差压水位计汽侧取样管应向下向汽包方向倾斜，水侧取样管应向上向汽包方向倾斜。

7.4.2.4　新安装机组必须核实汽包水位取样孔位置、结构及水位计平衡容器安装尺寸，均符合要求。单室平衡容器严禁加装保温。

7.4.2.5　差压式水位计严禁采用将汽水取样管引到一个连通容器（平衡容器），再在平衡容器中段引出差压水位计的汽水侧取样的方法。

7.4.2.6　所有水位计安装时，均应以汽包同一端的几何中心线为基准线。必须采用水准仪精确确定各水位计的安装位置，不应以锅炉平台等物作为参比标准。

7.4.2.7　水位表汽水侧取样阀门安装时，应根据设计要求使阀杆处于水平位置，以避免在阀门内形成水塞。

7.4.3 对于过热器出口压力为 13.5MPa 及以上的锅炉，其汽包水位计应以差压式（带压力修正回路）水位计为基准。汽包水位信号应采用三选中值的方式进行优选。

7.4.3.1 差压水位计（变送器）应采用压力补偿。汽包水位测量应充分考虑平衡容器的温度变化造成的影响，必要时采用补偿措施。

7.4.3.2 汽包水位测量系统，应采取正确的保温、伴热及防冻措施，以保证汽包水位测量系统的正常运行及正确性。冬季长时间停炉，应将取样表管内的存水放尽以防冻坏。

7.4.4 汽包就地水位计的零位应以制造厂提供的数据为准，并进行核对、标定。随着锅炉压力的升高，就地水位计指示值低于汽包真实水位的差值增加，表 7-1 给出不同压力下就地水位计的正常水位示值和汽包实际零水位的差值 Δh，仅供参考。

表 7-1　就地水位计的正常水位示值和汽包实际零水位的差值

汽包压力（MPa）	16.14～17.65	17.66～18.39	18.40～19.60
Δh（mm）	−51	−102	−150

7.4.5 按规程要求定期对汽包水位计进行零位校验，核对各汽包水位测量装置间的示值偏差，当偏差大于 30mm 时，应查明原因予以消除。如果不能保证两种类型水位计正常运行，必须停炉处理。运行中同侧水位计偏差不大于 30mm，两侧水位计偏差不大于 100mm。

7.4.6 严格按运行规程及各项制度，对水位计及其测量系统进行检查及维护。机组启动调试时应对汽包水位校正补偿方法进行校对、验证，并进行汽包水位计的热态调整及校核。新机组验收时应有汽包水位计安装、调试及试运专项报告，列入验收主要项目之一。

7.4.7 当一套水位测量装置因故障退出运行时，应及时通知检修人员处理，运行人员应做好水位计运行方式改变的相关安全预案。故障水位计一般应在 8h 内恢复，若不能完成，应制订措施，经分管厂领导批准，允许延长工期，但最多不能超过 24h，并报上级主管部门备案。

7.4.8 锅炉高、低水位保护

7.4.8.1 锅炉汽包水位高、低保护应采用独立测量的三取二的逻辑判断方式。当有一点因某种原因须退出运行时，应自动转为二取一的逻辑判断方式，办理审批手续，限期（不宜超过 8h）恢复；当有两点因某种原因须退出运行时，应自动转为一取一的逻辑判断方式，制订相应的安全运行措施，严格执行审批手续，限期（8h 以内）恢复，如逾期不能恢复，应立即停止锅炉运行。当自动转换逻辑采用品质判断等作为依据时，要进行详细试验确认，不可简单的采用超量程等手段作为品质判断。

7.4.8.2 锅炉汽包水位保护所用的三个独立的水位测量装置输出的信号均应分别通过三个独立的 I/O 模件引入分散控制系统的冗余控制器。每个补偿用的汽包压力变送器也应分别独立配置，其输出信号引入相对应的汽包水位差压信号 I/O 模件。

7.4.8.3 锅炉汽包水位保护在锅炉启动前和停炉前应进行实际传动校检。用上水方法进行高水位保护试验、用排污门放水的方法进行低水位保护试验，严禁用信号短接方法进行模拟传动替代。

7.4.8.4 锅炉汽包水位保护的定值和延时值随炉型和汽包内部结构不同而异，具体数值应由锅炉制造厂确定。

7.4.8.5 锅炉汽包水位保护的停退，必须严格执行审批制度。

7.4.8.6 锅炉汽包水位保护是锅炉启动的必备条件之一，水位保护不完整严禁启动。

7.4.9 当在运行中无法判断汽包真实水位时，应紧急停炉。

7.4.10 对于控制循环锅炉，应设计炉水循环泵差压低停泵保护。炉水循环泵差压信号应采用独立测量的元件，对于差压低停泵保护应采用二取二的逻辑判别方式，当有一点故障退出运行时，应自动转为二取一的逻辑判断方式，并办理审批手续，限期恢复（不宜超过 8h）。当两点故障超过 4h 时，应立即停止该炉水循环泵运行。

7.4.11 对于直流炉，应设计省煤器入口流量低保护，流量低保护应遵循三取二原则。主给水流量测量应取自三个独立的取样点、传压管路和差压变送器并进行三选中后的信号。

7.4.12 直流炉应严格控制燃水比，严防燃水比失调。湿态运行时应严密监视分离器水位，干态运行时应严密监视微过热点（中间点）温度，防止蒸汽带水或金属壁温超温。

7.4.13 高压加热器保护装置及旁路系统应正常投入，并按规程进行试验，保证其动作可靠，避免给水中断。当因某种原因需退出高压加热器保护装置时，应制订措施，严格执行审批手续，并限期恢复。

7.4.14 给水系统中各备用设备应处于正常备用状态，按规程定期切换。当失去备用时，应制订安全运行措施，限期恢复投入备用。

7.4.15 建立锅炉汽包水位、炉水泵差压及主给水流量测量系统的维修和设备缺陷档案，对各类设备缺陷进行定期分析，找出原因及处理对策，并实施消缺。

7.4.15.1 应根据设备要求严格执行就地水位计定期冲洗制度，加强检修人员的设备专责制和定期检查制度，保证就地水位计正常运行。在水位计爆破或其他故障的情况下，应及时进行处理。

7.4.15.2 充分利用检修机会对给水、事故放水、水位计、省煤器放水、过热器疏水、定排等各阀门进行检修。电动控制的阀门做开、关试验，保证各阀门开关灵活且严密不漏。

7.4.16 不断加强运行人员的培训，提高其事故判断能力及操作技能，严格遵守值班纪律，监盘思想集中，经常分析各运行参数的变化，调整要及时，准确判断及处理事故，防止误操作发生。

7.5 防止锅炉承压部件失效事故

7.5.1 发电厂应成立防止锅炉压力容器承压部件爆漏工作小组，配置锅炉压力容器安全监督工程师，且持有电力行业锅炉压力容器安全监督工程师资格证书。建立承压部件安全监督网络，并健全各级责任制。加强专业管理、技术监督管理和专业人员培训考核，保证人员的相对稳定。

7.5.2 严格执行《中华人民共和国特种设备安全法》《特种设备安全监察条例》（国务院令第 549 号）、《锅炉安全技术监察规程》（TSG G0001）、《固定式压力容器安全技术监察规程》（TSG 21）、《特种设备使用管理规则》（TSG 08）、《电力行业锅炉压力容器安全监督规程》（DL/T 612）、《电站锅炉压力容器检验规程》（DL/T 647）、《火力发电厂金属技术监督规程》（DL/T 438）以及其他有关规定等要求。把防止锅炉承压部件爆破泄漏事故的各项措施落实到设计、制造、安装、运行、检修和检验的全过程管理工作中。

7.5.3 安全性能检验范围包括安装技术资料、锅炉汽包或汽水分离器、联箱、受热面、承重部件、锅炉范围内的管道、阀门、支吊架等。新建锅炉承压部件在制造过程中应派有资格的检验人员到制造现场进行水压试验见证、文件见证和制造质量抽检。

7.5.4 **防止超压超温**

7.5.4.1 严防锅炉缺水和超温超压运行，严禁在水位表数量不足（指能正确指示水位的水位表数量）、安全阀解列的状况下运行。

7.5.4.2 锅炉的调峰性能应与汽轮机性能、机组供热性能、脱硝催化剂性能等相匹配，最低调峰负荷的燃烧稳定性应通过试验确定，并在运行规程中制订相应的锅炉调峰运行技术措施和反事故措施。超（超）临界机组的最低调峰负荷不应低于锅炉设计的最低干态运行负荷，若降低锅炉设计的最低给水流量，应通过水动力校核计算和现场试验确定，避免水冷壁超温和疲劳失效。

7.5.4.3 直流锅炉的蒸发段、分离器、过热器、再热器出口导汽管等应有完整的管壁温度测点，以便监视导汽管温度，并结合直流锅炉蒸发受热面的水动力分配特性，做好直流锅炉燃烧调整工作，防止超温爆管。

7.5.4.4 锅炉超压水压试验和安全阀整定应严格按《水管锅炉》(GB/T 16507)、《锅壳锅炉》(GB/T 16508)、《电力行业锅炉压力容器安全监督规程》(DL/T 612)、《电站锅炉压力容器检验规程》(DL 647) 执行。大容量锅炉超压水压试验和热态安全阀校验工作应制订专项安全技术措施，防止升压速度过快或压力、汽温失控造成超压超温。

7.5.4.5 装有一、二级旁路系统的机组，机组启停时应投入旁路系统，旁路系统的减温水须正常可靠。对于100%旁路设计且带有安全门功能的机组，如果未配置电动给水泵，高、低压旁路管道材质应满足减温水失去后机组紧停的要求，并确定适当的旁路开启时间，避免蒸汽管道和再热器超温。

7.5.4.6 在启动中应加强燃烧调整，防止炉膛出口烟温超过规定值。在启停过程中，控制主、再热蒸汽温度10min 平均变化速率小于 1.5℃/min，高温受热面壁温变化速率低于 5℃/min。配置微油或等离子点火装置的锅炉，应选择常规油枪烘炉、提高给水温度、投用启动循环泵系统、二次风量调整、增加减温水小旁路等综合措施实施启动，采用高负荷停炉或通过旁路系统降低电负荷、保持热负荷方式实施停炉。

7.5.4.7 加强直流锅炉的运行调整，严格按照规程规定的负荷点进行干湿态转换操作，并避免在该负荷点长时间运行。

7.5.4.8 大型煤粉锅炉受热面使用的材料应合格，材料的允许使用温度应高于计算壁温并留有 10℃ 以上裕度。应配置必要的炉膛出口或高温受热面两侧烟温测点、高温受热面壁温测点，管壁温度测点应满足超温监测和同屏及屏间热偏差监测要求；应加强对烟温偏差和受热面壁温的监视和调整，防止因运行调整不当造成管壁超温。做好四管壁温测点的维护、定期检查，确保测点准确率100%。

7.5.4.9 机组运行中机、炉、电大联锁保护必须投入。

7.5.4.10 加强对炉底及整个炉膛漏风的检查和设备消缺，防止因漏风偏大导致炉膛出口温度升高。

7.5.4.11 带启动循环泵的直流锅炉启动时，若启动循环泵故障，应制订针对性的技术措施，如控制给水流量、给水温度、锅炉总风量和给煤量等，密切观察水冷壁壁温情况，防止出现超温现象。

7.5.5 防止设备大面积腐蚀

7.5.5.1 严格执行《火力发电机组及蒸汽动力设备水汽质量》（GB/T 12145）、《化学监督导则》（DL/T 246）、《火力发电厂水汽化学监督导则》（DL/T 561）、《电力基本建设热力设备化学监督导则》（DL/T 889）、《火电厂凝汽器管防腐防垢导则》（DL/T 300）、《发电厂凝汽器及辅机冷却器管选材导则》（DL/T 712）、《火力发电厂锅炉化学清洗导则》（DL/T 794）等有关规定，加强化学监督工作。

7.5.5.2 发电机组应按照《火力发电厂水汽化学监督导则》（DL/T 561）的规定配置在线化学仪表，电导率、氢电导率、溶解氧、pH 值、钠、二氧化硅等重要水汽指标应实现在线连续监督。海水冷却凝汽器的出口凝结水应加装在线钠表。在线化学仪表投入率不应低于98%、准确率不应低于96%。

7.5.5.3 凝结水的精处理设备严禁退出运行。机组启动时应及时投入凝结水精处理设备（直流锅炉机组在启动冲洗时即应投入精处理设备），保证精处理出水质量合格。

7.5.5.4 超（超）临界机组及给水采用加氧处理的机组，凝结水精处理混床应以氢型混床运行，禁止以氨型混床运行。亚临界机组当发生凝汽器泄漏监督运行时，也必须采用氢型混床运行方式。当凝汽器出现严重泄漏时，应按程序及时停机，确保热力设备安全。

7.5.5.5 精处理再生时要保证阴阳树脂的完全分离，防止再生过程的交叉污染。精处理树脂再生用盐酸、碱液应选用《工业用合成盐酸》（GB/T320）、《高纯氢氧化钠》（GB/T 11199）规定的优等品。精处理投运前应正洗至出水电导率小于 $0.2\mu S/cm$，防止树脂中的残留再生酸带入水汽系统造成炉水 pH 值大幅降低。

7.5.5.6 应定期检查凝结水精处理混床和树脂捕捉器的完好性，防止凝结水混床在运行过程中发生跑漏树脂。

7.5.5.7 加强循环冷却水系统的监督和管理，严格按照动态模拟试验结果控制循环水的各项指标，防止凝汽器管材腐蚀结垢和泄漏。当凝结器管材发生泄漏造成凝结水品质超标时，应及时查找、堵漏。未经处理的化学、冲灰、输煤、脱硫及含油等废水不应进入循环水系统。

7.5.5.8 当运行机组发生水汽质量劣化时，应严格按《火力发电机组及蒸汽动力设备水汽质量》（GB/T 12145）中水汽质量劣化的三级处理原则进行处理。给水加氧机组还应参照《火电厂汽水化学导则 第 1 部分：锅炉给水加氧处理导则》（DL/T 805.1）的规定进行处理。

7.5.5.9 按照《火力发电厂停（备）热力设备防锈蚀导则》（DL/T 956）进行机组停用保护，防止锅炉、汽轮机、凝汽器（包括空冷岛）等热力设备发生停用腐蚀。如采用停用保护新工艺，药品浓度和控制参数应经试验确定，防止药品过量或分解对热力设备造成腐蚀。

7.5.5.10 凝汽器选材应符合《发电厂凝汽器及辅机冷却器管选材导则》（DL/T 712）要求。安装或更新凝汽器换热管前，要进行 100% 涡流检测，要防止安装时碰伤变形。对铜管还要进行内应力抽检（抽查 0.1% 进行 24h 氨熏试验），必要时进行退火处理；铜管试胀合格后，方可正式胀管。对钛管、不锈钢管应保证焊接质量。电厂应结合 A 级检修对凝汽器换热管腐蚀及减薄情况进行检查，必要时应进行涡流检测检查。

7.5.5.11 加强锅炉燃烧调整，改善贴壁气氛，避免高温腐蚀。定期进行贴壁气氛检测和水冷壁高温腐蚀检查，H_2S 浓度应低于 $200\mu L/L$，必要时采取配煤掺烧、加装贴壁风、防腐喷涂、燃烧器改造等措施。锅炉改燃非设计煤种时，应全面分析新煤种高温腐蚀特性。

7.5.5.12 锅炉水冷壁结垢量超标时应及时进行化学清洗，对于超临界直流锅炉必须严格控制汽水品质，防止水冷壁运行中垢的快速沉积。

7.5.5.13 锅炉水压试验应使用加氨的除盐水。检修或停用的机组启动前，凝结水、给水系统应水冲洗至水质合格。汽包锅炉启动后，如发现炉水浑浊，应加强锅内和排污处理，直至炉水澄清，必要时应采取限负荷、降压运行方式。炉水 pH 值偏低时，应加入 NaOH 或采取其他碱化处理措施。

7.5.6 防止炉外管爆破

7.5.6.1 加强炉外管巡视，对管系振动、水击、膨胀受阻、保温脱落等现象应认真分析原因，及时采取措施。炉外管发生漏汽、漏水现象，必须尽快查明原因并及时采取措施，如不能与系统隔离处理应立即停炉。

7.5.6.2 露天布置的锅炉管道金属保护层应有良好的防水功能，安装工艺必须满足《火力发电厂保温油漆设计规程》（DL/T 5072）的规定。发现雨水进入保温层，必须及时采取措施，必要时拆除保温检查管道腐蚀情况。

7.5.6.3 按照《火力发电厂金属技术监督规程》（DL/T 438）、国华电力《机炉外管道检查管理标准》（GHFD-27-TB-28）的要求，对汽包、集中下降管、联箱、主蒸汽管道、再热蒸汽管道、弯管、弯头、阀门、三通等大口径部件及其焊缝进行检查，及时发现和消除设备缺陷。对于不能及时处理的缺陷，应对缺陷尺寸进行定量检测及监督，并做好相应技术措施。对只能焊缝单侧超声波检测的弯管、弯头、阀门、三通、异径管等大口径管件与管道连接的焊缝，可增加相控阵超声检测；对于易产生裂纹的P91、P92等9-12Cr钢管对接焊缝应加强衍射时差法超声检测（TOFD）或相控阵超声检测。

7.5.6.4 定期对导汽管、汽水联络管、下降管等炉外管以及联箱封头、接管座等进行外观检查、壁厚测量、圆度测量及无损检测，发现裂纹、冲刷减薄或圆度异常复圆等问题应及时采取打磨、补焊、更换等处理措施。

7.5.6.5 加强对汽水系统中的高中压疏水、排污、减温水等小径管的管座焊缝、内壁冲刷和外表腐蚀现象的检查，发现问题及时更换。

7.5.6.6 基建期严格执行《电力行业锅炉压力容器安全监督规程》（DL/T 612）第 12.4 节"管道支吊架安装的要求"，并委托支吊架检验调整专业机构对主要汽水管道（主蒸汽管道、高低温再热蒸汽管道、高压给水管道和其他重要的汽水管道）支吊架的设计、选型、安装进行监督指导；管道试运行前后对支吊架进行全面检查和调整。生产期按照《火力发电厂汽水管道与支吊架维修调整导则》（DL/T 616）的要求，对支吊架进行定期检查。主蒸汽管道、高低温再热蒸汽管道、高压给水管道运行 3 万～4 万 h 以后的 A 级检修时，应对所有支吊架的根部、功能件、连接件和管部进行一次全面检查并记录。运行时间达到 8 万 h 的主蒸汽管道、再热蒸汽管道的支吊架应进行全面检查和调整。

7.5.6.7 对于易引起汽水两相流的疏水、空气等管道，应重点检查其与母管相连的角焊缝、母管开孔的内孔周围、弯头等部位的裂纹和冲刷，其管道、弯头、三通和阀门，运行 10 万 h 后，宜结合检修全部更换。

7.5.6.8 应定期对减温器进行检查。混合式减温器每隔 1.5 万～3 万 h 至少检查一次，应采用内窥镜进行内部检查，喷头应无脱落、喷孔无扩大，联箱内衬套应无裂纹、腐蚀和断裂。减温器内衬套长度小于 8m 时，除工艺要求的必须焊缝外，不宜增加拼接焊缝。若必须采用拼接时，焊缝应经 100% 探伤合格后方可使用，防止减温器喷头及套筒断裂造成过热器联箱裂纹。表面式减温器运行 2 万～3 万 h 后应抽芯检查管板变形，内壁裂纹、腐蚀情况及芯管水压检查泄漏情况，以后每次 A 级检修检查一次。

7.5.6.9 在检修中，应重点检查可能因膨胀和机械原因引起的承压部件爆漏的缺陷。

7.5.6.10　机组投运一年内，应对主蒸汽和再热蒸汽管道上测点、取样点的不锈钢管座角焊缝进行渗透和超声波检测，并结合每次大修进行检测。主蒸汽和再热蒸汽等管道上小口径接管（疏水管、测温管、压力表管、空气管、安全阀、排气阀、充氮、取样管）应采用与管道相同的材料。如制造、安装采用异种钢材料的应尽快更换。未更换前结合检修进行无损探伤检查。

7.5.6.11　要加强锅炉以及大口径管道的材质、制造和安装质量的监督检查。管件的制造企业应持有相应的资质证书。

7.5.6.12　在基建或机组大修时，所有临时增加的管道等承压部件，应按照有关规程、标准进行检查与检验。

7.5.6.13　锅炉水压试验结束后，应严格控制泄压速度，并将炉外蒸汽管道存水完全放净，防止发生水击。

7.5.6.14　焊接工艺、质量、热处理及焊接检验应符合《火力发电厂焊接技术规程》（DL/T 869）和《火力发电厂焊接热处理技术规程》（DL/T 819）的有关规定。

7.5.6.15　锅炉投入使用前或者投入使用后 30 日内必须按照《特种设备使用管理规则》（TSG 08）办理注册登记手续，申领使用证。不按规定检验、申报注册的锅炉，严禁投入使用。

7.5.6.16　加强新型高合金材质管道和锅炉蒸汽连接管在使用过程中的监督检验，每次检修均应对焊口、弯头、三通、阀门等进行抽查，尤其应注重对焊接接头中危害性缺陷（如裂纹、未熔合等）的检查和处理，不允许存在超标缺陷的设备投入运行，以防止泄漏事故；对于记录缺陷也应加强监督，掌握缺陷在运行过程中的变化规律及发展趋势，对可能造成的隐患提前做出预判。

7.5.6.17 加强新型高合金材质管道和锅炉蒸汽连接管运行过程中材质变化规律的分析，定期对 P91、P92、P122 等材质的管道和管件进行硬度和微观金相组织定点跟踪抽查，积累试验数据并与国内外相关的研究成果进行对比，掌握材质老化的规律，一旦发现材质劣化严重应及时进行更换。对于应用于高温蒸汽管道的 P91、P92、P122 等材质的管道，如果发现硬度低于 180HB，管件硬度低于 175HB，应及时分析原因，进行金相组织检验、强度计算与寿命评估，并根据评估结果采取相应措施。焊缝硬度超出控制范围，首先在原测点附近两处和原测点 180°位置再次测量；其次在原测点可适当打磨较深位置再次测量，打磨后的管子壁厚不应小于管子的最小计算壁厚。

7.5.6.18 对于蒸汽参数为 540℃、9.8MPa、管子外径 273mm 的 10CrMo910 钢的主蒸汽管，实测壁厚小于 20mm 的管子，应逐步更换或预先降低参数运行。

7.5.7 防止锅炉四管爆漏

7.5.7.1 严格执行《国华公司锅炉防磨防爆检查管理制度》（GHFD-05-15），建立锅炉防磨防爆管理体系，明确组织机构与职责，建立设备台账，制订和落实防磨防爆定期检查计划、防磨防爆预案，完善防磨防爆检查、考核制度。

7.5.7.2 煤粉锅炉各级受热面，循环流化床锅炉的水平烟道和尾部区域受热面均应全面配置四管泄漏监测装置，并加强监视和维护。

7.5.7.3 定期检查水冷壁刚性梁四角连接及燃烧器

悬吊机构，发现问题及时处理，防止因水冷壁晃动或燃烧器与水冷壁鳍片处焊缝受力过载拉裂而造成水冷壁泄漏。

7.5.7.4 加强蒸汽吹灰设备系统的维护及管理。在蒸汽吹灰系统投入正式运行前，应对各吹灰器蒸汽喷嘴伸入炉膛内的实际位置及角度进行测量、调整，并对吹灰器的吹灰压力进行逐个整定，避免吹灰压力过高；吹灰程序中应有吹灰器不到位报警设置；吹灰器投运过程中应有专人巡视，遇有吹灰器卡涩、进汽门关闭不严等问题，应及时将吹灰器退出并关闭进汽门，避免受热面被吹损，并通知相关人员处理。

7.5.7.5 锅炉发生四管爆漏后，必须尽快停炉。在对锅炉运行数据和爆口位置、数量、宏观形貌、内外壁情况等信息作全面记录后方可进行割管和检修。应对发生爆漏的管道进行宏观分析，金相组织分析，氧化皮生成、剥落分析，力学性能试验；如有必要，还应对垢层和内外壁腐蚀产物进行化学成分分析，根据分析结果采取相应措施。

7.5.7.6 运行时间接近设计寿命或发生频繁泄漏的锅炉各级受热面，应进行寿命评估，并根据评估结果及时安排更换。

7.5.7.7 加强包覆墙过热器、水冷壁等鳍片裂纹的检查，并采取预控措施，防止受热面鳍片等附件裂纹扩展导致的锅炉四管泄漏。

7.5.7.8 对于燃用低热值、高灰分煤种的新建锅炉，低温过热器、低温再热器、省煤器、分级省煤器等受热面的烟气流速应低于 11m/s，并采取有效防磨措施和加强磨损情况检查。

7.5.7.9 变形管排应进行整形；尾部受热面应防止形成烟气走廊；选择加装护板、防磨瓦及喷涂等措施，防止吹损及飞灰磨损；防磨瓦材质选择应考虑使用温度，避免烧损变形脱落；高温区域防磨瓦应与受热面良好接触，防止冷却不足而变形脱落；低温区域防磨瓦应保证有效固定，防止翻转。

7.5.7.10 采用烟气挡板调温的锅炉，应关注烟气量变化对低温受热面飞灰磨损的影响，必要时在受热面入口加装防磨盖板。

7.5.7.11 因设计或煤质变化等原因导致的受热面温升不足问题，不能仅通过增加吹灰频率加以解决，应综合考虑对受热面清洁程度和吹损程度的影响。

7.5.7.12 对循环流化床锅炉，应定期检查密相区水冷壁、二次风口、给煤口、布风板等浇注料的磨损、脱落及损坏情况，浇注料养护时间要充足，面积较大时应烘炉养护。消除水冷壁及鳍片障碍物，焊口修磨平整，保持水冷壁管及鳍片垂直平滑。

7.5.7.13 对于循环流化床锅炉，入炉灰分增加和床压升高明显加剧炉内受热面磨损，应防止超设计煤量、超负荷、超床压运行，并可选择采用防磨梁、防侧磨鳍片、金属喷涂等防磨措施。

7.5.7.14 达到设计使用年限的机组和设备，必须按规定对主设备特别是承压管路进行全面检查和试验，组织专家进行全面安全性评估，经监管部门审批后，方可继续投入使用。

7.5.7.15 对新更换的金属钢管必须进行光谱复核，焊缝 100% 无损检测，并按《火力发电厂焊接技术规程》

（DL/T 869）和《火力发电厂焊接热处理技术规程》（DL/T 819）要求进行热处理。

7.5.7.16 新建或受热面大面积更换的锅炉，洁净化施工要求包括新管（排）外观检查、通球、吹扫、封堵、焊接前检查、焊接时取出卫生纸更换水溶纸、联箱检查等，应建立表单并签字确认。

7.5.8 防止超（超）临界锅炉高温受热面管内氧化皮大面积脱落。

7.5.8.1 超（超）临界锅炉燃烧器、受热面设计应尽可能减少热偏差，过热器、再热器两侧蒸汽温度偏差宜不大于5℃。过热器、再热器各级受热面进行管材选用时热偏差系数的选取应参考同类型锅炉实际偏差情况，若无参考数据或未经充分论证，则不应小于1.25，并应校核75%BMCR负荷下的具有辐射吸热特性的受热面壁温。各段受热面必须布置足够的壁温测点，并定期检查校验。

7.5.8.2 高温受热面管材的选取应考虑高温抗蒸汽氧化性能。新建或改造超（超）临界锅炉，T91管材的金属中壁温不应高于595℃，金属中壁温度高于595℃的管子应使用喷丸处理的 TP347HFG 或 S30432，弃用 TP347H 管材。

7.5.8.3 加强锅炉受热面和联箱监造、安装阶段的监督检查，必须确保用材正确，受热面内部清洁，无杂物。重点检查原材料质量证明书、入厂复检报告和进口材料的商检报告。

7.5.8.4 必须准确掌握各受热面多种材料拼接情况，应对各级受热面壁温报警值进行校核，确保各级受热面中各种材质的管壁温度均在允许范围内。

7.5.8.5 必须重视试运中酸洗、吹管工艺质量，吹管完成后过热器高温受热面联箱和节流孔必须进行内部检查、清理工作，确保联箱及节流圈前清洁无异物。

7.5.8.6 必须建立严格的汽温、受热面壁温超温管理制度，并在机组启动和运行中认真落实。

7.5.8.7 机组运行中，尽可能通过燃烧调整，结合平稳使用减温水和吹灰，减少烟温、汽温和受热面壁温偏差，保证各段受热面吸热正常，防止超温和温度突变。

7.5.8.8 严禁停炉后立即强制通风快冷，闷炉时间不应低于36h，自然通风冷却时间不应低于8h，高寒地区焖炉时间还应延长。当转向室烟温低于200℃时方可进行强制冷却，转向室烟温降低速率不高于10℃/h。自拔风量较低的锅炉若在闷炉后直接启动风机进行强制冷却时，转向室烟温降低速率也应不高于10℃/h。环境温度较低时，应投入暖风器。

7.5.8.9 加强汽水监督，给水品质达到《火力发电机组及蒸汽动力设备水汽质量》(GB/T 12145)。

7.5.8.10 新投运超（超）临界机组应从首次检查性大修开始对过热器、再热器弯头和水平段进行氧化皮的监督检查，包括外观、胀粗、变形量、壁厚、内壁氧化皮形貌及厚度、节流圈和下弯头氧化皮堆积情况、氧化皮分布和运行中壁温指示对应性检查。

7.5.8.11 氧化皮问题严重的锅炉，对于氧化皮堆积情况应做到"逢停必检"，对弯曲半径较小的弯管应进行重点检查。对于颗粒状氧化皮，堆积高度超过1/2时应割管清理，对于片状氧化皮，堆积高度超过1/3时应割管清理。

7.5.9 奥氏体不锈钢小管的监督

7.5.9.1 如果奥氏体不锈钢管子蠕变应变大于4.5%，低合金钢管外径蠕变应变大于2.5%，碳素钢管外径蠕变应变大于3.5%，T91、T92、T122类管子外径蠕变应变大于1.2%，应进行更换。

7.5.9.2 对于奥氏体不锈钢管子要结合A级检修检查钢管及焊缝是否存在沿晶、穿晶裂纹，一旦发现应及时换管。

7.5.9.3 对于奥氏体不锈钢管与铁素体钢管的异种钢接头在4万h进行割管检查，重点检查铁素体钢一侧的熔合线是否开裂。

8 防止压力容器等承压设备爆破事故

8.1 防止承压设备超压

8.1.1 根据设备特点和系统的实际情况，制定每台压力容器的操作规程。操作规程中应明确异常工况的紧急处理方法，确保在任何工况下压力容器不超压、超温运行。

8.1.2 各种压力容器安全阀应定期进行校验，每年至少需要校验一次。

8.1.3 安全阀的排放管应合理设置，并有可靠的支吊装置，排放管底部的疏水管上不应装设阀门，疏水管应接到安全排放地点。

8.1.4 运行中的压力容器及其安全附件（如安全阀、排污阀、监视表计、联锁、自动装置等）应处于正常工作状态。设有自动调整和保护装置的压力容器，其保护装置的退出应经单位技术总负责人批准。保护装置退出后，实行远控操作并加强监视，且应限期恢复。

8.1.5 除氧器的运行操作规程应符合《电站压力式除氧器安全技术规定》（能源安保〔1991〕709 号）的要求。除氧器两段抽汽之间的切换点，应根据《电站压力式除氧器安全技术规定》进行核算后在运行规程中明确规定，并在运行中严格执行，严禁高压汽源直接进入除氧器。

8.1.6 新购除氧器壳体材料宜采用 20g 或 20R，不宜采用 16Mn 或 Q235。

8.1.7 使用中的各种气瓶严禁改变涂色，严防错装、错用；气瓶立放时应采取防止倾倒的措施；液氯钢瓶必须水平放置；放置液氯、液氨钢瓶、溶解乙炔气瓶场所的温度要符合要求。使用溶解乙炔气瓶者必须配置防止回火装置。

8.1.8 压力容器内部有压力时，严禁进行任何修理或紧固工作。

8.1.9 压力容器上使用的压力表，应列为计量强制检验表计，按规定周期进行强检。

8.1.10 压力容器的耐压试验按照《固定式压力容器安全技术监察规程》（TSG 21）进行。

8.1.11 检查进入除氧器、扩容器的高压汽源，采取措施消除除氧器、扩容器超压的可能。推广滑压运行，逐步取消二段抽汽进入除氧器。

8.1.12 单元制的给水系统，除氧器上应配备不少于两只全启式安全门，并完善除氧器的自动调压和报警装置。

8.1.13 除氧器和其他压力容器安全阀的总排放能力，应能满足其在最大进汽工况下不超压。

8.1.14 高压加热器等换热容器，应防止因水侧换热管泄漏导致的汽侧容器筒体的冲刷减薄。全面检查时应增加对水位附近的筒体减薄的检查内容。

8.1.15 氧气瓶、乙炔气瓶等气瓶在户外使用必须竖直放置，不得放置阳光下暴晒，必须放在阴凉处。

8.1.16 氧气瓶、乙炔气瓶等气瓶不得混放，不得在一起搬运。

8.2 严格执行压力容器定期检验制度

8.2.1 火电厂热力系统压力容器定期检验时，应对与压力容器相连的管系检查，特别应对蒸汽进口附近的内表面热疲劳和加热器疏水管段冲刷、腐蚀情况的检查。防止爆破汽水喷出伤人。

8.2.2 禁止在压力容器上随意开孔和焊接其他构件。若涉及在压力容器筒壁上开孔或修理等修理改造时，须按照《固定式压力容器安全技术监察规程》（TSG 21）第5章"安装、改造与修理"有关要求进行。

8.2.3 停用超过两年以上的压力容器重新启用时应进行再检验，耐压试验确认合格才能启用。

8.2.4 在订购压力容器前，应对设计单位和制造厂商的资格进行审核，其供货产品必须附有"压力容器产品质量证明书"和制造厂所在地锅炉压力容器监检机构签发的"监检证书"。电厂锅炉压力容器安全监督工程师应全过程参加压力容器的订购工作，要加强对所购容器的质量验收，特别应参加容器水压试验等重要项目的验收见证。

8.2.5 压力容器应按照《固定式压力容器安全技术监察规程》（TSG 21）的要求进行定期检验。

8.2.6 在役压力容器检验安全状况等级被评定为4级的，宜立即消除缺陷，如不具备条件消除，应采取监控使用措施并在下一次检修中消除，最长监控使用时间不得超过3年，且还应遵守检验结论的要求。检验后安全状况等级为5级的，应当对缺陷进行处理，否则不得继续使用。

8.2.7 氢罐应按照《固定式压力容器安全技术监察规程》（TSG 21）的要求进行定期检验，重点是壁厚测量，封头、筒体外形检验。

8.3 加强压力容器注册登记管理

8.3.1 压力容器投入使用前或者投入使用后 30 日内必须按照《特种设备使用管理规则》（TSG 08）办理注册登记手续，申领使用证。不按规定检验、申报注册的压力容器，严禁投入使用。

8.3.2 对其中设计资料不全、材质不明及经检验安全性能不良的老旧容器，应安排计划进行更换。

8.3.3 使用单位对压力容器的管理，不仅要满足特种设备的法律法规技术性条款的要求，还要满足有关特种设备在法律法规程序上的要求。定期检验有效期届满前 1 个月，应向特种设备检验机构提出定期检验申请。

9 防止汽轮机、燃气轮机事故

9.1 防止汽轮机超速事故

9.1.1 在设计的蒸汽参数范围内，调节系统应能维持汽轮机在额定转速下稳定运行，甩负荷后能将机组转速控制在超速保护动作值转速以下。

9.1.2 各种超速保护均应正常投入运行，超速保护不能可靠动作时，禁止机组运行。未设机械危急保安器的机组，必须有两套可靠的电超速保护装置。

9.1.3 机组重要运行监视表计，尤其是转速表，显示不正确或失效，严禁机组启动。运行中的机组，在无任何有效监视手段的情况下，必须停止运行。

9.1.4 透平油和抗燃油的油质应合格。油质不合格的情况下，严禁机组启动。应根据《电厂用运行中矿物涡轮机油质量》（GB/T 7596）和《电厂用磷酸酯抗燃油运行维护导则》（DL/T 571）制定透平油和抗燃油的品质监督管理标准，定期进行油质化验监督。

9.1.5 抗燃油系统的油管和控制模块，应远离高温热体，以避免在高温环境下长期运行油质劣化。

9.1.6 机组大修或影响调节系统性能的检修后，必须按规程要求进行汽轮机调节系统的静态试验或仿真试验，确认调节系统工作正常。在调节部套有卡涩、调节系统工作不正常的情况下，严禁启动。运行中的机组出现汽门卡涩无法消除时，必须停止运行。

9.1.7 机组停机时，应先将发电机有功、无功功率减至零，检查确认有功功率到零，电能表停转或逆转以后，再将发电机与系统解列，或采用汽轮机手动打闸或锅炉手动主燃料跳闸联跳汽轮机，发电机逆功率保护动作解列。严禁带负荷解列。

9.1.8 机组正常启动或停机过程中，应严格按运行规程要求投入汽轮机旁路系统，尤其是低压旁路；在机组甩负荷或事故状态下，应开启旁路系统。机组再次启动时，再热蒸汽压力不得大于制造商规定的压力值。

9.1.9 在任何情况下绝不可强行挂闸。汽轮机发生故障跳闸，必须在查明原因、消除故障后方可启动；热控保护系统不满足启动条件时，严禁强置信号进行启动。

9.1.10 汽轮发电机组轴系应安装两套转速监测装置，并分别装设在不同的转子上，二者相差超过 50r/min 时应发出报警，专业人员应立即分析原因。运行中的机组在无任何有效监视转速手段的情况下，必须停止运行。

9.1.11 抽汽供热机组的抽汽逆止门关闭应迅速、严密，联锁动作应可靠，布置应靠近抽汽口；供热回路必须设置有能快速关闭的抽汽隔离门，以防止抽汽倒流引起超速。气控抽汽逆止门应每月进行一次活动试验，发现缺陷及时消除，无法消除时禁止投用该段抽汽。

9.1.12 对新投产机组或汽轮机调节系统经重大改造后的机组必须进行甩负荷试验。对已投产尚未进行甩负荷试验的机组，应尽快安排进行甩负荷试验。甩 100% 负荷前必须确认甩 50% 负荷试验正常。

9.1.13 坚持按规程要求进行汽门关闭时间测试、抽汽逆止门（含抽汽供热快关阀）关闭时间测试、汽门严密性试验、超速保护试验、阀门活动试验。电调机组运行中定期做跳闸电磁阀试验，确保保护装置正常可靠。

9.1.14 危急保安器动作转速一般为额定转速的110%±1%。

9.1.15 危急保安器试验时，在满足试验条件下，主蒸汽和再热蒸汽压力尽量取低值。

9.1.16 数字式电液控制系统（DEH）应设有完善的机组启动逻辑和严格的限制启动条件；对机械液压调节系统的机组，也应有明确的限制条件。新投产机组的DCS监控画面中应显示转子的键相转速信号，首次启动在摩擦检查结束前必须确认转速指示与键相转速指示一致，严禁盲目提速。

9.1.17 汽轮机专业人员，必须熟知数字式电液控制系统的控制逻辑、功能及运行操作，参与数字式电液控制系统改造方案的确定及功能设计，以确保系统实用、安全、可靠。

9.1.18 电液伺服阀（包括各类型电液转换器）的性能必须符合要求，否则不得投入运行。运行中要严密监视其运行状态，不卡涩、不泄漏和系统稳定。C级及以上检修中要进行清洗、检测等维护工作，发现问题应及时处理或更换。备用伺服阀应按制造商的要求条件妥善保管。

9.1.19 主油泵轴与汽轮机主轴间具有齿型联轴器或类似联轴器的机组，应定期检查联轴器的润滑和磨损情况，其两轴中心标高、左右偏差应严格按制造商的规定安装。

9.1.20 要慎重对待调节系统的重大改造，应在确保系统安全、可靠的前提下，进行全面的、充分的论证。

9.1.21 严格执行《火力发电机组及蒸汽动力设备水汽质量》（GB/T 12145），加强蒸汽品质监督，防止蒸汽带盐使门杆结垢造成卡涩。

9.1.22 主汽门和调节汽门解体检修时，应重点检查门杆弯曲度和各部套间隙，测量主汽门、调速汽门行程，检查阀碟和阀座的接触情况，不符合标准的必须进行处理。

9.1.23 设置机械危急保护系统的机组，在新投产、大修或机械危急保护装置检修后，机组首次启动时应按照超速试验规程完成机械超速试验；机组正常运行期间应按规程要求进行危急保安器注油试验。

9.2 防止汽轮机轴系断裂及损坏事故

9.2.1 机组主、辅设备的保护装置必须正常投入，已有振动监测保护装置的机组，振动超限跳机保护应投入运行；机组正常运行瓦振、轴振应达到有关标准的范围，并注意监视变化趋势。在机组启动过程中和运行状态下，应监测转子二倍频振动幅值和相位的变化趋势，监视其转子的结构状态；要求制造厂提供轴系扭转振动的固有频率、节点位置和危险断面。

9.2.2 运行10万h以上的机组，每隔3～5年应对转子进行一次检查。运行时间超过15年、转子寿命超过设计使用寿命、低压焊接转子、承担调峰启停频繁的转子，应适当缩短检查周期。

9.2.3 新机组投产前、已投产机组每次大修中，必须按照《火电发电厂金属技术监督规程》（DL/T 438）相关规定对转子表面和中心孔进行探伤检查，对高温段应力集中部位进行探伤检查，选取不影响转子安全的部位进行硬度试验。应对"反 T 型"和枞树型叶根及叶根轮缘槽进行无损检测，无损检测宜采用超声波相控阵检测。

9.2.4 不合格的转子绝不能使用，已经过主管部门批准并投入运行的有缺陷转子应进行技术评定，根据机组的具体情况、缺陷性质制订运行安全措施，并报主管部门审批后执行。

9.2.5 严格按超速试验规程的要求，冷态启动带 10%～25%额定负荷，运行 3～4h 后（或按制造商要求）立即进行超速试验。

9.2.6 新机组投产前和机组 A 级检修中，必须检查动叶片铆钉头、转子平衡块固定螺栓、发电机风扇叶片固定螺栓、定子铁芯支架螺栓、各轴承和轴承座螺栓的紧固情况，保证各联轴器螺栓的紧固和配合间隙完好，并有完善的防松措施。必须对主机联轴器螺栓进行探伤检查、硬度测试，不合格的螺栓应及时更换。

9.2.7 机组 A 级检修时，应对汽轮机转子叶片、隔板上的沉积物量进行测量，并取样进行成分分析。应依据分析结果制定有效的防范措施，防止叶片表面和叶根销钉孔的间隙积盐、腐蚀。

9.2.8 新机组投产前应对焊接隔板的主焊缝进行认真检查。A 级检修中应检查隔板变形情况，最大变形量不得超过轴向间隙的 1/3。

9.2.9 新机组投产前及检修中应对联轴器对轮罩焊接的焊缝及对轮罩的牢固性进行检查。必要时对对轮罩进行测频和调频。

9.2.10 为防止由于发电机非同期并网造成的汽轮机

轴系断裂及损坏事故，应严格落实"防止发电机非同期并网"规定的各项措施。

9.2.11 建立机组试验档案，包括投产前的安装调试试验、大小修后的调整试验、常规试验和定期试验。

9.2.12 建立机组事故档案，无论大小事故均应建立档案，包括事故名称、性质、原因和防范措施。

9.2.13 建立转子技术档案，包括制造商提供的转子原始缺陷和材料特性等转子原始资料；历次转子检修检查资料；机组主要运行数据、运行累计时间、主要运行方式、冷热态启停次数、启停过程中的汽温汽压负荷变化率、超温超压运行累计时间、主要事故情况及原因和处理。

9.2.14 转子轴颈、端部汽封损伤进行处理时要有可靠的处理方案，不能将损伤扩大或造成新的损伤。

9.3 防止汽轮机大轴弯曲事故

9.3.1 应具备和熟悉掌握的资料：

（1）转子安装原始弯曲的最大晃动值（双振幅），最大弯曲点的轴向位置及在圆周方向的位置。

（2）大轴弯曲表测点安装位置转子的原始晃动值（双振幅），最高点在圆周方向的位置。

（3）机组正常启动过程中的波德图和实测轴系临界转速。

（4）正常情况下盘车电流和电流摆动值、液压马达供油阀开度，以及相应的油温和顶轴油压。

（5）正常停机过程的惰走曲线，以及相应的真空值和顶轴油泵的开启时间和紧急破坏真空停机过程的惰走曲线。

（6）停机后，机组正常状态下的汽缸主要金属温度的下降曲线。

（7）通流部分的轴向间隙和径向间隙。

（8）应具有机组在各种状态下的典型启动曲线和停机曲线，并应全部纳入运行规程。

（9）记录机组启停全过程中的主要参数和状态。停机后定时记录汽缸金属温度、大轴弯曲、盘车电流、汽缸膨胀、胀差等重要参数，直到机组下次热态启动或汽缸金属温度低于 150℃为止。

（10）系统进行改造、运行规程中尚未作具体规定的重要运行操作或试验，必须预先制订安全技术措施，主管领导或总工程师批准后再执行。

（11）汽轮机防进水和进冷汽（气）的技术措施。

9.3.2 汽轮机启动前必须符合以下条件，否则禁止启动：

（1）偏心（大轴晃动）、轴向位移（串轴）、差胀（胀差）、轴承金属温度、低油压和振动保护等表计显示正常，并正常投入。

（2）大轴晃动值不超过制造商的规定值或原始值的 ± 0.02mm。

（3）高压外缸上、下缸温差不超过 50℃，高压内缸上、下缸温差不超过 35℃。

（4）蒸汽温度必须高于汽缸最高金属温度 50℃，但不超过额定蒸汽温度，且蒸汽过热度不低于 50℃。

9.3.3 机组启、停过程操作措施：

（1）机组启动前连续盘车时间应执行制造商的有关规定，至少不得少于 2～4h，热态启动不少于 4h。若盘车中断应重新计时。

（2）机组启动过程中因振动异常停机必须回到盘车状态，应全面检查、认真分析、查明原因。当机组已符合启动条件时，连续盘车不少于 4h 才能再次启动，严禁盲目启动。

（3）停机后立即投入盘车。当盘车电流较正常值大、摆动或有异音时，应查明原因及时处理。当汽封摩擦严重时，将转子高点置于最高位置，关闭与汽缸相连通的所有疏水（闷缸措施），控制上下缸温差，监视转子弯曲度，当确认转子弯曲度正常后，进行试投盘车，盘车投入后应连续盘车。当盘车盘不动时，严禁冲转或用起重机等强行盘车。

（4）停机后因盘车装置故障或其他原因需要暂时停止盘车时，应采取闷缸措施，监视上下缸温差、转子弯曲度的变化，待盘车装置正常或暂停盘车的因素消除后及时投入连续盘车。如果盘车停止超过 30min，应尝试手动定时盘车。

（5）机组热态启动前应检查停机记录，并与正常停机曲线进行比较，若有异常应认真分析，查明原因，采取措施及时处理。机组热态启动投轴封供汽时，应确认盘车装置运行正常，先向轴封供汽，后抽真空。停机后，凝汽器真空到零，方可停止轴封供汽。应根据缸温选择供汽汽源并加强暖管和疏水，以使供汽温度与金属温度相匹配。

（6）疏水系统投入时，严格控制疏水系统各容器水位，注意保持凝汽器水位低于疏水联箱标高。供汽管道应充分暖管、疏水，严防水或冷汽进入汽轮机。

（7）停机后应认真监视凝汽器（排汽装置）、高低压加热器（热网加热器）、除氧器水位和主蒸汽及再热冷段管道集水罐处温度，防止汽轮机进水。

（8）启动或低负荷运行时，不得投入再热蒸汽减温器喷水。在锅炉熄火或机组甩负荷时，应及时切断减温水。

（9）汽轮机在热状态下，锅炉不得进行打水压试验。

9.3.4 汽轮机发生下列情况之一，应立即打闸停机（制造厂有规定的按其规定执行）：

（1）机组启动过程中，在中速暖机之前，轴承振动（瓦振）超过 0.03mm。

（2）机组启动过程中，通过临界转速时，轴承振动超过 0.1mm 或相对轴振动值超过 0.25mm，应立即打闸停机，严禁强行通过临界转速或降速暖机。

（3）当轴承振动超过 0.1mm 或相对轴振动大于 0.25mm 应立即打闸停机；当轴承振动或相对轴振动变化量超过报警值的 25%，应查明原因设法消除；当轴承振动或相对轴承振动突然增加报警值的 100%，应立即打闸停机；或严格按照制造商的标准执行。

（4）（超）高压内、外缸的上下缸温差超过制造商的规定值。

（5）机组正常运行时，主、再热蒸汽温度在 10min 内突然下降 50℃。调峰型单层汽缸机组可根据制造商相关规定执行。

9.3.5 应采用良好的保温材料和施工工艺，保证机组正常停机后的上下缸温差不超过 35℃，最大不超过 50℃，且不超过制造商的规定值。应重视轴封处汽缸保温，防止工艺不当引起轴颈磨损。

9.3.6 疏水系统应保证疏水畅通，疏水调节门动作正常，无卡涩。疏水联箱的标高应高于凝汽器热水井最高点标高。高、低压疏水联箱应分开，疏水管应按压力顺序接入联箱，并向低压侧倾斜 45°。疏水联箱或扩容器应保证在各疏水阀全开的情况下，其内部压力仍低于各疏水管内的最低压力。冷段再热蒸汽管的最低点应设有疏水点。防腐蚀汽管直径应不小于 76mm。

9.3.7 要慎重对待机组回热系统和疏水系统的改造，应在确保机组和系统安全、可靠的前提下，进行全面的、充分的论证。

9.3.8 减温水管路阀门应能关闭严密，自动装置可靠，并应设有截止阀。

9.3.9 门杆漏汽至除氧器管路，应设置止回阀和截止阀。

9.3.10 高、低压加热器、除氧器和热网加热器应装设紧急疏（放）水阀，可远方操作和根据水位自动开启。加热器水位保护不能正常投入或泄漏时，禁止加热器投入运行。机组运行中禁止将加热器和除氧器紧急疏（放）水系统中的手动门关闭。

9.3.11 高、低压轴封应分别供汽。特别注意高压轴封段或合缸机组的高中压轴封段，其供汽管路应有良好的疏水措施。配备喷水减温装置的低压轴封温度测点应与喷水装置保持合理的距离。

9.3.12 机组监测仪表必须完好、准确，并定期进行校验。尤其是大轴弯曲表、振动表和汽缸金属温度表，应按热工监督条例进行统计考核。

9.3.13 凝汽器应有高水位报警并在停机后仍能正常投入。除氧器应有水位报警和高水位自动放水装置，防止满水。

9.3.14 严格执行运行、检修操作规程，严防汽轮机进水、进冷汽。

9.3.15 汽缸温度较高时，严禁拆除与汽缸连通的管道，防止汽轮机进冷汽。

9.3.16 主机监视仪表 TSI 应设有零转速报警输出功能，并将零转速报警信号发送到声光报警系统，以防盘车期间转子停转。

9.3.17 在调节汽门顺序阀运行方式下，产生汽流激振的机组，应设法消除，如短期内不能消除应制订运行控制措施。

9.3.18 超临界、超超临界机组应制定减少氧化皮脱落的措施，并在机组 A 级检修中对高压缸调节级喷嘴、中压缸第一压力级固体颗粒侵蚀情况进行检查和相应处理。

9.4 防止汽轮机、燃气轮机轴瓦损坏事故

9.4.1 冷油器切换阀应有可靠的防止阀心脱落、切换错位的措施，避免堵塞润滑油通道导致断油、烧瓦。

9.4.2 油系统严禁使用铸铁、铸铜阀门，各阀门门芯应与地面水平安装，阀门应采用明杆阀。主要阀门应挂有"禁止操作"警示牌。主油箱事故放油阀应串联设置两个钢制截止阀，操作手轮设在距油箱 5m 以外的地方，且有两个以上通道，手轮应挂有"事故放油阀，禁止操作"标志牌，手轮不应加锁。润滑油管道装设滤网必须采用激光打孔滤网或其他先进工艺，并有防止滤网堵塞和破损的措施。

9.4.3 安装和检修时要彻底清理油系统杂物，严防遗留杂物堵塞油泵入口或管道。油系统管道封堵、开口或

加装临时滤网时应留有标识和记录，机组启动前应确认临时措施已恢复。

9.4.4 油系统油质应按规程要求定期进行化验，油质劣化应及时处理。在油质不合格的情况下，严禁机组启动。机组运行中，油净化装置应投入连续运行。

9.4.5 润滑油压低报警、联启油泵、跳闸保护、停止盘车定值及测点安装位置应按照制造商要求整定和安装，整定值应满足直流油泵联启的同时必须跳闸停机。对各压力开关应采用现场试验系统进行校验，润滑油压低时应能正确、可靠的联动交流、直流润滑油泵。

9.4.6 直流润滑油泵的直流电源系统应有足够的容量，其各级保险应合理配置，防止故障时熔断器熔断使直流润滑油泵失去电源。

9.4.7 交流润滑油泵电源的接触器，应采取低电压延时释放措施，同时要保证自投装置动作可靠。

9.4.8 应设置主油箱油位低跳机保护，必须采用测量可靠、稳定性好的液位测量方法，并采取三取二的方式，保护动作值应考虑机组跳闸后的惰走时间。机组运行中发生危及机组安全运行的油系统泄漏时，应申请停机处理，避免处理不当造成大量跑油，导致烧瓦。

9.4.9 油位计、油压表、油温表及相关的信号装置，必须按要求装设齐全、指示正确，并定期进行校验。

9.4.10 辅助油泵及其自启动装置，应按运行规程要求定期进行试验，保证处于良好的备用状态。机组启动前应进行辅助油泵全容量启动试验、联锁试验，辅助油泵必须处于联动状态。机组正常停机打闸前，应先启动辅助油泵，确认辅助油泵工作正常后，再打闸停机。

9.4.11 油系统（如冷油器、辅助油泵、滤网等）进行切换操作时，应在指定人员的监护下按操作票顺序缓慢进行操作，操作中严密监视润滑油压的变化，严防切换操作过程中断油。

9.4.12 机组启动、停机和运行中要严密监视推力瓦、轴瓦钨金温度和回油温度。当温度超过标准要求时，应按规程规定果断处理。油系统检修后，投入盘车运行应注意各瓦温度、盘车电流、顶轴油压，发现异常应查明原因并处理。

9.4.13 在机组启、停过程中，应按制造商规定的转速停止、启动顶轴油泵。

9.4.14 在运行中发生了可能引起轴瓦损坏的异常情况（如：水冲击、瞬时断油、轴瓦温度急升超过报警值等），应在确认轴瓦未损坏之后，方可继续运行。

9.4.15 高压油泵出口油压应低于主油泵出口油压，在汽轮机达到额定转速以前，主油泵应能自动投入运行。一般要求转速达到 2800r/min 以后主油泵开始投入工作。停用高压油泵前，必须确认主油泵工作正常。

9.4.16 辅助油泵若设置油箱油位启动允许条件时，应合理确定油箱油位启动允许定值，防止定值设置过高，故障停机时辅助油泵启动允许条件不满足无法联锁启动，机组断油烧瓦。直流润滑油泵禁止安装任何非电气跳闸保护，禁止作为辅助油泵长期运行。

9.4.17 检修中应注意主油泵出口逆止阀的状态，防止停机过程中断油。

9.4.18 定期对转子轴电压进行监测，防止发生电腐蚀。

9.4.19 严格执行运行、检修操作规程，确保油质清洁，严防轴瓦断油，防止轴承损坏。

9.5 防止燃气轮机超速事故

9.5.1 在设计天然气参数范围内，调节系统应能维持燃气轮机在额定转速下稳定运行，甩负荷后能将燃气轮机组转速控制在超速保护动作值以下。

9.5.2 燃气关断阀和燃气控制阀（包括燃气压力和燃气流量调节阀）应能关闭严密，动作过程迅速且无卡涩现象。自检试验不合格，燃气轮机组严禁启动。

9.5.3 电液伺服阀（包括各类型电液转换器）的性能必须符合要求，否则不得投入运行。运行中要严密监视其运行状态，不卡涩、不泄漏和系统稳定。根据实际运行情况和制造商要求进行清洗、检测等维护工作，最长不得超过一个大修期。备用伺服阀应按照制造商的要求条件妥善保管。

9.5.4 燃气轮机组轴系应安装两套转速监测装置，并分别装设在不同的转子上。

9.5.5 燃气轮机组重要运行监视表计，尤其是转速表，显示不正确或失效，严禁机组启动。运行中的机组，在无任何有效监视手段的情况下，必须停止运行。

9.5.6 透平油和液压油的油质应合格。在油质不合格的情况下，严禁燃气轮机组启动。

9.5.7 透平油、液压油品质应按规程要求定期化验。燃气轮机组投产初期，燃气轮机本体和油系统检修后，以及燃气轮机组油质劣化时，应缩短化验周期。

9.5.8 燃气轮机组电超速保护动作转速一般为额定转速的108%～110%。运行期间电超速保护必须正常投入。超速保护不能可靠动作时，禁止燃气轮机组运行。燃气轮机组电超速保护应进行实际升速动作试验，保证其动作转速符合有关技术要求。

9.5.9 燃气轮机组大修后，必须按规程要求进行燃气轮机调节系统的静态试验或仿真试验，确认调节系统工作正常。否则，严禁机组启动。

9.5.10 机组停机时，联合循环单轴机组应先停运汽轮机，检查发电机有功、无功功率到零，再与系统解列；分轴机组应先检查发电机有功、无功功率到制造商规定解列负荷以下，再与系统解列，严禁带负荷解列。

9.5.11 对新投产的燃气轮机组或调节系统进行重大改造后的燃气轮机组必须进行甩负荷试验。

9.5.12 要慎重对待调节系统的重大改造，应在确保系统安全、可靠的前提下，对燃气轮机制造商提供的改造方案进行全面充分的论证。

9.6 防止燃气轮机轴系断裂及损坏事故

9.6.1 燃气轮机组主、辅设备的保护装置必须正常投入，振动监测保护应投入运行；燃气轮机组正常运行瓦振、轴振应达到有关标准的优良范围，并注意监视变化趋势。

9.6.2 燃气轮机组应避免在燃烧模式切换负荷区域长时间运行。

9.6.3 严格按照燃气轮机制造商的要求，定期对燃气轮机孔探检查，定期对转子进行表面检查或无损探伤。按照《火力发电厂金属技术监督规程》（DL/T 438）相关规定，对高温段应力集中部位可进行金相和探伤检查，若需要，可选取不影响转子安全的部位进行硬度试验。

9.6.4 不合格的转子不能使用，已经过制造商确认可以在一定时期内投入运行的有缺陷转子应对其进行技术评定，根据燃气轮机组的具体情况、缺陷性质制订运行安全措施，并报上级主管部门备案。

9.6.5 严格按照运行规程进行超速试验。

9.6.6 为防止发电机非同期并网造成的燃气轮机轴系断裂及损坏事故，应严格落实防止发电机非同期并网规定的各项措施。

9.6.7 加强燃气轮机排气分散度、燃烧脉动、排气温度或叶片通道温度、轮间温度、火焰强度等运行数据的综合分析，及时找出设备异常的原因，防止局部过热燃烧引起的设备裂纹、涂层脱落、燃烧区位移等损坏。

9.6.8 新机组投产前和机组 A 级检修中，应重点检查：

（1）轮盘拉杆螺栓紧固情况、轮盘之间错位、通流间隙、转子及各级叶片的冷却风道。

（2）平衡块固定螺栓、风扇叶固定螺栓、定子铁芯支架螺栓，并应有完善的防松措施。绘制平衡块分布图。

（3）各联轴器轴孔、轴销及间隙配合满足标准要求，对轮螺栓外观及金属探伤检验（无损探伤检验），紧固防松措施完好。

（4）燃气轮机热通道内部紧固件与锁定片的装复工艺，防止因气流冲刷引起部件脱落进入喷嘴而损坏通道内的动静部件。

9.6.9 应按照制造商规范定期对压气机进行孔窥检查，防止空气悬浮物或滤后不洁物对叶片的冲刷磨损，或压气机静叶调整垫片受疲劳而脱落。定期对压气机进行离线水洗或在线水洗。定期对压气机前级叶片进行无损探伤等检查。

9.6.10 燃机在线或离线水洗应制订专项措施。水洗水质、温度等参数要满足制造厂要求，水洗系统喷头等装置应根据制造厂要求定期检查，确保安装牢固、可靠。

9.6.11 燃气轮机停止运行投盘车时，严禁随意开启罩壳各处大门和随意增开燃气轮机间冷却风机，以防止因温差大引起缸体收缩而使压气机刮缸。在发生严重刮缸时，应立即停运盘车，采取闷缸措施 48h 后，尝试手动盘车，直至投入连续盘车。

9.6.12 机组发生紧急停机时，应连续盘车达到制造商要求时长以上，才可重新启动点火，以防止冷热不均发生转子振动大或残余燃气引起爆燃而损坏部件。

9.6.13 发生下列情况之一，严禁机组启动：

（1）在盘车状态听到有明显的刮缸声。

（2）压气机进口滤网破损或压气机进气道可能存在残留物。

（3）机组转动部分有明显的摩擦声。

（4）任一火焰探测器或点火装置故障。

（5）燃气辅助关断阀、燃气关断阀、燃气控制阀任一阀门或其执行机构故障。

（6）具有压气机进气可转导叶和压气机防喘阀活动试验功能的机组，压气机进气可转导叶或压气机防喘阀活动试验不合格。

（7）燃气轮机排气温度或叶片通道温度测点故障。

（8）燃气轮机主保护故障。

9.6.14 发生下列情况之一，应立即打闸停机：

（1）运行参数超过保护值而保护拒动。

（2）机组内部有金属摩擦声或轴承端部有摩擦产生火花。

（3）压气机失速，发生喘振。

（4）机组冒出大量黑烟。

（5）当轴承振动超过 0.1mm 或相对轴振动大于 0.25mm 应立即打闸停机；当轴承振动或相对轴振动变化量超过报警值的 25%，应查明原因设法消除；当轴承振动或相对轴承振动突然增加报警值的 100%，应立即打闸停机；或严格按照制造商的标准执行。

（6）运行中燃气泄漏浓度达到规定值或持续上升，或泄漏检测装置故障数达到规定值时，应立即停机检查。

9.6.15 燃气机组应按照制造商要求控制两次启动间隔时间，防止出现通流部分刮缸等异常情况。

9.6.16 应定期检查燃气轮机、压气机气缸周围的冷却水、水洗等管道、接头情况及泵压等参数，防止运行中断裂造成冷水喷在高温气缸上，发生气缸变形、动静摩擦设备损坏事故。

9.6.17 燃气轮机热通道主要部件更换返修时，应对主要部件焊缝、受力部位进行无损探伤，检查返修质量，防止运行中发生裂纹断裂等异常事故。

9.6.18 建立燃气轮机组试验档案，包括投产前的安装调试试验、计划检修的调整试验、常规试验和定期试验。

9.6.19 建立燃气轮机组事件档案（无论大小事故均应建立资料），记录事故名称、性质、原因和防范措施。

9.6.20 建立转子技术档案，包括制造商提供的转子原始缺陷和材料特性等原始资料，历次转子检修检查资料；燃气轮机组主要运行数据、运行累计时间、主要运行方式、冷热态启停次数、启停过程中的负荷的变化率、主要事故情况的原因和处理；有关转子金属监督技术资料完备；根据转子档案记录，定期对转子进行分析评估，把握转子寿命状态；建立燃气轮机热通道部件返修使用记录台账。

9.7 防止燃气轮机燃气系统泄漏爆炸事故

9.7.1 按燃气管理制度要求，做好燃气系统日常巡检、维护与检修工作。新安装或检修后的管道或设备应进行系统打压试验，确保燃气系统的严密性。

9.7.2 燃气泄漏量达到测量爆炸下限的 20％时，不允许启动燃气轮机。

9.7.3 点火失败后，重新点火前必须进行足够时间的清吹，防止燃气轮机和余热锅炉通道内的燃气浓度在爆炸极限而产生爆燃事故。

9.7.4 定期对调压站与燃气轮机燃气系统的法兰面、门杆等电位连接线、压力安全门、阻火器、过滤器等部位巡查点检；加强对燃气泄漏探测器的定期维护，每季度进行一次校验，确保测量可靠，防止发生测量偏差拒报。

9.7.5 严禁在运行中的燃气轮机 10m 范围内进行燃气管系燃气排放与置换作业。

9.7.6 加强燃气地下管道的巡查管理，防止管道内外腐蚀或受外力破坏造成燃气泄漏爆炸事故。

9.7.7 做好在役地下燃气管道防腐涂层的检查与维护工作。正常情况下高压、次高压管道（$0.4MPa < p \leqslant 4.0MPa$）应每 3 年一次，10 年以上的管道每 2 年一次。

9.7.8 严禁在燃气泄漏现场违规操作。危险区域外使用通信电话报告时应站在上风侧。消缺时必须使用专用铜制工具，防止处理事故中产生静电火花引起爆炸。

9.7.9 燃气调压站内的防雷设施应处于正常运行状态，每半年检测一次。每年雨季前应对接地电阻进行检测，确保其值在设计范围内。

9.7.10 新安装的燃气管道应在 24h 之内检查一次，并应在通气后的第一周进行一次复查，确保管道系统燃气输送稳定安全可靠。

9.7.11 进入燃气系统区域（调压站、燃气轮机）前应先消除静电（设防静电球），必须穿防静电工作服，严禁携带火种、非防爆通信设备和电子产品。

9.7.12 在燃气系统附近进行明火作业时，应有严格的管理制度。明火作业的地点所测量空气含天然气应不超过爆炸下限的 5%，并经批准后才能进行明火作业，同时按规定间隔时间做好动火区域危险气体含量检测。

9.7.13 燃气调压系统、前置站等燃气管系应按规定配备足够的消防器材，并按时检查和试验。

9.7.14 严格执行燃气轮机点火系统的管理制度，定期加强维护管理，防止点火器、高压点火电缆等设备因高温老化损坏而引起点火失败。

9.7.15 严禁燃气管道从管沟内敷设使用。对于从房内穿越的架空管道，必须做好穿墙套管的严密封堵，合理设置现场燃气泄漏检测器，防止燃气泄漏引起意外事故。

9.7.16 严禁未装设阻火器的汽车、摩托车、电瓶车等车辆在燃气轮机的警示范围和调压站内行驶。

9.7.17 运行点检人员巡检燃气系统时，必须使用防爆型的照明工具、对讲机，操作阀门尽量用手操作，必要时应用铜制阀门把钩进行。工作人员之间的通信必须使用防爆对讲机，严禁使用非防爆型工器具作业。

9.7.18 检修人员对燃气设备进行检修或维护作业时，必须使用防爆专用的工具进行，电控专业的设备必须是防爆型，机械专业所用工具须是铜制专用工具，非铜的工具应进行涂油脂处理，防止作业中产生静电或火花。

9.7.19 进入燃气禁区的外来参观人员不得穿易产生静电的服装、带铁掌的鞋，不准带移动电话及其他易燃、易爆品进入调压站、前置站。燃气区域严禁照相、摄影。

9.7.20 应结合机组检修，对燃气轮机仓及燃料阀组间天然气系统进行气密性试验，以对天然气管道进行全面检查。

9.7.21 停机后，禁止采用打开燃料阀直接向燃气轮机透平输送天然气的方法进行法兰找漏等试验检修工作。

9.7.22 在天然气管道系统部分运行情况下，与部分运行的天然气相邻的、以阀门相隔断的管道系统必须以堵板形式进行物理隔离或保持排空状态，且要进行常规的巡检查漏工作。

9.7.23 对于与天然气系统相邻的，自身不含天然气运行设备，但可通过地下排污管道等通道相连通的封闭区域，也应装设天然气泄漏探测器。

9.7.24 建立健全燃气管系密封台账和巡回检查记录，发现泄漏及时消缺处理。

9.8 防止燃气轮机叶片损坏事故

9.8.1 按制造商要求加强对燃气轮机热通道部件的喷嘴、动叶的孔探检查，做好过程跟踪记录资料。

9.8.2 建立定期对燃气轮机透平末级动叶的维护（着色或目测）检查制度，防止通流面的磨损或叶片疲劳产生裂纹而影响机组运行。

9.8.3 严格执行燃气轮机热通道部件的紧固件螺丝与锁片的检修工艺，防止因气流冲刷引起部件脱落进入喷嘴而损坏通道内的动静部件。

9.9 防止燃气轮机燃烧热通道部件损坏事故

9.9.1 加强设备维护的定期监督管理，做好热通道部件金属监督数据（裂纹、涂层、颜色等）的分析总结，保证设备安全稳定运行。

9.9.2 对频繁启停的燃气轮机机组应加强燃气轮机点火、熄火时的参数（点火/熄火转速、点火/熄火燃料流量）变化分析，防止参数异常使热通道部件损坏。

9.10 防止燃气轮机进气系统堵塞故障

9.10.1 定期对进气系统周边进行清理，禁止在进气口堆放杂物。

9.10.2 在运行中的燃气轮机进气系统周围动用明火，必须做好相关的安全风险分析与防范措施，防止引燃进气滤网。

9.10.3 结合运行中进气系统的工作状况，做好进气过滤系统的定期清洗维护工作、定期测试除冰系统工作状态，确保进气稳定良好。

9.10.4 严密监视进气滤网差压，及时清理差压大的滤网。

9.10.5 检修后必须安排专业技术人员对进气系统进行仔细检查，清理所有系统以外的残留物。

9.10.6 配合燃气轮机设备定期维护，加强压气机进气可转导叶的传动、液压部件的活动性能与疲劳检查，防止因开度变化影响燃气轮机进气量。

9.10.7 燃气轮机进气系统内存在异物时禁止启动。

9.11 防止燃气轮机燃气调压系统故障

9.11.1 防止调压设备环境温度超过设计范围，造成调压设备工作状态不稳或引发燃气轮机跳闸。

9.11.2 加强对燃气轮机前置模块滤网的压差监控，定期做好对燃气流量控制阀活动试验和燃料伺服器状态检测。

9.11.3 新安装、技改或检修后的燃气管道，应对管道进行吹扫清理，保证管道的清洁度，防止污染物造成调压站设备滤网堵塞或阀门卡涩，以及影响调压撬的调压准确性与稳定性。

9.11.4 长期停用以及维修后，应对调压系统内管路进行打压试验，检查系统的严密性。

9.11.5 定期检查燃气的增压机系统，关注气质、油质以及伺服器状态，对影响增压机进口可转导叶以及调压运行的故障应及时消除，防止因气质不合格、保护误动等增压机跳机引发的燃气轮机跳闸。

9.11.6 对燃气管道系统进行消缺作业时必须进行惰性气体（一般氮气）置换，必须使检测可燃气体的浓度低于爆炸极限内。管道置换过程中严格控制流速，防止管道燃气计量撬以及调压撬因为瞬间前后压差过大造成设备损坏。

10 防止热工控制系统、保护失灵事故

10.1 分散控制系统（DCS）配置的基本要求

10.1.1 分散控制系统配置应能满足机组任何工况下的监控要求（包括紧急故障处理），控制站及人机接口站的中央处理器（CPU）负荷率、系统网络负荷率、分散控制系统与其他相关系统的通信负荷率、控制处理器周期、系统响应时间、事件顺序记录（SOE）分辨率、抗干扰性能、控制电源质量、时钟同步系统等指标应满足相关标准的要求。

10.1.1.1 所有控制站的 CPU 负荷率在恶劣工况下不得超过 60％。所有数据管理站、操作员站、工程师站、历史站等的 CPU 负荷率在恶劣工况下不得超过 40％，并应留有适当的裕度。

10.1.1.2 通信总线应有冗余设置，通信负荷率在繁忙工况下不得超过 30％；对于以太网则不得超过 20％。

10.1.1.3 通信速率应满足控制系统实时性和通信负荷率的要求。主控通信网络采用工业以太网时，节点的通信速率应不低于 100Mbps；通信网络采用串行通信方式时，速率应不低于 1Mbps；采用并行通信方式时，速率应不低于 256×8kbps。

10.1.1.4 控制器处理模拟量控制的扫描周期一般要求为 250ms，对于要求快速处理的控制回路为 125ms，对于温度等慢过程控制对象，扫描周期可为 500～750ms；

控制器的扫描周期应满足汽轮机控制响应速度的要求，控制器处理开关量控制的扫描周期一般要求为100ms。汽轮机保护（ETS）扫描周期应不大于50ms；执行汽轮机超速控制（OPC）和超速保护（OPT）逻辑的扫描周期应不大于20ms。

10.1.1.5 操作员站的画面数据刷新周期不大于1s；在调用画面时，响应时间不大于2s；操作指令要在1s内被执行。

10.1.1.6 事件顺序记录（SOE）分辨率应不大于1ms；控制站内与控制站间的SOE分辨力应分别测试。

10.1.1.7 在距敞开柜门的机柜1.5m处，用功率为5W、频率为400～500MHz的对讲机进行干扰，分散控制系统应运行正常。

10.1.1.8 分散控制系统应配备时钟同步装置。时钟同步装置与分散控制系统之间应每秒进行一次时钟同步，同步精度达到0.1ms，当DCS时钟与时钟同步装置的时钟失锁时，分散控制系统应有输出报警。

10.1.2 分散控制系统的控制器应严格遵循机组重要功能分开的独立性配置原则，各控制功能应遵循任一组控制器或其他部件故障对机组影响最小的原则。

10.1.3 重要参数测点、参与机组或设备保护的测点应冗余配置，冗余I/O测点应分配在不同模件上。

10.1.4 按照单元机组配置的重要设备（如循环水泵、空冷系统、脱硝系统、脱硫系统、电除尘系统等）应纳入各自单元机组的控制网，避免由于公用系统中设备事故扩大为两台或全厂机组的重大事故。

10.1.5 同一层火检信号应配置在不同I/O模件上。

10.1.6 机组应配备必要的、可靠的、独立于分散控制系统的硬手操设备（如紧急停机、停炉等按钮），以确保安全停机停炉。

10.1.7 分散控制系统与管理信息大区之间必须设置经国家指定部门检测认证的电力专用横向单向安全隔离装置。分散控制系统与其他生产大区之间应当采用具有访问控制功能的设备、防火墙或者相当功能的设施，实现逻辑隔离。分散控制系统与广域网的纵向交接处应当设置经过国家指定部门检测认证的电力专用纵向加密认证装置或者加密认证网关及相应设施。分散控制系统禁止采用安全风险高的通用网络服务功能。分散控制系统的重要业务系统应当采用认证加密机制。

10.1.8 对于多台机组分散控制系统网络互联的情况，以及当公用分散控制系统的网络独立配置并与两台单元机组的分散控制系统进行通信时，应采取可靠隔离措施、防止交叉操作。

10.1.9 为防止全部操作员站故障、失去对机组的监视，汽轮机、电气和锅炉主要参数应在 DCS 和 DEH 操作员站上同步显示。

10.1.10 控制站、操作员站、工程师站、数据管理站、历史站或服务器出现脱网、离线、死机等故障，应在其他操作员站有醒目的报警。

10.1.11 不宜在控制机柜顶部设置通风口，定期对控制柜的滤网、防尘罩进行清洗，做好设备防尘、防虫工作；带机械通风冷却的机柜，冷却风扇及滤网宜安装在机柜柜门下部且向机柜内吹风，保持机柜内微正压运行。

10.1.12 分散控制系统电子间环境满足相关标准要

求，中央空调补新风系统必须加装合格的滤网、维持电子间微正压运行（《发电厂供暖通风与空气调节设计规范》DL/T 5035 的相关规定）。电子间不应有 380V 及以上动力电缆及产生较大电磁干扰的设备。机组运行时，禁止在电子间使用无线通信工具。

10.2　分散控制系统故障的紧急处理措施

10.2.1　已配备分散控制系统的电厂，应根据机组的具体情况，建立分散控制系统故障时的应急处理机制，制订在各种情况下切实可操作的分散控制系统故障应急处理预案，并定期进行反事故演习。

10.2.2　当全部操作员站出现故障时（所有上位机"黑屏"或"死机"），若主要后备硬手操及监视仪表可用且暂时能够维持机组正常运行，则转用后备操作方式运行，同时排除故障并恢复操作员站运行方式，否则应立即执行停机、停炉预案；若无可靠的后备操作监视手段，应执行停机、停炉预案。

10.2.3　当部分操作员站出现故障时，应由可用操作员站继续承担机组监控任务，停止重大操作，同时迅速排除故障，若故障无法排除，则应根据具体情况启动相应应急预案。

10.2.4　当系统中的控制器或相应电源故障时，应采取以下对策：

10.2.4.1　辅机控制器或相应电源故障时，可切至后备手动方式运行并迅速处理系统故障，若条件不允许则应将该辅机退出运行。

10.2.4.2　调节回路控制器或相应电源故障时，应将执行器切至就地或本机运行方式，保持机组运行稳定，根据处理情况采取相应措施，同时应立即更换或修复控制器模块。

10.2.4.3 涉及机炉保护的控制器故障时应立即更换或修复控制器模块，涉及机炉保护电源故障时则应采用强送措施，此时应做好防止控制器初始化的措施。若恢复失败则应紧急停机停炉。

10.2.5 冗余控制器（包括电源）故障和故障后复位时，应采取必要措施，确认保护和控制信号的输出处于安全位置。

10.2.6 加强对分散控制系统的监视检查，当发现中央处理器、网络、电源等故障时，应及时通知运行人员并启动相应应急预案。

10.2.7 规范分散控制系统软件和应用软件的管理，软件的修改、更新、升级必须履行审批授权及责任人制度。在修改、更新、升级软件前，应对软件进行备份。拟安装到分散控制系统中使用的软件必须严格履行测试和审批程序，必须建立有针对性的分散控制系统防病毒措施。

10.2.8 加强分散控制系统网络通信管理，运行期间严禁在控制器、人机接口网络上进行不符合相关规定许可的较大数据包的存取，防止通信阻塞。

10.3 防止热工保护失灵事故

10.3.1 除特殊要求的设备外（如紧急停机电磁阀控制），其他所有设备都应采用脉冲信号控制，防止分散控制系统失电导致停机停炉时，引起该类设备误停运，造成重要主设备或辅机的损坏。

10.3.2 涉及机组安全的重要设备应有独立于分散控制系统的硬接线操作回路。汽轮机润滑油压力低信号应直接送入事故润滑油泵电气启动回路，确保在没有分散控制系统控制的情况下能够自动启动，保证汽轮机的安全。

10.3.3 所有重要的主、辅机保护都应采用"三取二"或"先或后与（四取二）"的逻辑判断方式，保护信号应遵循从取样点到输入模件全程相对独立的原则，确因系统原因测点数量不够，应有防保护误动措施。

10.3.4 热工保护系统输出的指令应优先于其他任何指令。机组应设计硬接线跳闸回路，分散控制系统的控制器发出的机、炉跳闸信号应冗余配置。机、炉主保护回路中不应设置供运行人员切（投）保护的任何操作手段。

10.3.5 定期进行保护定值的核实检查和保护的动作试验，在役的锅炉炉膛安全监视保护装置的动态试验（指在静态试验合格的基础上，通过调整锅炉运行工况，达到MFT动作的现场整套炉膛安全监视保护系统的闭环试验）间隔不得超过 3 年。

10.3.6 建立以机组 A 级检修为周期的汽轮机监视仪表定期校验制度，监测探头元件和前置器等设备的校验应有可追溯性，校验报告应完整存档。汽轮机超速、轴向位移、振动、低油压、低真空等保护系统，在机组检修（A、B、C 级检修）期间应进行静态试验。汽轮机紧急跳闸系统和汽轮机监视仪表应加强定期巡视检查，所配电源应可靠，电压波动值不得大于±5%，且不应含有高次谐波。汽轮机紧急跳闸系统和汽轮机监控仪表在电源接通或断开的瞬间不应误发跳闸信号。汽轮机监视仪表的中央处理器及重要跳机保护信号和通道必须冗余配置，输出继电器必须可靠。

10.3.7 转速保护系统必须保证测速盘加工合格，实际齿数与设计齿数相符，脉冲宽度合格，探头与测速盘安装距离正确，探头支架刚度满足要求、安装牢固。

10.3.8　汽轮机（包括给水泵汽轮机）紧急跳闸系统跳机继电器应设计为失电动作，硬手操设备本身要有防止误操作、动作不可靠的措施。手动停机保护应具有独立于分散控制系统［或可编程逻辑控制器（PLC）］装置的硬跳闸控制回路，配置有双通道四跳闸线圈汽轮机紧急跳闸系统的机组，应定期进行汽轮机紧急跳闸系统在线试验，在线试验应具备防止误动作的闭锁功能。

10.3.9　主机及主要辅机保护逻辑设计合理，符合工艺及控制要求，逻辑执行时序、相关保护的配合时间配置合理，防止由于取样延迟等时间参数设置不当而导致的保护失灵。FSSS与ETS、DEH系统相关逻辑设置合理的扫描顺序。每年组织一次热控逻辑内部（厂内）审核；系统和设备改造或重大变更时，应组织外部专家进行审核。

10.3.10　重要控制、保护信号根据所处位置和环境，信号的取样装置应有防堵、防震、防漏、防冻、防雨、防抖动等措施。触发机组跳闸的保护信号的开关量仪表和变送器应单独设置，当确有困难而需与其他系统合用时，其信号应首先进入保护系统。

10.3.11　若发生热工保护装置（系统、包括一次检测设备）故障，应开具工作票，经批准后方可处理。锅炉炉膛压力、全炉膛灭火、汽包水位（直流炉断水）和汽轮机超速、轴向位移、机组振动、低油压等重要保护装置在机组运行中严禁退出，当其故障被迫（如不退出、保护误动的可能极大）退出运行时，应制订可靠的安全措施，并在8h内恢复；其他保护装置被迫退出运行时，应在24h

内恢复。

10.3.12 检修机组启动前或机组停运 15 天以上，应对机、炉主保护及其他重要热工保护装置进行静态模拟试验，检查跳闸逻辑、报警及保护定值。热工保护联锁试验中，尽量采用物理方法进行实际传动，如条件不具备，可在现场信号源处模拟试验，但禁止在控制柜内通过开路或短路输入端子的方法进行试验。

10.3.13 单机容量 300MW 及以上等级的火电机组应具备完善可靠的 RB 功能；设计有 FCB 功能的电厂，应按电网要求做好系统试验工作，确保 FCB 工作正常。

10.3.14 对单点保护应进行可靠性分析，并采取相应的防误动、防拒动措施。

10.3.15 锅炉 MFT 跳闸回路宜采用双通道设计，MFT 跳闸继电器设计为带电动作方式时，应在每次检修时对跳闸继电器输出触点进行接触电阻测试，防止因触点氧化、存有积灰造成接触不良而引起触点信号拒发。

10.3.16 进入热控保护系统的就地一次检测元件以及可能造成机组跳闸的设备，都应有明显的标志，防止人为原因造成热工保护误动。

10.3.17 应按运行实际要求和重要程度对 DCS 热工报警信号进行合理分级，以免影响运行人员对重要报警的及时处理。

10.4　防止热控电源故障及接地引起的事故

10.4.1 分散控制系统和重要的热控系统应接受两路交流电源，至少其中一路为 UPS 电源，UPS 切换时间不超过 5ms；稳态时电压波动应小于额定值的±5%，电源切换时电压波动应小于额定值的±10%。

10.4.2 分散控制系统的控制器、系统电源、为 I/O 模件供电的直流电源、通信网络等均应采用完全独立的冗余配置，且具备无扰切换功能；采用 B/S、C/S 结构的分散控制系统的服务器应采用冗余配置；新建或全新改造机组设计时，网络设备、工作站等宜配置双电源模块，对不能实现双电源模块供电的设备，服务器或其供电电源在切换时应具备无扰切换功能。

10.4.3 DCS、DEH、FSSS、ETS 等系统内的 24/48V 直流电源采用交流 220V 电源模块转换为直流的方式，采用两个或多个电源模块并在输出采用二极管耦合，但不应该将非重要设备的电源（如操作面板、指示灯、风扇等）接入耦合后的位置。

10.4.4 分散控制系统电源应设计有可靠的后备手段，电源的切换时间应保证控制器不被初始化、包括电源电压缓慢跌落到切换电压值时切换控制器不被初始化；操作员站如无双路电源切换装置，则必须将两路供电电源分别连接于不同的操作员站；系统电源故障应设置最高级别的报警；严禁非分散控制系统用电设备接到分散控制系统的电源装置上；公用分散控制系统电源，应分别取自不同机组的不间断电源系统，且具备无扰切换功能。分散控制系统电源的各级电源断路器容量和熔断器熔丝应与所带的负载匹配，防止故障越级。

10.4.5 独立配置的锅炉灭火保护装置、ETS 和 TSI 等重要系统的电源应双重化冗余配置，其中一路为单元机组 UPS 电源，电源故障必须在控制室报警，各级电源具有防越级跳闸功能。

10.4.6 110V 及以上蓄电池供电的双路直流供电电

源应防止在热工盘柜合环运行，采用耦合二极管实现电源无扰切换的系统，应更换为专用的直流电源切换装置。

10.4.7　重要系统的电源故障应在控制室内设有独立于自身之外的声光报警。

10.4.8　热控电源分配柜的小型断路器的入口母线侧要可靠连接，采用电缆连接的要保证从母线两侧供电。

10.4.9　交、直流电源开关和接线端子应分开布置，直流电源及 UPS 电源开关和接线端子应有明显的标示。

10.4.10　电源盘有两路电源进线时，应有防止电源并列的措施。

10.4.11　CEMS 仪表宜采用 UPS 供电，其中大功率用电设备采用附近可靠电源供电。

10.4.12　分散控制系统接地必须严格遵守相关技术要求，接地电阻（指 DCS 接地母线到接地网的电阻）满足标准要求；所有进入分散控制系统的控制信号电缆必须采用质量合格的屏蔽电缆，且屏蔽层可靠单端接地；分散控制系统与电气系统共用一个接地网时，分散控制系统接地线与电气接地网只允许有一个连接点且接地电阻小于 0.5Ω；分散控制系统采用单独接地网时，若制造厂家无特殊要求，则接地极与电厂电气接地网之间的距离在 10m 以上，且接地电阻不大于 2Ω。

10.5　防止热控就地设备故障引起的事故

10.5.1　应加强对汽轮机和汽动给水泵的 LVDT 传感器的检查工作，每个阀门宜冗余配置 LVDT 传感器，LVDT 传感器与阀门的连接要采用防止阀体振动或扭转的连接部件。

10.5.2　独立配置的锅炉灭火保护装置涉及的炉膛压

力取样装置、压力开关、传感器、火焰检测器及冷却风系统等设备应符合相关规程的规定。

10.5.3　对于锅炉炉膛负压取样表管、一次风流量取样表管等可能被堵塞的仪表管路必须定期吹扫；新建机组宜采用防堵取样装置（自动吹扫装置）。

10.5.4　在绝缘的电机轴承座上安装热控部件，信号线应保证与测点的外壳绝缘，备用线芯、屏蔽线和金属电缆保护套管应高阻接地（接地阻抗大于 10kΩ）。

10.5.5　重要控制回路的执行机构应具有三断保护（断气、断电、断信号）功能，特别重要的执行机构，还应设有可靠的机械闭锁措施；对重要的两位气动执行机构，应在断电、断气后将热力系统置于安全状态。

10.5.6　应加强对重要系统的执行机构的日常检查和维护工作，防止接线端子、连接部件松动或脱落，防雨设施合格；执行机构的位置反馈元件应定期更换。

10.5.7　高电平信号（DI）和低电平信号（mA、热电阻、热电偶）不应合用一根电缆；DI 信号控制电缆应采用总屏屏蔽控制电缆；4～20mA 信号、热电阻信号、热电偶信号应采用分屏＋总屏控制电缆；TSI 仪表信号应采用分屏＋总屏控制电缆，分屏内应根据选型仪表的要求选用三线组或两线组。

10.5.8　远程控制柜与主系统的两路通信电（光）缆要分层敷设，两路电缆宜走不同的路由。

10.5.9　动力电缆、信号电缆应分层布置。

10.5.10　锅炉喷燃器附近、高温管道、高温烟道等附近的设备从就地接线盒到设备本体的电缆应选用耐高温电缆；各种油系统附近的电缆使用耐油电缆。

10.5.11 热控控制气源管路宜采用架空敷设方式，管路敷设时，应避开高温、腐蚀、强烈振动等环境恶劣的位置；管路敷设应有 0.1%~0.5%的倾斜度，在低位处装设排污门；主管路采用不锈钢材料、配气支路采用不锈钢或紫铜管。

10.5.12 应定期利用气源管路的排污门进行排水，对长期不使用的气源管路采取措施定期排水。冬季对室外气源管路做好防冻措施。

10.6 防止水电厂（站）计算机监控系统事故

10.6.1 监控系统配置基本要求。

10.6.1.1 监控系统的主要设备应采用冗余配置，服务器的存储容量和中央处理器负荷率、系统响应时间、事件顺序记录分辨率、抗干扰性能等指标应满足要求。

10.6.1.2 并网机组投入运行时，相关电力专用通信配套设施应同时投入运行。

10.6.1.3 监控系统应具备硬、软件在线自诊断能力；监控系统网络建设应满足电气二次系统安全防护基本原则要求。

10.6.1.4 严格遵循机组重要功能相对独立的原则，即监控系统上位机网络故障不应影响就地控制单元（LCU）功能，监控系统故障不应影响单机油系统、调速系统、励磁系统等功能，各控制功能应遵循任一组控制器或其他部件故障对机组影响最小，继电保护独立于监控系统的原则。

10.6.1.5 监控系统上位机应采用专用的、冗余配置的不间断电源供电，不应与其他设备合用电源，且应具备无扰自动切换功能。交流供电电源应采用两路独立电源供电。

10.6.1.6 现地控制单元及其自动化设备应采用冗余配置的不间断电源或站内直流电源供电。具备双电源模块的装置，两个电源模块应由不同电源供电且应具备无扰自动切换功能。

10.6.1.7 监控系统相关设备应加装防雷（强）电击装置。监控系统应按照"保护地（安全地）""工作地（功能地）"的规范要求接地，保证工作地通过等电位接地网与主接地网、保护地直接与主接地网可靠连接。

10.6.1.8 监控系统及其测控单元、变送器等自动化设备（子站）必须是通过具有国家级检测资质的质检机构检验合格的产品。

10.6.1.9 监控设备通信模块应冗余配置，优先采用国内专用装置，采用专用操作系统；支持调控一体化的厂站间隔层应具备双通道组成的双网，至调度主站（含主调和备调）应具有两路不同路由的通信通道（主/备双通道）。监控系统与其他系统的通信接口应采用光电或变压器隔离。

10.6.1.10 水电厂基（改、扩）建工程中监控设备的设计、选型应符合自动化专业有关规程规定。现场监控设备的接口和传输规约必须满足调度自动化主站系统的要求。

10.6.1.11 自动发电控制（AGC）和自动电压控制（AVC）子站应具有可靠的技术措施，对调度自动化主站下发的自动发电控制指令和自动电压控制指令进行安全校核，确保发电运行安全。

10.6.1.12 监控机房应配备专用空调、环境条件应满足有关规定要求。

10.6.1.13 机组并网投入运行时，依据调度要求，相关电力专用通信配套设施应同时投入运行。

10.6.2 防止监控系统误操作措施。

10.6.2.1 严格执行操作票、工作票制度，使两票制度标准化，管理规范化。

10.6.2.2 严格执行操作指令。当操作发生疑问时，应立即停止工作，并向发令人汇报，待发令人再行许可，确认无误后，方可进行操作。

10.6.2.3 计算机监控系统控制流程应具备闭锁功能，远方、就地操作均应具备防止误操作闭锁功能。

10.6.2.4 非监控系统工作人员未经批准，不得进入机房进行工作（运行人员巡回检查除外）。

10.6.3 防止网络瘫痪要求。

10.6.3.1 计算机监控系统的网络设计和改造计划应与技术发展相适应，充分满足各类业务应用需求，强化监控系统网络薄弱环节的改造力度，力求网络结构合理、运行灵活、坚强可靠和协调发展。同时，设备选型应与现有网络使用的设备类型一致，保持网络完整性。

10.6.3.2 电站监控系统与上级调度机构、集控中心（站）之间应具有两个及以上独立通信路由。

10.6.3.3 通信光缆或电缆应采用不同路径的电缆沟（竖井）进入监控机房和主控室；避免与一次动力电缆同沟（架）布放，并完善防火阻燃和阻火分隔等安全措施，绑扎醒目的识别标志；如不具备条件，应采取电缆沟（竖井）内部分隔离等措施进行有效隔离。

10.6.3.4 监控设备（含电源设备）的防雷和过电压

防护能力应满足电力系统通信站防雷和过电压防护要求。

10.6.3.5 在基建或技改工程中，若改变原有监控系统的网络结构、设备配置、技术参数时，工程建设单位应委托设计单位对监控系统进行设计，深度应达到初步设计要求，并按照基建和技改工程建设程序开展相关工作。

10.6.3.6 监控网络设备应采用独立的自动空气开关供电，禁止多台设备共用一个分路开关。各级开关保护范围应逐级配合，避免出现分路开关与总开关同时跳开，导致故障范围扩大的情况发生。

10.6.3.7 实时监视及控制所辖范围内的监控网络的运行情况，及时发现并处理网络故障。

10.6.3.8 机房内温度、湿度应满足设计要求。

10.6.4 监控系统管理要求。

10.6.4.1 建立健全各项管理办法和规章制度，必须制定和完善监控系统运行管理规程、监控系统运行管理考核办法、机房安全管理制度、系统运行值班与交接班制度、系统运行维护制度、运行与维护岗位职责和工作标准等。

10.6.4.2 建立完善的密码权限使用和管理制度，系统管理员、专业维护人员、运行人员授予不同的权限。

10.6.4.3 制订监控系统应急预案和故障恢复措施，落实数据备份、病毒防范和安全防护工作。

10.6.4.4 定期对调度范围内厂站远动信息进行测试。遥信传动试验应具有传动试验记录，遥测精度应满足相关规定要求。

10.6.4.5 规范监控系统软件和应用软件的管理，软件的修改、更新、升级必须履行审批授权及责任人制度。

在修改、更新、升级软件前，应对软件进行备份。未经监控系统厂家测试确认的任何软件严禁在监控系统中使用，必须建立有针对性的监控系统防病毒、防黑客攻击措施。

10.6.4.6 定期对监控设备的滤网、防尘罩进行清洗，做好设备防尘、防虫工作。

10.7 防止水轮机保护失灵事故

10.7.1 水机保护设置。

10.7.1.1 水轮发电机组应设置电气、机械过速保护、调速系统事故低油压保护、导叶剪断销剪断保护（导叶破断连杆破断保护）、机组振动和摆度保护、轴承温度过高保护、轴承冷却水中断、轴承外循环油流中断、快速闸门（或主阀）、真空破坏阀等水机保护功能或装置。

10.7.1.2 在机组停机检修状态下，应对水机保护装置报警及出口回路等进行检查及联动试验，合格后在机组开机前按照相关规定投入。

10.7.1.3 所有水机保护模拟量信息、开关量信息应接入电站计算机监控系统，实现远方监视。

10.7.1.4 设置的紧急事故停机按钮应能在现地控制单元失效情况下完成事故停机功能，必要时可在远方设置紧急事故停机按钮。

10.7.1.5 水机保护连接片应与其他保护压板分开布置，并粘贴标示。

10.7.2 防止机组过速保护失效。

10.7.2.1 机组电气和机械过速出口回路应单独设置，装置应定期检验，检查各输出触点动作情况。

10.7.2.2 装置校验过程中应检查装置测速显示连续性，不得有跳变及突变现象，如有应检查原因或更换装置。

10.7.2.3 电气过速装置、输入信号源电缆应采取可靠的抗干扰措施，防止对输入信号源及装置造成干扰。

10.7.3 防止调速系统低油压保护失效。

10.7.3.1 调速系统油压监视变送器或油压开关应定期进行检验，检查定值动作正确性。

10.7.3.2 在无水情况下模拟事故低油压保护动作，导叶应能从最大开度可靠全关，禁止采用短接低油压触点进行试验。

10.7.3.3 油压变送器或油压开关信号触点不得接反，并检查变送器或油压开关供油手阀在全开位置。

10.7.3.4 实行自动补气的压力油罐，应检测自动补气装置及油位信号装置争取、可靠，确保油气比正常。

10.7.4 防止机组剪断销剪断保护（破断连杆破断保护）失效。

10.7.4.1 定期检查剪断销剪断保护装置（导叶破断连杆破断保护装置），在发现有装置报警时，应立即安排机组停机，检查导叶剪断销及剪断销保护装置（导叶破断连杆及连杆破断保护装置）。

10.7.4.2 剪断销（破断连杆）信号电缆应绑扎牢固，防止电缆意外损伤。

10.7.4.3 应定期对机组顺控流程进行检查，检查机组剪断销剪断（破断连杆破断）与机组事故停机信号判断逻辑，并在无水情况下进行联动试验。

10.7.5 防止轴承温度过高保护失效或误动。

10.7.5.1 应定期检查机组轴承温度过高保护逻辑及定值的正确性，并在无水情况下进行联动试验。运行机组发现轴承温度有异常升高，应根据具体情况立即安排机组减出力运行或停机，查明原因。

10.7.5.2 机组轴承测温电阻输出信号电缆应采取可靠的抗干扰措施。

10.7.5.3 测温电阻线缆在油槽内需绑扎牢固。

10.7.5.4 机组检修过程中应对轴承测温电阻进行校验，对线性度不好的测温电阻应检查原因或进行更换。

10.7.5.5 立式机组的瓦温保护宜采用同一轴承任意两点瓦温均达到保护值启动停机流程的方式。

10.7.6 防止轴电流保护失效。

10.7.6.1 机组检修过程中应对轴电流保护装置定值进行检验，检查定值动作正确性，并在无水情况下进行联动试验。

10.7.6.2 机组 A 级检修过程中应对各导轴承进行绝缘检查，发现轴承绝缘下降时应进行检查、处理。

10.7.6.3 定期对导轴承润滑油质进行化验，检查有无劣化现象。如有劣化现象应查明原因，并及时进行更换处理。

10.7.6.4 轴电流输出信号电缆应采取可靠的抗干扰措施。

10.7.6.5 轴电流互感器应安装可靠、牢固。

11 防止发电机损坏事故

11.1 防止定子绕组端部松动

11.1.1 200MW 及以上容量汽轮发电机安装、新投运 1 年后及每次大小修时应检查定子绕组端部的紧固、磨损情况。交接及大修按照《大型汽轮发电机绕组端部动态特性的测量及评定》（DL/T 735）和《隐极同步发电机定子绕组端部动态特性和振动测量方法及评定》（GB/T 20140）进行模态试验以及相关部件的固有频率测量，必要时进行冲击响应比测量，其结果与历次试验结果进行比较；试验不合格或存在松动、磨损情况应及时处理。

11.1.2 绕组端部多次出现松动、磨损情况，应重新对发电机定子绕组端部进行整体绑扎；多次出现大范围松动、磨损情况，应对发电机定子绕组端部结构进行改造。如通过采取措施设法改变定子绕组端部结构固有频率，或加装定子绕组端部振动在线监测装置监视运行，运行限值按照 GB/T 20140 设定。

11.2 防止定子绕组绝缘损坏

11.2.1 加强大型发电机环形引线、过渡引线、鼻部手包绝缘、引水管水接头等部位的绝缘检查。大修时，宜在定子水压试验后，对定子绕组端部手包绝缘施加直流电压测量试验，及时发现和处理缺陷。发电机手包绝缘试验不合格时，应扒掉绝缘，重新包缠，彻底处理，不可在原基础上修补。

11.2.2 按照《氢冷发电机氢气湿度技术要求》(DL/T 651)的要求，严格控制氢冷发电机机内氢气湿度。在氢气湿度超标情况下，禁止发电机长时间运行。运行中应确保氢气干燥器始终处于良好工作状态。氢气干燥器的选型宜采用分子筛吸附式产品，并且应具有强制氢气循环功能，在发电机充氢停机状态可持续除湿。200MW 及以上的氢冷发电机，应装设氢气湿度在线监测装置。在线湿度监测仪表应保证长期可靠工作，读数准确，具备防爆、防油污等基本功能，并结合机组检修定期校验。

11.2.3 密封油系统回油管路必须保证回油畅通，应加强监视，防止密封油进入发电机内部。密封油系统油净化装置和自动补油装置应随发电机组投入运行。发电机密封油含水量等指标，应达到《运行中氢冷发电机用密封油质量标准》(DL/T 705)的规定要求。

11.2.4 水内冷定子绕组内冷水箱应加装氢气含量检测装置，定期进行巡视检查，做好记录。在线监测限值按照《汽轮发电机运行导则》(DL/T 1164)设定，氢气含量检测装置的探头应结合机组检修进行定期校验。具备条件的宜加装定子绕组绝缘局部放电和绝缘局部过热监测装置。

11.2.5 汽轮发电机新机出厂时应进行定子绕组端部起晕试验，起晕电压满足《隐极同步发电机技术要求》(GB/T 7064)。大修时应按照《发电机定子绕组端部电晕与评定导则》(DL/T 298)进行电晕检查试验，并根据试验结果指导防晕层检修工作。

11.2.6 发电机每次抽转子检修时，都要对定子槽楔进行检查，发现问题及时处理。

11.2.7 转子风叶装配时应按照制造厂的力矩要求进行安装。

11.3 防止定、转子水路堵塞、漏水

11.3.1 水内冷系统中的管道、阀门的橡胶密封圈宜全部更换成聚四氟乙烯垫圈，并应定期（1～2个大修期）更换。

11.3.2 安装定子内冷水反冲洗系统，定期对定子线棒进行反冲洗，定期检查和清洗滤网，宜使用激光打孔的不锈钢板新型滤网，反冲洗回路不锈钢滤网应达到200目。

11.3.3 大修时对水内定子线棒、引线、出线套管和转子绕组应分路做流量试验。必要时应做热水流试验。

11.3.4 扩大发电机两侧汇水母管排污口，并安装不锈钢阀门，以利于清除母管中的杂物。

11.3.5 水内冷发电机的内冷水质应按照《隐极同步发电机技术要求》（GB/T 7064）进行优化控制。内冷水水质长期不能达标时，应参照《发电机内冷水处理导则》（DL/T 1039），选择适用的内冷水处理方法进行设备改造。发电机运行过程中，应在线连续测量内冷水的电导率和pH值，定期测定含铜量、溶氧量等。电导率和pH值的在线仪表监测数值应传至集控室显示。

11.3.6 严格保持发电机转子进水支座石棉盘根冷却水压低于转子内冷水进水压力，以防石棉材料破损物进入转子分水盒内。

11.3.7 按照《汽轮发电机运行导则》（DL/T 1164）要求，加强监视发电机各部位温度。当发电机（绕组、铁芯、冷却介质）的温度、温升、温差与正常值有较大偏差时，应立即分析、查找原因。温度测点的安装必须严格执

行规范，要有防止感应电影响温度测量的措施，避免出现温度跳变或显示误差。

11.3.8 对于水氢冷定子线棒层间测温元件的温差达8℃或定子线棒引水管同层出水温差达8℃报警时，应检查定子三相电流是否平衡，定子绕组水路流量与压力是否异常，如果发电机的过热是由于内冷水中断或内冷水量减少引起，则应立即恢复供水。当定子线棒温差达14℃或定子引水管出水温差达12℃，或任一定子槽内层间测温元件温度超过90℃或出水温度超过85℃时，应立即降低负荷，在确认测温元件无误后，为避免发生重大事故，应立即停机进行有关检查与处理。

11.3.9 为防止水内冷发电机环形引线"气堵"过热烧损，引出线外部水路的安装应严格按照厂家的图纸和要求进行；充水时的排气要彻底。

11.3.10 防止测温元件异常及误判断，重点要求如下：

（1）发电机在投运前宜进行热水流试验，以检查测温元件的相对误差。记录不同温度下各温度测点的温度值，确定线棒温度、出水温度、铁芯温度的误差范围，作为分析比较的原始参考数据。

（2）测温系统应在大、小修时检测回路电阻、绝缘电阻符合要求，接线端子紧固无腐蚀。

（3）运行中发现温度指示超出规定值，应立即降负荷将温度控制在允许范围内，再检查校验测温元件和回路；在确认测温元件无误后，应及早停机处理。

11.3.11 发电机线棒在制造、安装、检修过程中，若放置时间较长，应将线棒内的水放净，并及时吹干，防止空心导线内表面产生氧化腐蚀。有条件可进行充氮保护。

11.3.12 加强定子内冷水泵的运行维护，备用水泵应处在正常状态，防止切换过程中因备用水泵故障造成定子水回路断水，严防水箱水位偏低或水量严重波动导致断水故障。

11.3.13 运行中定子绕组断水最长允许时间应符合制造厂规定，发电机断水保护应作用于跳闸。

11.3.14 绝缘引水管不得交叉接触，引水管之间、引水管与端罩之间应保持足够的绝缘距离。检修中应加强绝缘引水管检查，引水管外表应无伤痕。

11.3.15 认真做好漏水报警装置调试、维护和定期检验工作，确保装置反应灵敏、动作可靠，同时对管路进行疏通检查，确保管路畅通。

11.3.16 水内冷转子绕组复合引水管应更换为具有钢丝编织护套的复合绝缘引水管。

11.3.17 为防止转子线圈拐角断裂漏水，100MW 及以上机组的出水铜拐角应全部更换为不锈钢材质。

11.3.18 机组大修期间，按照《汽轮发电机漏水、漏氢的检验》（DL/T 607）对水内冷系统密封性进行检验。当对水压试验结果不确定时，宜用气密试验查漏。

11.3.19 对于不需拔护环即可更换转子绕组导水管密封件的特殊发电机组，大修期应更换新的密封件，以保证转子冷却的可靠性。

11.3.20 水内冷发电机发出漏水报警信号，经判断确认是发电机漏水时，应立即停机处理。

11.3.21 发电机内氢压应高于定子内冷水压，其差压应按厂家规定执行，如厂家无规定，差压应大于

0.05MPa。同时，应控制定子内冷水进水温度高于氢气冷风温度。

11.3.22 发电机定冷水压力测点和变送器应装设在发电机平台，确保准确反映发电机内的内冷水压力；对于暂无条件在发电机平台增设压力测点的，应进行位差修正，并修改企业运行规程。管道条件允许时，定冷水流量装置应装设在反冲洗支管接口之后的定子内冷水管道，确保准确体现实际进入发电机的冷却水流量。

11.3.23 汽轮发电机反冲洗应按照《大型发电机内冷却水质及系统技术要求》（DL/T 801）要求进行，反冲洗的流量、流速应大于正常运行中的流量、流速（或按制造厂的规定），冲洗直到排水清澈、无可见杂质，进、出水的 pH 值、电导率基本一致且达到要求时终止冲洗。

11.4 防止转子匝间短路

11.4.1 发电机交接、大修时，应进行转子两极平衡测试。对怀疑存在匝间短路的转子，可利用各种检修机会进行 RSO 试验，并与历史试验数据比较，进行分析。

11.4.2 频繁调峰运行或运行时间达到 20 年的发电机，或者运行中出现转子绕组匝间短路迹象的发电机（如振动增加或与历史比较同等励磁电流时对应的有功和无功功率下降明显），或者在常规检修试验（如交流阻抗或极间电压法测量试验）中认为可能有匝间短路的发电机，应在检修前停机过程中通过转子气隙磁通法（RAF）、探测线圈波形法或重复脉冲（RSO）法等试验方法进行动态及静态匝间短路检查试验，确认匝间短路的严重情况，以此制订安全运行条件及检修消缺计划。机组大修中宜用重复脉冲（RSO）法检查转子匝间短路情况。有条件可加装转子绕组动态匝间短路在线监测装置。

11.4.3 经确认存在较严重转子绕组匝间短路的发电机应尽快消缺，防止转子、轴瓦等部件磁化。发电机转子、轴承、轴瓦发生磁化（参考值：轴瓦、轴颈大于 10×10^{-4} T，其他部件大于 50×10^{-4} T）应进行退磁处理。退磁后要求剩磁参考值为：轴瓦、轴颈不大于 2×10^{-4} T，其他部件小于 10×10^{-4} T。

11.4.4 发电机振动伴随无功变化时，应实时监视运行中发电机的振动与无功出力的变化情况，当判断发电机转子绕组存在严重的匝间短路时，应降低转子电流，若振动突然增大，应立即停运发电机。

11.5　防止发电机漏氢

11.5.1 在发电机出线箱与封闭母线连接处应装设隔氢装置，并在出线箱顶部适当位置设排气孔，同时应加装漏氢监测报警装置。当氢气含量达到或超过 1‰ 时，应停机查漏消缺。

11.5.2 严密监测氢冷发电机油系统、主油箱内的氢气体积含量，确保避开含量在 4%～75% 的可能爆炸范围。开放型系统内冷水箱中含氢（体积含量）超过 2% 应加强对发电机的监视，超过 10% 应立即停机消缺。除充氢型内冷水箱外的密闭型系统内冷水系统中漏氢量达到 $0.3\mathrm{m}^3/\mathrm{d}$ 时应在计划停机时安排消缺，漏氢量大于 $5\mathrm{m}^3/\mathrm{d}$ 时应立即停机处理。

11.5.3 安装和检修时，重视发电机密封瓦间隙的调整，密封油系统平衡阀、压差阀必须保证动作灵活、可靠，密封瓦间隙必须调整合格。运行中要监视氢油压差，防止向发电机内大量漏油。发现发电机大轴密封瓦处轴颈存在磨损沟槽，应及时处理。

11.5.4 对发电机端盖密封面、密封瓦法兰面以及氢系统管道法兰面、水系统、监测系统的管路法兰、阀门，氢干燥器内部管路法兰、阀门等的密封垫等所使用的密封材料（包含橡胶垫、圈等），必须进行检验合格后方可使用。严禁使用合成橡胶、再生橡胶制品。

11.5.5 对水氢氢发电机，转子在大修中应进行气密试验，防止导电螺杆处漏氢。

11.5.6 发电机内外进出水管、氢气管路、排污管等的焊缝应在每次大修中进行全面检查，防止焊口运行中开裂泄漏。

11.6 防止发电机局部过热

11.6.1 发电机绝缘过热监测器发生报警时，应及时记录并上报发电机运行工况及电气和非电量运行参数，不得盲目将报警信号复位或随意降低监测仪检测灵敏度。经检查确认非监测仪器误报，应立即取样进行色谱分析，必要时停机处理。

11.6.2 大修时按制造厂要求对氢内冷转子进行通风试验，发现风路堵塞及时处理。

11.6.3 全氢冷发电机定子线棒出口风温差达到 8℃或定子线棒间温差超过 8℃时，应立即停机处理。

11.7 防止发电机内部遗留异物

11.7.1 严格规范现场作业标准化管理，防止锯条、螺钉、螺母、工具等金属杂物遗留在定子内部。

11.7.2 大修时应对端部紧固件（如压板紧固螺栓和螺母、支架固定螺母和螺栓、引线夹板螺栓、汇流管所用卡板和螺栓、定子铁芯穿心螺栓等）紧固情况以及定子铁芯边缘硅钢片有无过热、断裂等进行检查。

11.8 防止转子护环开裂

11.8.1 发电机转子在运输、存放及大修期间应避免受潮和腐蚀。发电机大修时应对转子护环进行金属探伤和金相检查，检出有裂纹或蚀坑应进行处理，必要时更换为18Mn18Cr材料的护环。

11.8.2 大修中测量护环与铁芯轴向间隙，做好记录，与出厂及上次测量数据比对，以判断护环是否存在位移。

11.9 防止非同期并网和非全相运行

11.9.1 发电机自动准同期并网时，在自动准同期装置控制发电机并网过程中，运行人员不应干预。若出现不正常情况应停用自动准同期装置，检查故障原因。不宜在自动准同期装置不正常时采取手动准同期并网。

11.9.2 自动准同期装置应安装独立的同期鉴定闭锁继电器，自动准同期合闸脉冲应与同期闭锁继电器接点串联后出口。

11.9.3 新投产、大修机组及同期回路（包括交流电压回路、直流控制回路、整步表、自动准同期装置及同期把手等）发生改动或设备更换的机组，在第一次并网前必须进行以下工作：

（1）对装置及同期回路进行全面、细致的校核、传动。

（2）利用发电机-变压器组带空载母线升压试验，校核同期电压检测二次回路的正确性，并对整步表及同期检定继电器进行实际校核。

（3）进行机组假同期试验，试验应包括断路器的手动准同期及自动准同期合闸试验、同期（继电器）闭锁等内容。

11.9.4 新建的发变组接线方式，220kV 及以下电压等级机组并网断路器宜选用机械联动的三相操作断路器。

11.9.5 为防止发生发电机非同期并网，应保证机组并网点断路器机械特性满足规程要求。

11.9.6 发电机变压器组的主断路器出现非全相运行时，其相关保护应动作跳开主断路器，同时起动断路器失灵保护，并联跳汽机和解列灭磁。在主断路器无法断开时，断开与其连接在同一母线上的所有电源。

11.9.7 已装设发电机出口断路器的机组，出现非全相运行时，直接跳发电机出口断路器。

11.10　防止定子铁芯损坏

11.10.1 首次大修时，应联系制造厂家对铁芯整体紧固情况进行检查，必要时对铁芯穿心螺栓、定位螺栓等进行紧固。

11.10.2 检修时应对定子铁芯进行检查，发现异常现象，如局部松齿、铁芯片短缺、外表面附着黑色油污等，应结合实际异常情况进行发电机定子铁芯故障诊断试验，或温升及铁损试验，检查铁芯片间绝缘有无短路以及铁芯发热情况，分析缺陷原因并及时处理。

11.10.3 发电机额定电压 6.3kV 及以上的系统，当发电机内部发生单相接地故障时，发电机单相接地故障电流最高允许值按制造厂的规定。

11.11　防止转子绕组接地故障

11.11.1 机组检修期间要对交直流励磁母线箱内进行清扫，对连接设备进行检查，机组投运前励磁系统绝缘应无异常变化。

11.11.2 当发电机转子回路发生接地故障时，应立即查明故障点与故障性质，如系稳定性的金属接地且无法排除故障时，应立即停机处理。

11.12 防止次同步谐振造成发电机损坏

11.12.1 应准确掌握有串联补偿电容器送出线路以及送出线路与直流换流站相连的汽轮发电机组轴系扭转振动频率，落实抑制和预防机组次同步谐振和振荡措施，装设机组轴系扭振保护装置，协助电网管理部门共同防止次同步谐振。

11.12.2 应做好机组轴系扭振保护装置（或监测装置）记录数据和机组轴系疲劳累计与状态分析，必要时进行检测评估，及时采取相应措施。

11.13 防止励磁系统故障造成发电机损坏

11.13.1 有进相运行工况的发电机，其低励限制的定值应在制造厂给定的容许值和保持发电机静稳定的范围内，并定期校验。

11.13.2 自动励磁调节器的过励限制和过励保护定值应在制造厂给定的容许值内和保持发电机静稳定的范围内，在投运前进行试验确定，并定期校验。

11.13.3 励磁调节器的自动通道发生故障时应及时修复并投入运行。严禁发电机在手动励磁调节（含按发电机或交流励磁机磁场电流的闭环调节）下长期运行。在手动励磁调节运行期间，调节发电机有功负荷时必须先适当调节发电机的无功负荷，以防止发电机失去静态稳定性。

11.13.4 更换电刷必须使用制造厂家指定的或经过试验适用的同一牌号电刷。运行中应坚持红外成像检测滑环及碳刷温度，及时调整，保证电刷接触良好；必要时检查集电环椭圆度，椭圆度超标时应处理；运行中碳刷打火应采取措施消除，不能消除时要尽快安排停机处理，一旦形成环火必须立即停机。

11.13.5 加强对励磁功率柜的日常巡视，根据设备所处环境的状况制定清扫通风孔滤网的周期，防止由于滤网堵塞引起的功率柜过热而导致的机组跳闸事故。

11.13.6 机组定期检修时，应对灭磁开关进行检查，触头接触压力、触头烧伤面积和烧伤深度应符合产品要求。

11.14 防止封闭母线故障导致发电机跳闸

11.14.1 机组安装、检修时，应对室外封闭母线密封情况重点检查，防止雨水、雪水、空冷岛冲洗水、空调冷凝水等侵入造成封闭母线故障。

11.14.2 机组安装、检修时，对封闭母线内部附属设施（如伴热带、密封条、电源线、互感器二次线等）检查维护，注意检查其布置和接线规范，绝缘距离足够，安装牢固，防止由于附属设施的原因导致封闭母线接地故障。

11.14.3 加强封闭母线微正压装置的运行管理。微正压装置的气源宜取用仪用压缩空气，应具有滤油、滤水（除湿）功能，定期进行封闭母线内空气湿度测量，保证充入封闭母线的气体清洁干燥。有条件时在封闭母线内安装空气湿度在线监测装置。

11.14.4 机组运行时，微正压装置可视气候条件（如北方冬季干燥）退出运行。机组停运时投入微正压装置，但必须保证输出的空气湿度满足在环境温度下不凝露。有条件的可加装热风保养装置，在机组启动前将其投入，母线绝缘正常后退出运行。

11.14.5 利用机组检修期间定期对封闭母线内绝缘子进行耐压试验、保压试验，如果保压试验不合格禁止投入运行，并在条件许可时进行清擦；主变压器低压侧与封闭母线连接的升高座应设置排污装置，定期检查是否堵塞，运行中定期检查是否存在积液；封闭母线护套回装后应采取可靠的防雨措施；机组大修时应检查支持绝缘子底座密封垫、盘式绝缘子密封垫、窥视孔密封垫和非金属伸缩节密封垫，如有老化变质现象，应及时更换。

11.14.6 机组检修期间，应对封闭母线支持绝缘子、盘式绝缘子进行检查，如绝缘子表面有裂纹、损坏及爬电等现象，应立即更换。同时对支持绝缘子进行认真调整，保证支持绝缘子的蘑菇形金具与母线充分可靠接触，防止运行中发生母线对蘑菇形金具放电。

11.14.7 定期开展封闭母线绝缘子清扫工作。根据当地的气候条件和设备特点等制定相应的检查、清扫周期。机组检修时，对封闭母线垂直段的盘式绝缘子积水、结露结冰、积污等进行检查，必要时进行清扫。

11.15 防止励磁变压器故障导致发电机跳闸

11.15.1 励磁变压器引线各部装配尺寸应符合设计要求。

11.15.2 励磁变压器低压绕组引出线裸露铜排（尤其是靠近铁芯拉板的铜排），应喷绝缘涂料或加装绝缘带、绝缘热缩套，防止短路故障。

11.15.3 励磁变压器绕组温度应上传至 DCS，实现励磁变压器温度在线监控报警。

11.15.4 励磁变压器外罩应能有效防止异物落入、小动物进入、进水短路等，做好预防措施。

11. 15. 5 定期进行励磁变压器运行温度、声音、湿度等巡点检工作，定期进行红外成像检测并做好记录，确保变压器温度、湿度及周边环境符合要求。

11. 15. 6 机组每次计划检修时，应对励磁变压器铁芯和线圈的固定夹件、绝缘垫块以及连接螺栓等进行检查紧固，防止铁芯线圈松动位移或零部件脱落引起短路故障，并确保变压器电缆、感温线和接地线等不得与高压绕组外表面接触碰磨，不得使用尼龙扎带固定。

11. 16 防止出线套管故障导致发电机跳闸

11. 16. 1 在发电机招标技术规范书中，应对发电机出线套管的选型提出具体要求。要求投标方书面说明配套套管的电气参数、结构型式、装配图纸以及可供招标方选择的制造商及其应用业绩，以供招标方最终选择。

11. 16. 2 套管选型应选择技术成熟有应用业绩的产品，不得存在无铭牌或贴牌情况，各电厂应建立详细的出线套管技术台账。

11. 16. 3 套管现场安装或更换前应按照规程要求单独进行相关试验检查，套管接线螺栓应按照厂家提供的力矩进行紧固，测量接触电阻符合要求。

11. 16. 4 发电机运行中应定期开展套管及其接头部位的温度检测。对于封闭在出线箱内不能直接监测的套管，可采取贴测温片或加装红外测温装置等措施进行检测。

11. 16. 5 发电机定期检修时，应对出线套管进行检查、清洁，氢冷套管要特别注意内部积油的检查和清理，并按照规程要求连同发电机定子绕组开展相关试验，必要时单独对套管进行试验检查。按照厂家说明书要求周期更换套管相关密封组件。

12 防止大型变压器损坏事故

12.1 防止出口短路事故

12.1.1 240MVA 及以下容量变压器应选用通过短路承受能力试验验证的产品；500kV 变压器和 240MVA 以上容量变压器，制造厂应提供同类产品突发短路试验报告或抗短路能力计算报告，计算报告应有相关理论和模型试验的技术支持。220kV 及以上电压等级变压器都应进行抗震计算。在设计联络会前，应取得所订购变压器的以上报告。

12.1.2 订购大型变压器时，应明确要求线圈采用半硬铜自粘换位导线。

12.1.3 变压器中、低压侧至配电装置采用电缆连接时，应采用单芯电缆；运行中的三相统包电缆应结合全寿命周期及运行情况进行逐步改造。

12.1.4 全电缆线路不应采用重合闸，对于含电缆的混合线路应根据电缆线路距离出口的位置、电缆线路的比例等实际情况采取停用重合闸等措施，防止变压器连续遭受短路冲击。

12.1.5 110kV 及以上电压等级变压器、50MVA 及以上容量机组高压厂用变压器受到短路冲击跳闸后，应开展油中溶解气体组分分析、直流电阻、绕组变形试验（频响法、低电压阻抗法）及其他诊断性试验，并与原始记录比较，判断变压器无故障后，方可投运。

12.1.6 220kV 及以上电压等级变压器受到近区或 70％以上额定短路电流冲击未跳闸时，应立即进行油中溶解气体组分分析，并加强跟踪，同时注意油中溶解气体组分数据的变化趋势，若发现异常，应进行局部放电带电检测，必要时安排停电进行低电压阻抗和频响法试验检查绕组变形情况，或局部放电试验，并组织分析。

12.1.7 根据系统容量变化及运行方式改变开展变压器抗短路能力的校核工作，对不满足要求的变压器，有选择的采取加装中性点小电抗、限流电抗器、改造或更换等措施。针对运行超过 15 年的 110kV 以上电压等级主变压器，应根据每年核算的主变压器可能出现的最大短路电流情况，综合设备的状态评价结果，对主变压器抗短路能力进行校核，对于最大短路电流超标的主变压器，应及时落实设备风险防控措施。

12.2　防止绝缘损坏事故

12.2.1 严寒地区的主变压器设计时应考虑低温环境的影响，采取必要的技术措施，以防寒冷季节变压器长时间停运导致变压器油的冷凝。

12.2.2 工厂试验时应将配套的套管安装在变压器上进行试验；密封性试验应将配套的散热器（冷却器）安装在变压器上进行试验；所有附件在出厂时均应按实际使用方式经过整体预装。

12.2.3 出厂局部放电试验测量电压为 $1.5U_m/\sqrt{3}$ 时，110kV（66kV）电压等级变压器高压侧的局部放电量不大于 100pC；220kV 及以上电压等级变压器高、中压端的局部放电量不大于 100pC，低压端的局部放电量不大于

300pC；330kV 及以上电压等级强迫油循环变压器应在油泵全部开启时（除备用油泵）进行局部放电试验，试验电压为 $1.3U_m/\sqrt{3}$，局部放电量应小于以上规定值。

12.2.4 生产厂家首次设计、新型号或有特殊运行要求的 220kV 及以上电压等级变压器在首批次生产系列中应进行例行试验、型式试验和特殊试验（承受短路能力的试验视实际情况而定）。

12.2.5 500kV 及以上电压等级并联电抗器的中性点电抗器出厂试验应进行短时感应耐压试验。

12.2.6 新安装和大修后的变压器应严格按照有关标准或厂家规定进行抽真空、真空注油和热油循环，真空度、抽真空时间、注油速度及热油循环时间、温度均应达到要求。对采用有载分接开关的变压器油箱应同时按要求抽真空，但应注意抽真空前应用连通管接通本体与开关油室。在进行真空油处理或油循环时，要防止真空滤油机（油泵）轴承磨损或滤网损坏导致金属粉末或异物进入变压器内。为防止真空度计水银倒灌进入设备中，禁止使用麦氏真空计。

12.2.7 变压器器身暴露在空气中的时间：空气相对湿度不大于 65% 为 16h、空气相对湿度不大于 75% 为 12h。对于分体运输、现场组装的变压器有条件时宜进行真空煤油气相干燥。

12.2.8 装有密封胶囊、隔膜或波纹管式储油柜的变压器，必须严格按照制造厂说明书规定的工艺要求进行注油，防止空气进入或漏油，并结合大修或停电对胶囊和隔膜、波纹管式储油柜的完好性进行检查。

12.2.9 充气运输的变压器运到现场后，必须密切监视气体压力，压力过低时（低于0.01MPa）要补充干燥气体。注油前，必须测定密封气体的压力，核查密封状况，必要时应进行检漏试验。现场放置时间超过3个月的变压器应注油保存，并装上储油柜，严防进水受潮。为防止变压器在安装和运行中进水受潮，套管顶部将军帽、储油柜顶部、套管升高座及其连管等处必须密封良好。

12.2.10 变压器新油应由厂家提供油中无腐蚀性硫、结构簇、糠醛及颗粒度报告。对500kV及以上电压等级的变压器还应提供T501等检测报告。新油运抵现场后，注入设备前必须用真空滤油设备进行过滤净化处理，应取样在化学和电气绝缘试验合格后，方能注入变压器内。

12.2.11 110kV（66kV）及以上电压等级变压器在运输过程中，应按照相应规范安装具有时标且有合适量程的三维冲击记录仪。变压器就位后，制造厂、运输部门、监理单位、用户四方人员应共同验收，记录纸和押运记录应提供用户留存。

12.2.12 110kV（66kV）及以上电压等级变压器、50MVA及以上容量机组高压厂用电变压器在出厂和投产前，应用频响法和低电压短路阻抗法测试绕组变形以留存原始记录。

12.2.13 110kV（66kV）及以上电压等级和120MVA及以上容量变压器在新安装时应进行现场局部放电试验；对110kV（66kV）电压等级变压器在新安装时应抽样进行额定电压下空载损耗试验和负载损耗试验；如有条件时，500kV并联电抗器在新安装时可进行现场局部放电试验。现场局部放电试验验收，应在所有额定运行油泵（如有）启动以及工厂试验电压和时间下，220kV及以上电压等级变压器放电量不大于100pC。

12.2.14 加强变压器运行巡视，应特别注意变压器冷却器潜油泵负压区出现的渗漏油，如果出现渗漏应尽快消除渗漏点。

12.2.15 对运行超过20年的薄绝缘、铝绕组变压器，不再对本体进行改造性大修，也不应进行迁移安装，应加强技术监督工作并安排更换。

12.2.16 对运行10年及以上的变压器必须进行一次油中糠醛含量测定，来判断绝缘老化程度，对于非正常老化的变压器应跟踪检测，必要时取纸样测定聚合度。

12.2.17 对运行中的油应严格执行有关标准，需要补充油时，补加油品的各项特性指标都应不低于设备内的油。不同油基的油原则上不得混合使用。

12.2.18 变压器检修时要对储油柜胶囊、隔膜和波纹管进行检查，必要时更换。

12.2.19 220kV及以上电压等级变压器拆装套管需内部接线或进人后，应进行现场局部放电试验。变压器在吊检和内部检查时应防止绝缘受伤。安装变压器穿缆式套管应防止引线扭结，不得过分用力吊拉引线。如引线过长或过短应查明原因予以处理。检修时严禁蹬踩引线和绝缘支架。

12.2.20 积极开展红外检测，新建、改扩建或大修后的变压器（电抗器），应在投运带负荷后不超过1个月内（但至少在24h以后）进行一次精确检测。220kV及以上电压等级变压器（电抗器）每年在夏季前后应至少各进行一次精确检测。在高温大负荷运行期间，对220kV及以上电压等级变压器（电抗器）应增加红外检测次数。精确检测的测量数据和图像应制作报告存档保存。

12.2.21 铁芯、夹件通过小套管引出接地的变压器，应将接地引线引至适当位置，以便在运行中监测接地线中有无环流，当运行中环流异常变化，应尽快查明原因，严重时应采取措施及时处理，电流一般控制在 100mA 以下，当铁芯多点接地而接地电流超过 100mA 又无法消除时，可在接地回路中串入限流电阻作为临时性措施，将电流限制在 300mA 左右，并加强监视。

12.2.22 应严格按照试验周期进行油色谱检验，油浸式主变压器应配置多组分油中溶解气体在线监测装置，装置应能实现数据远传和监控。气体在线监测参数有异常变化时，应立即取油样进行人工检测，并缩短试验周期，跟踪监视变化趋势。

12.2.23 大型强迫油循环风冷变压器在设备选型阶段，除考虑满足容量要求外，应增加对冷却器组冷却风扇通流能力的要求，以防止大型变压器在高温大负荷运行条件下，冷却器全投造成变压器内部油流过快，使变压器油与内部绝缘部件摩擦产生静电，油中带电发生变压器绝缘事故。

12.2.24 停运时间超过 6 个月的变压器在重新投入运行前，应按预试规程要求进行有关试验。

12.2.25 当变压器油温低于5℃时，不宜进行变压器绝缘试验，如需试验应对变压器进行加温（如热油循环等）。

12.2.26 油浸式变压器应根据季节变化、负荷变化、油温情况及时调整冷却器运行组数，避免出现油温过低或过高的情况。强迫油循环变压器的上层油温不宜低于 40℃。

12.2.27 110kV 及以上电压等级变压器油微水检测每年至少 2 次，应包括夏季高温时段和冬季低温时段，取样时应记录取样时间、环境温度及变压器上层油温，并注意历次检测结果的分析比较。

12.2.28 正常运行 10 年以上的油浸变压器（主变压器、高压厂用变压器），应组织相关人员对变压器的状态进行全面评估。必要时结合机组检修，对变压器进行一次内检或吊罩大修。

12.2.29 结合机组大修，严寒地区的主变压器应进行真空滤油和热油循环。

12.3 防止过热和直流偏磁导致事故

12.3.1 新变压器出厂前，应进行温升试验或不少于 4h 的 1.1 倍额定电流试验，确保变压器无局部过热情况。

12.3.2 220kV 及以上电压等级变压器应赴制造厂监造和验收，关键质量控制点应在合同中予以明确。特别注意检查线圈接头焊接或压接良好；检查铁芯无片间短路和多点接地情况；检查拉板、撑板与夹件的接触部位及其与螺栓接触部位无漆膜，接触良好；检查器身与油箱底部接触部位绝缘良好，无绝缘的要保证接触部位无漆膜，接触良好。监造验收工作结束后，监造人员应提交监造报告，并作为设备原始资料存档。

12.3.3 有中性点接地要求的变压器应在规划阶段提出直流偏磁抑制需求，在接地极 50km 内的中性点接地运行变压器应重点关注直流偏磁情况。110kV 及以上电压等级变压器配置直流抑制装置要求如下：

（1）若变压器运行中实测中性点直流偏磁电流超过允

许值，则应配置直流偏磁抑制装置；如未超过允许值，但变压器存在噪声、振动等异常情况，经技术评估认为有必要的，可配置直流偏磁抑制装置。

（2）对于新建/扩建主变压器，宜进行直流偏磁电流计算评估。若计算评估的直流偏磁电流超过允许值，则应配置直流偏磁抑制装置。

（3）对于可能受城市轨道交通（如地铁）影响的主变压器，经专题研究认为有必要时可配置直流偏磁抑制装置。

（4）新建室内变电站应预留直流偏磁抑制装置安装场地。

12.4　防止变压器保护事故

12.4.1　新安装的气体继电器必须经校验合格后方可使用；气体继电器应在真空注油完毕后再安装；瓦斯保护投运前必须对跳闸和信号回路进行传动试验。

12.4.2　变压器本体保护应加强防雨、防震措施，户外布置的压力释放阀、气体继电器和油流速动继电器应加装防雨罩。变压器停运后应检查气体继电器等防雨情况是否可靠，沿海地区还应注意接线端子及端子绝缘的盐雾腐蚀情况，发现问题及时处理。

12.4.3　变压器本体保护宜采用就地跳闸方式，即将变压器本体保护通过较大启动功率中间继电器的两对触点分别直接接入断路器的两个跳闸回路，减少电缆迂回带来的直流接地、对微机保护引入干扰和二次回路断线等不可靠因素。

12.4.4　变压器本体、有载分接开关的重瓦斯保护应投跳闸。若需退出重瓦斯保护，应预先制订安全措施，并经总工程师批准，限期恢复。

12.4.5 气体继电器应定期校验。当气体继电器发出轻瓦斯动作信号时，应立即检查气体继电器，对气体进行点燃法或可燃气体快速检测法进行判断，以判明气体成分，如含有可燃气体应立即停电。同时取油样、气样进行色谱分析，查明原因，查明原因及时排除。不宜从运行中的变压器气体继电器取气阀直接取气；未安装气体继电器采气盒的，宜结合变压器停电检修加装采气盒，采气盒应安装在便于取气的位置。

12.4.6 压力释放阀在交接和变压器大修时应进行校验。

12.4.7 运行中的变压器的冷却器油回路或通向储油柜的各阀门由关闭位置旋转至开启位置时，以及当油位计的油面异常升高或呼吸系统有异常现象，需要打开放油或放气阀门时，均应先将变压器重瓦斯保护退出改投信号。

12.4.8 变压器运行中，若需将气体继电器集气室的气体排出时，为防止误碰探针造成瓦斯保护跳闸，可将变压器重瓦斯保护切换为信号方式；排气结束后，再将重瓦斯保护恢复为跳闸方式。

12.4.9 吸湿器安装后，应保证呼吸顺畅且油杯内有可见气泡。寒冷地区的冬季，变压器本体及有载分接开关吸湿器硅胶受潮达到 2/3 时，应及时进行更换，避免因结冰融化导致变压器重瓦斯误动作。

12.4.10 变压器后备保护整定时间不应超过变压器短路承受能力试验承载短路电流的持续时间（2s）。

12.5 防止分接开关事故

12.5.1 新购有载分接开关的选择开关应有机械限位

功能，换流变压器束缚电阻应采用常接方式。

12.5.2　有载分接开关在安装时应按出厂说明书进行调试检查。要特别注意分接引线距离和固定状况、动静触头间的接触情况和操作机构指示位置的正确性。新安装的有载分接开关，应对切换程序与时间进行测试。

12.5.3　安装和检修时应检查无励磁分接开关的弹簧状况、触头表面镀层及接触情况、分接引线是否断裂及紧固件是否松动，机械指示到位后触头所处位置是否到位。

12.5.4　无励磁分接开关在改变分接位置后，必须测量使用分接的直流电阻和变比；有载分接开关检修后，应测量全分接的直流电阻和变比，合格后方可投运。

12.5.5　加强有载分接开关的运行维护管理。当开关动作次数或运行时间达到制造厂规定值时，应进行检修，并对开关的切换程序与时间进行测试。运行中分接开关油室内绝缘油，每 6 个月至 1 年或分接变换 2000～4000 次，至少采样 1 次进行微水及击穿电压试验。

12.6　防止套管事故

12.6.1　新套管供应商应提供型式试验报告，用户必须存有套管将军帽结构图。

12.6.2　检修时当套管水平存放，安装就位后，带电前必须进行静放，其中 330kV 及以上电压等级套管静放时间应大于 36h，110～220kV 套管静放时间应大于 24h。事故抢修所装上的套管，投运后的 3 个月内，应取油样进行一次油中溶解气体色谱分析。

12.6.3　如套管的伞裙间距低于规定标准，应采取加硅橡胶伞裙套等措施，在严重污秽地区运行的变压器，可考虑在瓷套涂防污闪涂料等措施。

12.6.4 作为备品的 110kV（66kV）及以上套管，应竖直放置。如水平存放，其抬高角度应符合制造厂要求，以防止电容心子露出油面受潮。对水平放置保存期超过一年的 110kV（66kV）及以上套管，当不能确保电容心子全部浸没在油面以下时，安装前应进行局部放电试验、额定电压下的介损试验和油中溶解气体色谱分析。

12.6.5 安装在变压器和电抗器上的高压套管，应在投运后首次停运时对套管进行油色谱分析（有特殊要求的或不能取油样的除外）。

12.6.6 油纸电容套管在最低环境温度下不应出现负压，应避免频繁取油样分析而造成其负压。运行人员正常巡视应检查记录套管油位情况，注意保持套管油位正常。

12.6.7 运行中变压器套管油位视窗无法看清时，在继续运行过程中应按周期结合红外成像技术掌握套管内部油位变化情况，防止套管事故发生。

12.6.8 主变压器大电流型低压套管，运行中要注意漏油检查，发现有渗漏油时，应及时处理。

12.6.9 套管均压环应采用单独的紧固螺栓，禁止紧固螺栓与密封螺栓共用，禁止密封螺栓上、下两道密封共用。

12.6.10 套管引线要定期进行远红外成像测试，检查套管引出线联板的发热情况及油位，防止因接触不良导致引线过热或缺油引起的套管故障。

12.6.11 加强套管末屏接地检测、检修及运行维护管理，试验结束恢复末屏后应确认接地良好。变压器高压套管末屏禁止加装在线检测装置。

12.7 防止冷却系统事故

12.7.1 优先选用自然油循环风冷或自冷方式的变压器。

12.7.2 潜油泵的轴承应采取 E 级或 D 级，禁止使用无铭牌、无级别的轴承。对强油导向油循环的变压器，油泵应选用转速不大于 1500r/min 的低速油泵，对运行中转速大于 1500r/min 的潜油泵应进行更换。

12.7.3 对强油循环的变压器，在按规定程序开启所有油泵（包括备用）后整个冷却装置上不应出现负压。

12.7.4 强油循环的冷却系统必须配置两个相互独立的电源，并具备自动切换功能。两个独立电源应定期进行切换试验，有关信号装置应齐全可靠。电源控制回路应具有变压器内部故障跳闸后潜油泵同时退出运行的功能。

12.7.5 变压器冷却系统的工作电源应有三相电压监测，任一相故障失电时，应保证自动切换至备用电源供电。

12.7.6 新建或扩建变压器一般不采用水冷方式。对特殊场合必须采用水冷却方式的，应采用双层铜管冷却系统。

12.7.7 对目前正在使用的单铜管水冷却变压器，应始终保持油压大于水压，并加强运行维护工作，同时应采取有效的运行监视方法，及时发现冷却系统泄漏故障。

12.7.8 严寒地区的强油循环冷却系统，应考虑在冬季启动潜油泵时可单独停用冷却风扇的措施，以避免油温过低。

12.7.9 强油循环结构的潜油泵启动时应采取逐台启用的方式，间隔应在 30s 以上，以防止气体继电器误动。

12.7.10 对于盘式电机油泵，应注意定子和转子的间隙调整，防止铁芯的平面摩擦。运行中如出现过热、振动、杂音及严重漏油等异常时，应安排停运检修。

12.7.11 为保证冷却效果，管状结构变压器冷却器每年应进行 1～2 次冲洗，并宜安排在大负荷来临前进行。

12.7.12 冷却器控制箱直接安装于电缆沟上方的，应做好下部封堵，防止沟内潮气进入箱内凝露。应保证控制箱通风，箱内应有驱潮防潮装置。

12.7.13 注意强油循环冷却器的防腐工作，发现冷却器散热片出现锈迹时，应及时处理。

12.8　防止变压器火灾事故

12.8.1 按照有关规定完善变压器的消防设施，并加强维护管理，重点防止变压器着火时的事故扩大。

12.8.2 采用排油注氮保护装置的变压器应采用具有联动功能的双浮球结构的气体继电器。

12.8.3 排油注氮保护装置应满足：

（1）排油注氮启动（触发）功率应大于 $220V \times 5A$ （DC）。

（2）注油阀动作线圈功率应大于 $220V \times 6A$ （DC）。

（3）注氮阀与排油阀间应设有机械联锁阀门。

（4）动作逻辑关系应满足本体重瓦斯保护、主变压器断路器跳闸、油箱超压开关（火灾探测器）同时动作时才能启动排油充氮保护。

12.8.4 排油注氮保护装置的变压器本体储油柜与气体继电器间应增设断流阀，以防储油柜中的油下泄而造成火灾扩大。

12.8.5 水喷淋动作功率应大于 8W，其动作逻辑关系应满足变压器超温保护与变压器断路器跳闸同时动作。

12.8.6 应结合例行试验检修，定期对灭火装置进行维护和检查，以防止误动和拒动。

12.8.7 现场进行变压器干燥时，应做好防火措施，防止加热系统故障或线圈过热烧损。

12.8.8 变压器降噪设施不得影响消防功能，应能保证灭火时，外部消防水、泡沫等灭火剂可以直接喷向起火的变压器。

13 防止 GIS、开关设备事故

13.1 防止 GIS (HGIS)、六氟化硫断路器事故

13.1.1 加强对 GIS、六氟化硫断路器的选型、订货、安装调试、验收及投运的全过程管理。应选择具有良好运行业绩和成熟制造经验生产厂家的产品。

13.1.2 新订货断路器应优先选用弹簧机构、液压机构（包括弹簧储能液压机构）。

13.1.3 GIS 在设计过程中应特别注意气室的划分，避免某处故障后劣化的六氟化硫气体造成 GIS 的其他带电部位的闪络，同时也应考虑检修维护的便捷性，保证最大气室气体量不超过 8h 的气体处理设备的处理能力。220kV 及以下电压等级设备单个气室长度不超过 15m，且单个主母线气室对应间隔不超过 3 个。双母线结构的GIS，同一间隔的不同母线隔离开关应各自设置独立隔室。220kV 及以上电压等级 GIS 母线隔离开关禁止采用与母线共隔室的设计结构。盆式绝缘子应尽量避免水平布置。

13.1.4 GIS、六氟化硫断路器设备内部的绝缘操作杆、盆式绝缘子、支撑绝缘子等部件必须经过局部放电试验方可装配，要求在试验电压下单个绝缘件的局部放电量不大于 3pC。GIS 断路器内部辅助绝缘拉杆必须经耐压试验通过后方可装配。

13.1.5 断路器、隔离开关和接地开关出厂试验时应进行不少于 200 次的机械操作试验，以保证触头充分磨

189

合。200 次操作完成后应彻底清洁壳体内部，再进行其他出厂试验。

13.1.6 对于新安装的断路器，六氟化硫密度继电器与开关设备本体之间的连接方式应满足不拆卸校验密度继电器的要求。密度继电器应装设在与断路器或 GIS 本体同一运行环境温度的位置，以保证其报警、闭锁触点正确动作。220kV 及以上电压等级 GIS 分箱结构的断路器每相应安装独立的密度继电器。户外安装的密度继电器应设置防雨罩，密度继电器防雨箱（罩）应能将表、控制电缆接线端子一起放入，防止指示表、控制电缆接线盒和充放气接口进水受潮。压力表计应朝向巡视通道。

13.1.7 为便于试验和检修，新建 GIS 的母线避雷器和电压互感器、电缆进线间隔的避雷器、线路电压互感器应设置独立的隔离开关或隔离断口；架空进线的 GIS 线路间隔的避雷器和线路电压互感器宜采用外置结构。

13.1.8 新建 220kV 及以下电压等级的机组并网断路器应采用三相机械联动式结构，已投运的非三相机械联动的机组并网断路器配备的三相位置不一致保护应启动失灵保护。每次解并列操作后应检查三相电流及就地机械指示情况。结合预防性试验定期对断路器操作机构及同期特性进行检查与测试。对相间连杆采用转动、链条传动方式设计的三相机械联动隔离开关，应在从动相同时安装分/合闸指示器。

13.1.9 机组并网断路器宜在并网断路器与机组侧隔离开关间装设带电显示装置，在并网操作时先合入并网断路器的母线侧隔离开关，确认装设的带电显示装置显示无电时方可合入并网断路器的机组/主变压器侧隔离开关。

13.1.10 用于低温（最低温度为－30℃及以下）、重污秽 e 级或沿海 d 级地区的 220kV 及以下电压等级 GIS，宜采用户内安装方式。

13.1.11 开关设备机构箱、汇控箱内应有完善的驱潮防潮装置，防止凝露造成二次设备损坏。

13.1.12 室内或地下布置的 GIS、六氟化硫开关设备室，应配置相应的六氟化硫泄漏检测报警、强力通风及氧含量检测系统。

13.1.13 GIS、罐式断路器及 500kV 及以上电压等级柱式断路器现场安装过程中，必须采取有效的防尘措施，如移动防尘帐篷等，GIS 的孔、盖、对接口处等打开时，必须使用防尘罩进行封盖。安装现场环境太差、尘土较多或相邻部分正在进行土建施工等情况下，或作业区相对湿度大于 80%、阴雨天气时，严禁开展 GIS 清理、检查、装配工作。作业人员进入罐体内安装时，必须穿着专用洁净防尘服，带入罐内的工具及用品必须清洁。气室在封闭前应由验收人员检查确认。

13.1.14 六氟化硫开关设备现场安装过程中，在进行抽真空处理时，应采用出口带有电磁阀的真空处理设备，且在使用前应检查电磁阀动作可靠，防止抽真空设备意外断电造成真空泵油倒灌进入设备内部。并且在真空处理结束后应检查抽真空管的滤芯有无油渍。为防止真空度计水银倒灌进行设备中，禁止使用麦氏真空计。

13.1.15 GIS 安装过程中必须对导体插接情况进行检查，按插接深度标线插接到位，特别对可调整的伸缩节及电缆连接处的导体连接情况应重点检查，且回路电阻测试合格。

13.1.16 伸缩节安装完成后，应根据生产厂家提供的"伸缩节（状态）伸缩量—环境温度"对应参数明细表等技术资料进行调整和验收。

13.1.17 GIS穿墙壳体与墙体间应采取防护措施，穿墙部位采用非腐蚀性、非导磁性材料进行封堵，墙外侧做好防水措施。

13.1.18 垂直安装的二次电缆槽盒应从底部单独支撑固定，且通风良好，水平安装的二次电缆槽盒应有低位排水措施。

13.1.19 严格按有关规定对新装GIS、罐式断路器进行现场耐压，耐压过程中应进行局部放电检测，有条件时可对GIS设备进行现场冲击耐压试验。GIS出厂试验、现场交接耐压试验中，如发生放电现象，不管是否为自恢复放电，均应解体或开盖检查、查找放电部位。对发现绝缘损伤或有闪络痕迹的绝缘部件均应进行更换。

13.1.20 断路器安装后必须对其二次回路中的防跳继电器、非全相继电器进行传动，并保证在模拟手合于故障条件下，断路器不会发生跳跃现象。

13.1.21 加强断路器合闸电阻的检测和试验，防止断路器合闸电阻缺陷引发故障。在断路器产品出厂试验、交接试验及例行试验中，应对断路器主触头与合闸电阻触头的时间配合关系进行测试，有条件时应测量合闸电阻的阻值。断路器分闸回路不应采用RC加速设计。已投运断路器分闸回路采用RC加速设计的，应随设备换型进行改造。

13.1.22 六氟化硫气体必须经六氟化硫气体质量监督管理中心抽检合格，并出具检测报告后方可使用。

13.1.23 安装或解体检修后，六氟化硫气体注入设备首次投运前（充气24h以后）必须进行湿度试验，且应对设备内气体进行六氟化硫纯度和空气含量检测，必要时进行气体成分分析。六氟化硫断路器设备应按有关规定进行微水含量和泄漏的检测；密度继电器及压力表要结合大、小修定期校验。

13.1.24 应加强运行中 GIS 和罐式断路器的带电局放检测工作。在大修后应进行局放检测，在大负荷前、经受短路电流冲击后，或必要时进行局放检测。对于局放量异常的设备，应同时结合六氟化硫气体分解物检测情况进行综合分析和判断。

13.1.25 为防止运行断路器绝缘拉杆断裂造成拒动，应定期检查分合闸缓冲器，防止由于缓冲器性能不良使绝缘拉杆在传动过程中受冲击，同时应加强监视分合闸指示器与绝缘拉杆相连的运动部件相对位置有无变化，或定期进行合、分闸行程曲线测试。对于采用"螺旋式"连接结构绝缘拉杆的断路器应进行改造，在未进行彻底改造前（包括已使用旋转法兰的），必须在拉杆能够观察到的部位标画明显的相对转动位置标记，设备操作后应现场进行检查相对标记有无变化。

13.1.26 当断路器液压机构突然失压时应申请停电处理。在设备停电前，严禁人为启动油泵，防止断路器慢分。

13.1.27 对气动机构应加装汽水分离装置和排污装置，定期清扫防尘罩、空气过滤器、排放储气罐内积水，做好空气压缩机的累计起动时间记录，对超过规定打压时间的压缩机系统应采取措施处理。对液压机构应注意液压油油质的变化，应定期检查回路有无渗油现象，做好油泵累计起动时间记录，必要时应及时滤油或换油。对运行中液压机构进行排气时，要做好相关防止跑油措施，有条件时宜增加自动排气装置。

13.1.28　加强开关设备外绝缘的清扫或采取相应的防污闪措施，当并网断路器断口外绝缘积雪、严重积污时不得进行启机并网操作。凡爬距不满足或裕度小的开关，应避开大雾天气并网。

13.1.29　断路器大修时，应检查液压（气动）机构分、合闸阀的阀针脱机装置是否松动或变形，防止由于阀针松动或变形造成断路器拒动。

13.1.30　弹簧机构断路器应定期进行机械特性试验，测试其行程曲线是否符合厂家标准曲线要求。

13.1.31　对处于严寒地区、运行 10 年以上的罐式断路器，应结合例行试验检查瓷质套管法兰浇装部位防水层是否完好，必要时应重新复涂防水胶。

13.1.32　加强断路器操作机构的检查维护，保证机构箱密封良好，防雨、防尘、通风、防潮等性能良好，并保持内部干燥清洁。

13.1.33　加强辅助开关的检查维护，防止由于辅助触点腐蚀、松动变位、转换不灵活、切换不可靠等原因造成开关设备拒动。

13.1.34　对于新订购的 GIS 隔离开关宜加装断口观察孔，传动机构加装机械指示牌。已运行的 GIS 无隔离开关观察孔无法确认触头实际位置的，应在隔离开关传动机构上能够准确反映分、合闸状态的位置进行划线标识，必要时搭设固定观察确认平台。

13.1.35　新安装和气室解体检修后的 GIS 设备，首次投运后 2 个月内应进行带电局部放电检测。对于局放量异常的设备，应进行六氟化硫气体分解物检测，综合分析和判断设备有异常时，应停运检查。

13.1.36 新建 220kV 及以上电压等级 GIS 宜加装内置局部放电传感器。

13.1.37 新安装和气室解体检修后的 GIS 设备、罐式断路器投运 3 个月、6 个月、12 个月应分别进行 1 次 SF_6 气体分解物检测；投运一年后，500kV 及以上电压等级 GIS 设备、罐式断路器设备每年检测 1 次，110～330kV GIS 设备、罐式断路器设备每 2～3 年检测 1 次。

13.1.38 设备有异常声响或强烈电磁振动响声时、局部放电检测异常时等，应及时对相关气室进行气体分解物检测。GIS 中的避雷器过电压动作后，应进行全电流/阻性电流检查，可进行避雷器气室气体分解物检测。

13.1.39 对 GIS 设备的安装基础结合实际情况进行沉降监测，防止因沉降造成法兰泄漏。

13.1.40 GIS 设备设计时应预测隔离开关开合管线产生的 VFTO。当 VFTO 会损坏绝缘时，宜避免引起危险的操作方式或在隔离开关加装阻尼电阻。

13.1.41 根据可能出现的系统最大负荷运行方式，每年应核算开关设备安装地点的开断容量，并采取措施防止由于开断容量不足而造成开关设备烧损或爆炸。

13.1.42 GIS 设备吸附剂装置必须具有可靠的防脱落措施，满足承受断路器、隔离刀闸分合闸操作冲击要求。

13.1.43 新投的分相弹簧机构断路器的防跳继电器、非全相继电器不应安装在机构箱内，应装在独立的汇控箱内。

13.2 防止敞开式隔离开关、接地开关事故

13.2.1 220kV 及以上电压等级隔离开关和接地开关在制造厂必须进行全面组装，调整好各部件的尺寸，并做好相应的标记。新安装的垂直剪刀式隔离开关，触头接触深度应考虑留有裕量，防止母线下垂后，挤压隔离开关；水平伸缩式户外高压隔离刀闸动静触头在合闸位置时，上、下导电杆应处于同一水平线，确保动静触头足够夹紧力，并定期进行红外成像监测。

13.2.2 隔离开关与其所配装的接地开关间应配有可靠的机械闭锁，机械闭锁应有足够的强度。

13.2.3 同一间隔内的多台隔离开关的电机电源，在端子箱内必须分别设置独立的开断设备。操动机构内应装设一套能可靠切断电动机电源的过载保护装置。电机电源消失时，控制回路应解除自保持。

13.2.4 应在隔离开关绝缘子金属法兰与瓷件的浇装部位涂以性能良好的防水密封胶。检修时应检查瓷绝缘子胶装部位防水密封胶完好性，必要时复涂防水密封胶。

13.2.5 新安装或检修后的隔离开关必须进行导电回路电阻测试。

13.2.6 新安装的隔离开关手动操作力矩应满足相关技术要求。

13.2.7 加强对隔离开关导电部分、转动部分、操作机构、瓷绝缘子及电气闭锁装置等的检查，防止机械卡涩、触头过热、绝缘子断裂等故障的发生。隔离开关各运动部位用润滑脂宜采用性能良好的二硫化钼锂基润滑脂。

13.2.8 为预防 GW6 型等类似结构的隔离开关运行

中"自动脱落分闸"，在检修中应检查操作机构蜗轮、蜗杆的啮合情况，确认没有倒转现象；检查并确认隔离开关主拐臂调整应过死点；检查平衡弹簧的张力应合适。

13.2.9　在运行巡视时，应注意隔离开关、母线支柱绝缘子瓷件及法兰无裂纹，夜间巡视时应注意瓷件无异常电晕现象。在进行检修等工作时，应重点检查纯瓷瓷柱法兰铸件与瓷套结合处，避免出现瓷柱断裂。

13.2.10　隔离开关倒闸操作，应尽量采用电动操作，并远离隔离开关，操作过程中应严格监视隔离开关动作情况，如发现卡滞应停止操作并进行处理，严禁强行操作。合闸操作时，应确保合闸到位，伸缩式隔离开关应检查驱动拐臂过"死点"。

13.2.11　定期用红外测温设备检查隔离开关设备的接头、导电部分，特别是在重负荷或高温期间，应加强对运行设备温升的监视，发现问题应及时采取措施。

13.2.12　新安装的隔离开关，中间法兰和根部应进行无损探伤。运行 10 年以上的隔离开关，每 5 年对隔离开关中间法兰和根部应进行无损探伤。

13.2.13　对相间连杆采用转动、链条传动方式设计的三相机械联动隔离开关，应在从动相同时安装分/合闸指示器。

13.3　防止开关柜事故

13.3.1　高压开关柜应优先选择 LSC2 类（具备运行连续性功能）、"五防"功能完备的加强绝缘型产品，其外绝缘应满足以下条件：

空气绝缘净距离：不小于 125mm（12kV 相间和对地），不小于 155mm（12kV 带电体至门），不小于 300mm

（40.5kV 相间和对地），不小于 330mm（40.5kV 带电体至门）。

最小标称统一爬电比距：不小于×18mm/kV（对瓷质绝缘），不小于×20mm/kV（对有机绝缘）。新安装开关柜禁止使用绝缘隔板。即使母线加装绝缘护套和热缩绝缘材料，也应满足空气绝缘净距离要求。

如采用热缩套包裹导体结构，则该部位必须满足上述空气绝缘净距离要求；如开关柜采用复合绝缘或固体绝缘封装等可靠技术，可适当降低其绝缘距离要求。

13.3.2 开关柜应选用 IAC 级（内部故障级别）产品，制造厂应提供相应型式试验报告（报告中附试验试品照片）。选用开关柜时应确认其母线室、断路器室、电缆室相互独立，且均通过相应内部燃弧试验，内部故障电弧允许持续时间应不小于 0.5s，试验电流为额定短时耐受电流，对于额定短路开断电流 31.5kA 以上产品可按照 31.5kA 进行内部故障电弧试验。封闭式开关柜必须设置压力释放通道。

13.3.3 开关柜内避雷器、电压互感器等设备应经隔离开关（或隔离手车）与母线相连，严禁与母线直接连接。其前面板模拟显示图必须与其内部接线一致，开关柜可触及隔室、不可触及隔室、活门和机构等关键部位在出厂时应设置明显的安全警告、警示标识。活门机构应选用可独立锁止的结构，防止检修时人员失误打开活门。

13.3.4 高压开关柜内的绝缘件（如绝缘子、套管、隔板和触头罩等）应采用阻燃绝缘材料。开关柜内母线及各引接线带电部分宜采用交联聚乙烯或硅橡胶绝缘护套全部包封，或加装绝缘隔板。

13.3.5 应在开关柜配电室配置通风、除湿防潮设备，防止凝露导致绝缘事故。配电室内环境温度超过5～30℃范围，应配置空调等有效的调温设施；室内日最大相对湿度超过95％或月最大相对湿度超过75％时，应配置除湿机或空调。配电室排风机控制开关应在室外。

13.3.6 开关柜中所有绝缘件装配前均应进行局放检测，单个绝缘件局部放电量不大于3pC。

13.3.7 24kV及以上电压等级开关柜内的穿柜套管、触头盒应采用双屏蔽结构，其等电位连线（均压环）应长度适中，并与母线及部件内壁可靠连接。

13.3.8 额定电流1600A及以上容量开关柜应在主导电回路周边采取有效隔磁措施。

13.3.9 开关柜的观察窗应使用机械强度与外壳相当、内有接地屏蔽网的钢化玻璃遮板，并通过开关柜内部燃弧试验。玻璃遮板应安装牢固，且满足运行时观察分/合闸位置、储能指示等需要。

13.3.10 高压开关柜在安装后应对其一、二次电缆进线处采取有效封堵措施。

13.3.11 为防止开关柜火灾蔓延，在开关柜的柜间、母线室之间及与本柜其他功能隔室之间应采取有效的封堵隔离措施。

13.3.12 高压开关柜应检查泄压通道或压力释放装置，确保与设计图纸保持一致。

13.3.13 手车开关每次推入柜内之前，必须检查开关设备的位置，杜绝合闸位置推入手车。手车开关每次推入柜内后，应保证手车到位和隔离插头接触良好。手车柜操作进出柜时应保持平稳，防止猛烈撞击。新建机组开关柜设备安装后，应监督安装单位或制造厂测量开关在工作位置时一次动插头的插入深度，并进行验收。在机组大修期间，要对开关一次插头弹簧进行检查，对插头插入深度进行测量。在开关变换间隔时，应检查一次插头的插入深度满足要求。

13.3.14 定期开展超声波局部放电检测、暂态地电压检测，及早发现开关柜内绝缘缺陷，防止由开关柜内部局部放电演变成短路故障。

13.3.15 开展开关柜温度检测，对温度异常的开关柜强化监测、分析和处理，防止导电回路过热引发的柜内短路故障。

13.3.16 加强带电显示闭锁装置的运行维护，保证其与柜门间强制闭锁的运行可靠性。防误操作闭锁装置或带电显示装置失灵应作为严重缺陷尽快予以消除。

13.3.17 加强高压开关柜巡视检查和状态评估，对操作频繁的开关柜要适当缩短巡检和维护周期。

13.3.18 定期对手车开关本体上销杆（用于开启柜内的防护挡板）进行宏观检查，必要时进行探伤检查，防止压杆断裂，防护挡板落下造成三相短路。

13.3.19 开关柜（配电盘）要做好防漏水、防小动物、防异物等防短路故障措施，并定期检查措施的有效性。

14　防止电力补偿设备损坏事故

14.1　防止电容器损坏事故

14.1.1　串联电容器应采用双套管结构。

14.1.2　电容器绝缘介质的平均电场强度不宜高于 57kV/mm。

14.1.3　单只电容器的耐爆容量应不小于 15kJ，若采用串并结构，电容器的同一串段并联数量应考虑电容器的耐爆能力，一个串段不应超过 3900kvar。

14.1.4　电容器端子间或端子与汇流母线间的连接，应采用带绝缘护套的软铜线。

14.1.5　同一型号产品必须提供耐久性试验报告。对每一批次产品，制造厂需提供能覆盖此批次产品的耐久性试验报告。

14.1.6　生产厂家应在出厂试验报告中提供每台电容器的脉冲电流法局部放电试验数据，放电量应不大于 50pC。

14.1.7　电容器例行试验要求定期进行电容器组单台电容器电容量的测量，应使用不拆连接线的测量方法，避免因拆装连接线条件下导致套管受力而发生套管漏油的故障。

14.1.8　对于内熔丝电容器，当电容量减少超过铭牌标注电容量的 3％时，应退出运行；对于无内熔丝的电容器，一旦发现电容量增大超过一个串段击穿所引起的电容量增大，应立即退出运行。

14.1.9 电容器组过电压保护用金属氧化物避雷器接线方式应采用星形接线，中性点直接接地方式。金属氧化物避雷器应安装在紧靠电容器组高压侧入口处位置。选用电容器组用金属氧化物避雷器时，应充分考虑其通流容量的要求。

14.1.10 采用电容器成套装置及集合式电容器时，应要求厂家提供保护计算方法和保护整定值。

14.1.11 电容器组安装时应尽可能降低初始不平衡度，保护定值应根据电容器内部元件串并联情况进行计算确定。500kV 变电站电容器组各相差压保护定值不应超过0.8V，护整定时间不宜大于 0.1s。

14.1.12 加强并联电容器装置用断路器（包括负荷开关等其他投切装置）的选型管理工作。所选用断路器型式试验项目必须包含投切电容器组试验。断路器必须为适合频繁操作且开断时重燃率极低的产品。如选用真空断路器，则应在出厂前进行高压大电流老炼处理，厂家应提供断路器整体老炼试验报告。

14.1.13 并联电容器装置用断路器交接和大修后应对真空断路器的合闸弹跳和分闸反弹进行检测。12kV 真空断路器合闸弹跳时间应小于 2ms，40.5kV 真空断路器小于 3ms；分闸反弹幅值应小于断口间距的 20%。一旦发现断路器弹跳、反弹过大，应及时调整。

14.2 防止电抗器损坏事故

14.2.1 35kV 及以下电压等级户内串联电抗器应选用干式铁芯或油浸式电抗器。户外串联电抗器应优先选用干式空心电抗器，当户外安装环境受限而无法采用干式空心电抗器时，应选用油浸式电抗器。

14.2.2 并联电容器用串联电抗器电抗率应根据并联电容器装置接入电网处的背景谐波含量的测量值选择，避免同谐波发生谐振或谐波过度放大。已配置抑制谐波用串联电抗器的电容器组，禁止减少电容器运行。

14.2.3 新安装的干式空心串联电抗器不应采用叠装结构，已采用叠装结构的干式空心串联电抗器，应采取有效措施防止电抗器单相事故发展为相间事故。

14.2.4 干式空心串联电抗器应安装在电容器组首端。在系统短路电流大的安装点，设计时应校核其动、热稳定性。

14.2.5 户外装设的干式空心电抗器，包封外表面应有防污和防紫外线措施。电抗器外露金属部位应有良好的防腐蚀涂层。

14.2.6 新安装的 35kV 及以上电压等级干式空心并联电抗器，产品结构应具有防鸟、防雨功能。

14.2.7 干式空心电抗器下方接地线不应构成闭合回路，围栏采用金属材料时，金属围栏禁止连接成闭合回路，应有明显的隔离断开段，并不应通过接地线构成闭合回路。

14.2.8 室内宜选用铁芯电抗器。干式铁芯电抗器户内安装时，应做好防振动及防磁场干扰措施。

14.2.9 干式空心电抗器出厂应进行匝间耐压试验。干式空心电抗器交接时，具备试验条件时应进行匝间耐压试验。

14.3 防止无功补偿装置（SVC、SVG）损坏事故

14.3.1 SVC 晶闸管电压和电流的裕度不小于额定运行参数的 2.2 倍。

14.3.2 SVC 晶闸管串联个数的冗余度应不小于 10%。

14.3.3 阀体的结构设计、布局应留有合理的维护检修通道。

14.3.4 SVG 装置在功率模块选型时，IGBT 模块阻断电压（VCES）应大于功率模块关断过电压、额定直流电压及电压最大波动之和。

14.3.5 功率模块中的板卡应喷涂三防漆，恶劣环境下需要考虑涂胶或者密封处理。

14.3.6 功率模块的直流电容器应采用干式薄膜电容器。IGBT 模块应具备 IGBT 测温功能。

14.3.7 无功补偿装置的备用光纤数量应大于使用光纤的 20%。

14.3.8 SVC 装置监控系统应能及时鉴别出任意一个发生故障、损坏的元件，晶闸管阀组应便于元件更换。

14.3.9 无功补偿装置水冷系统散热设计应考虑极端温度运行环境下满载输出的散热要求。

14.3.10 在低温地区，无功补偿装置水冷系统应考虑防冻设计。

14.3.11 新投运 SVG 装置应采用全封闭空调制冷或全封闭水冷散热方式。

14.3.12 无功补偿装置本体电缆夹层或穿管应采取封堵措施。

14.3.13 无功补偿装置交接验收应按设计要求进行，控制系统应进行各种工况下的模拟试验，各类脉冲信号发出及接收必须保持功能正常。

14.3.14 交接验收时，对无功补偿装置通信光纤应进行光功率损耗的检测，光纤损耗不应超过 3dB。

14.3.15 SVG 装置主回路在工作状态下禁止断开风扇和散热系统电源。

14.3.16 无功补偿装置投运后，应在运行一至两年内，进行一次光纤和驱动板卡的光口功率检查，对比调试、投运验收时的光功率损耗检查表，对下降趋势较明显的光纤进行更换。

14.3.17 对采用外循环直通风方式的装置，应每半年进行滤网及功率模块的清扫和散热轴流风机例行维护检查，环境恶劣时应缩短周期。功率柜滤网应采用可不停电更换型，SVG 室或箱体风道与墙体/箱体、门窗与墙体/箱体应采取密封措施。

15 防止互感器损坏事故

15.1 防止油浸式互感器事故

15.1.1 油浸式互感器应选用带金属膨胀器微正压结构型式。生产厂家应根据设备运行环境最高和最低温度核算膨胀器的容量，并应留有一定裕度；膨胀器外罩应标注清晰耐久的最高（MAX）、最低（MIN）油位线及20℃的标准油位线，油位观察窗应选用具有耐老化、透明度高的材料进行制造。

15.1.2 所选用电流互感器的动热稳定性能应满足安装地点系统短路容量的要求，一次绕组串联时也应满足安装地点系统短路容量的要求。

15.1.3 电容式电压互感器的中间变压器高压侧不应装设金属氧化物避雷器（MOA）。

15.1.4 110（66）kV 及以上电压等级电压互感器在出厂试验时，局部放电试验的测量时间延长到5min。

15.1.5 对电容式电压互感器应要求制造厂在出厂时进行 0.8、1.0、$1.2U_n$ 及 $1.5U_n$ 的铁磁谐振试验（注：U_n 指额定一次相电压，下同）。

15.1.6 电磁式电压互感器在交接试验时，应进行空载电流测量。励磁特性的拐点电压应大 $1.5U_m/\sqrt{3}$（中性点有效接地系统）或 $1.9U_m/\sqrt{3}$（中性点非有效接地系统）。

15.1.7 电流互感器的一次接线端子所受的机械力不应超过制造厂规定的允许值，其等电位连接必须牢固可靠，且端子之间应保持足够的电气距离。二次引线端子应有防转动措施，防止外部操作造成内部引线扭断。

15.1.8 已安装完成的互感器若长期未带电运行（110kV 及以上大于半年，35kV 及以下一年以上），在投运前应按照《输变电设备状态检修试验规程》（DL/T 393）进行例行试验。

15.1.9 在交接试验时，对 110kV（66kV）及以上电压等级油浸式电流互感器，应逐台进行交流耐受电压试验，交流耐压试验前后应进行油中溶解气体分析。油浸式设备在交流耐压试验前要保证静置时间，110kV（66kV）设备静置时间不小于 24h、220kV 设备静置时间不小于 48h、330kV 和 500kV 及以上电压等级设备静置时间不小于 72h。试验前后应进行油中溶解气体对比分析。

15.1.10 对于 220kV 及以上等级的电容式电压互感器（CVT），其耦合电容器部分是分成多节的，安装时必须按照出厂时的编号以及上下顺序进行安装，严禁互换。如其中一节出现问题不能使用，应整套 CVT 返厂或修理，出厂时应进行全套出厂试验，一般不允许在现场调配单节或多节电容器。在特殊情况下必须现场更换其中的单节或多节电容器时，必须对该 CVT 进行角差、比差校验。

15.1.11 电流互感器运输应严格遵照设备技术规范和制造厂要求，220kV 及以上电压等级互感器运输应在每台产品（或每辆运输车）上安装冲撞记录仪，设备运抵现场后应检查确认，记录数值超过 5g 的，应经评估确认互感器是否需要返厂检查。

15.1.12 电流互感器一次直阻出厂值和设计值无明显差异，交接时测试值与出厂值也应无明显差异，且相间应无明显差异。

15.1.13 事故抢修安装的油浸式互感器，应保证静放时间，其中 330kV 及以上电压等级油浸式互感器静放时间应大于 36h、110～220kV 油浸式互感器静放时间应大于 24h。

15.1.14 对新投运的 220kV 及以上电压等级电流互感器，1～2 年内应取油样进行油色谱、微水分析；对于厂家明确要求不取油样的产品，确需取样或补油时应由制造厂配合进行。

15.1.15 互感器的一次端子引线连接端要保证接触良好，并有足够的接触面积，以防止产生过热性故障。一次接线端子的等电位连接必须牢固可靠。其接线端子之间必须有足够的安全距离，防止引线线夹造成一次绕组短路。

15.1.16 老型带隔膜式及气垫式储油柜的互感器，应加装金属膨胀器进行密封改造。现场密封改造应在晴好天气进行。对尚未改造的互感器应每年检查顶部密封状况，对老化的胶垫与隔膜应予以更换。对隔膜上有积水的互感器，应对其本体和绝缘油进行有关试验，试验不合格的互感器应退出运行。绝缘性能有问题的老旧互感器，退出运行不再进行改造。

15.1.17 对硅橡胶套管和加装硅橡胶伞裙的瓷套，应经常检查硅橡胶表面有无放电或老化、龟裂现象，如果有应及时处理。

15.1.18 运行人员正常巡视应检查记录互感器油位

情况。对运行中渗漏油的互感器，应根据情况限期处理，必要时进行油样分析，对于含水量异常的互感器要加强监视或进行油处理。油浸式互感器严重漏油及电容式电压互感器电容单元漏油应立即停止运行。

15.1.19 对怀疑存在缺陷的互感器，应缩短试验周期进行跟踪检查和分析查明原因。对于全密封型互感器，油中气体色谱分析仅 H_2 单项超过注意值时，应跟踪分析，注意其产气速率，并综合诊断：如产气速率增长较快，应加强监视；如监测数据稳定，则属非故障性氢超标，可安排脱气处理；当发现互感器绝缘油中乙炔超标时，应立即停运并进行全面电气绝缘性能试验和局部放电测量，查找原因及处理。对绝缘状况有怀疑的互感器应运回试验室进行全面的电气绝缘性能试验，包括局部放电试验。

15.1.20 运行中油浸式互感器的膨胀器异常伸长顶起上盖时，应退出运行。电流互感器内部出现异常响声时，应退出运行。当电压互感器二次电压异常时，应迅速查明原因并及时处理。倒立式电流互感器、电容式电压互感器出现电容单元渗漏油情况时，应退出运行。

15.1.21 当采用电磁单元为电源测量电容式电压互感器的电容分压器 C1 和 C2 的电容量和介损时，必须严格按照制造厂说明书规定进行。

15.1.22 根据电网发展情况，应注意验算电流互感器动热稳定电流是否满足要求。若互感器所在变电站短路电流超过互感器铭牌规定的动热稳定电流值时，应及时改变变比或安排更换。

15.1.23 严格按照《带电设备红外诊断应用规范》（DL/T 664）的规定，开展互感器的精确测温工作。新建、改扩建或大修后的互感器，应在投运后不超过 1 个月内（但至少在 24h 以后）进行一次精确检测。220kV 及以上电压等级互感器每年在夏季前后应至少各进行一次精确检测。在高温大负荷运行期间，对 220kV 及以上电压等级互感器应增加红外检测次数。精确检测的测量数据和图像应归档保存。

15.1.24 加强电流互感器末屏接地检测、检修及运行维护管理。末屏接地引出线应在二次接线盒内就地接地。末屏接地线不应采用编织软铜线，末屏接地线的截面积、强度均应符合相关标准。对采用螺栓式引出的末屏，检修时要防止螺杆转动，检修结束后应检查确认末屏接地是否良好。对结构不合理、截面偏小、强度不够的末屏应进行改造；检修结束后应检查确认末屏接地是否良好。

15.2 防止气体绝缘互感器事故

15.2.1 最低气温为－25℃及以下的地区，户外互感器可选用能安装加热装置的六氟化硫气体绝缘互感器，或适用于低温环境的混合气体绝缘互感器。

15.2.2 应重视和规范气体绝缘的电流互感器的监造、验收工作。加强对绝缘支撑件的检验控制，注意装配时保证绝缘支撑件的工艺清洁度，确保其沿面的绝缘性能可靠。

15.2.3 具有电容屏结构的气体绝缘互感器，其电容屏连接筒应要求采用强度足够的铸铝合金制造，以防止因材质偏软导致电容屏连接筒移位。

15.2.4 气体绝缘互感器的防爆装置应采用防止积水、冻胀的结构，防爆膜应采用抗老化、耐锈蚀的材料。

15.2.5 六氟化硫密度继电器与互感器设备本体之间

的连接方式应满足不拆卸校验密度继电器的要求，户外安装应加装防雨罩。

15.2.6 出厂试验时各项试验包括局部放电试验和耐压试验必须逐台进行。

15.2.7 制造厂应采取有效措施，防止运输过程中内部构件震动移位。用户自行运输时应按制造厂规定执行。

15.2.8 110kV 及以下电压等级互感器推荐直立安放运输，220kV 及以上电压等级互感器必须满足卧倒运输的要求。运输时 110kV（66kV）产品每批次超过 10 台时，每车装 10g 振动子 2 个，低于 10 台时每车装 10g 振动子 1 个；220kV 产品每台安装 10g 振动子 1 个；330kV 及以上电压等级产品每台安装带时标的三维冲撞记录仪。到达目的地后检查振动记录装置的记录，若记录数值超过 10g 一次或 10g 振动子落下，则产品应返厂解体检查。

15.2.9 气体绝缘电流互感器运输时所充气压应严格控制在微正压状态。

15.2.10 互感器安装时，密封检查合格后方可充六氟化硫气体至额定压力，静置 24h 后进行六氟化硫气体微水测量。

15.2.11 气体绝缘的电流互感器安装后应进行现场老炼试验。老炼试验后进行耐压试验，试验电压为出厂试验值的 80%。条件具备且必要时还宜进行局部放电试验。

15.2.12 气体密度表、继电器必须经校验合格。运行中应巡视检查气体密度表，产品年漏气率应小于 0.5%。

15.2.13 若压力表偏出绿色正常压力区时，应引起注意，并及时按制造厂要求停电补充合格的六氟化硫新气。一般应停电补气，个别特殊情况需带电补气时，应在厂家指导下进行。

15.2.14 气体绝缘互感器严重漏气导致压力低于报警值时应立即退出运行。运行中的电流互感器气体压力下降到 0.2MPa（相对压力）以下，应进行检修或补气。检修后或补气较多时（表压小于 0.2MPa），应进行交流耐压试验。

15.2.15 交接时六氟化硫气体含水量小于 $250\mu L/L$，运行中不应超过 $500\mu L/L$（换算至 20℃），按照《六氟化硫电气设备中气体管理和检测导则》（GB/T 8905）的规定开展气体品质检测，若超标时应进行处理。

15.2.16 设备故障跳闸后，应进行六氟化硫气体分解产物检测，以确定电流互感器内部有无放电。避免带故障强送再次放电。

15.2.17 对长期微渗的互感器应重点开展六氟化硫气体微水量的检测和检漏，必要时可缩短检测时间，以掌握六氟化硫电流互感器气体微水量变化趋势。年漏气率大于 1‰时，应及时处理。

15.2.18 应定期校核电流互感器动、热稳定电流是否满足要求。若互感器所在变电站短路电流超过互感器铭牌规定的动、热稳定电流值时，应及时改变变比或更换。

15.2.19 运行中的互感器在巡视检查时如发现外绝缘有裂纹、局部变色、变形，应尽快更换。

15.3 防止干式互感器事故

15.3.1 变电站户外不宜选用环氧树脂浇注干式电流互感器，户内安装应做好防水措施。

15.3.2 10（6）kV 及以上电压等级干式互感器出厂时应逐台进行局部放电试验，交接时应抽样进行局部放电试验。

15.3.3 电磁式干式电压互感器在交接试验时，应进行空载电流测量。励磁特性的拐点电压应大于 $1.5U_\mathrm{m}/\sqrt{3}$（中性点有效接地系统）或 $1.9U_\mathrm{m}/\sqrt{3}$（中性点非有效接地系统）。

15.3.4 运行中的环氧浇注干式互感器外绝缘如有裂纹、沿面放电、局部变色、变形，应立即更换。

15.3.5 运行中的 35kV 及以下电压等级电磁式电压互感器，如发生高压熔断器两相及以上同时熔断或单相多次熔断，应进行检查及试验，必要时更换。

15.3.6 发电机出口电压互感器一次保险选择国内主流厂家的产品，必须有相关检测报告。保险使用应编号并有详细的检查记录，每次小修时测量电压互感器一次保险阻值应相近，阻值发生明显变化的必须进行更换，每次大修时更换全部电压互感器保险。结合机组检修或停备时机，每 2～3 年进行 1 次局放试验和交流耐压试验，每 1～2 年进行 1 次空载电流试验。对分级绝缘式的电压互感器应进行倍频感应耐压试验。

16 防止电力电缆损坏事故

16.1 防止绝缘击穿事故

16.1.1 应根据线路输送容量、系统运行条件、电缆路径、敷设方式等合理选择电缆和附件结构型式。

16.1.2 应避开电缆通道邻近热力管线、腐蚀性、易燃易爆介质的管道,确实不能避开时,应符合《电气装置安装工程电缆线路施工及验收规范》(GB 50168)第 5.2.3 条、第 5.4.4 条等的要求。

16.1.3 应加强电力电缆和电缆附件选型、订货、验收及投运的全过程管理。应优先选择具有良好运行业绩和成熟制造经验的制造商的产品。

16.1.4 同一受电端的双回或多回电缆线路宜选用不同制造商的电缆、附件。110kV(66kV)及以上电压等级电缆的 GIS 终端和油浸终端宜选择插拔式。有防爆要求的场所应选择复合套管终端。110kV 及以上电压等级电缆线路不应选择户外干式柔性终端。

16.1.5 6kV 及以上电力电缆应采用干法化学交联的生产工艺,110kV 及以上电压等级电力电缆应采用悬链或立塔式工艺。

16.1.6 运行在潮湿或浸水环境中的 110kV(66kV)及以上电压等级电缆应有纵向阻水功能,电缆附件应密封防潮;35kV 及以下电压等级电缆附件的密封防潮性能应能满足长期运行需要。

16.1.7 电缆主绝缘、单芯电缆的金属屏蔽层、金属护层应有可靠的过电压保护措施。统包型电缆的金属屏蔽层、金属护层应两端直接接地。

16.1.8 合理安排电缆段长，尽量减少电缆接头的数量，严禁在变电站电缆夹层、桥架和竖井等缆线密集区域布置电力电缆接头。

16.1.9 对 220kV 及以上电压等级电缆、110kV（66kV）及以下电压等级重要线路的电缆，应进行工厂验收。

16.1.10 应严格进行到货验收，并开展到货检测。

16.1.11 在电缆运输过程中，应防止电缆受到碰撞、挤压等导致的机械损伤，严禁倒放。电缆敷设过程中应严格控制牵引力、侧压力和弯曲半径。

16.1.12 施工期间应做好电缆和电缆附件的防潮、防尘、防外力损伤措施。在现场安装高压电缆附件之前，其组装部件应试装配。安装现场的温度、湿度和清洁度应符合安装工艺要求，严禁在雨、雾、风沙等有严重污染的环境中安装电缆附件。

16.1.13 应检测电缆金属护层接地电阻、端子接触电阻，必须满足设计要求和相关技术规范要求。

16.1.14 金属护层采取交叉互联方式时，应逐相进行导通测试，确保连接方式正确。金属护层对地绝缘电阻应试验合格，过电压限制元件在安装前应检测合格。

16.1.15 运行部门应加强电缆线路负荷和温度的检（监）测，防止过负荷运行，多条并联的电缆应分别进行测量。巡视过程中应检测电缆附件、中间接头、接地系统等的关键点的温度，或加装在线测温装置实时监测。

16.1.16 严禁金属护层不接地运行。应严格按照运行规程巡检接地端子、过电压限制元件，发现问题应及时处理。

16.1.17 66kV 及以上电压等级采用电缆进出线的 GIS，设计阶段应充分考虑耐压试验作业空间、安全距离，在 GIS 电缆终端与线路隔离开关之间宜配置试验专用隔离开关，并根据需求配置 GIS 试验套管。110kV 及以上电压等级电力电缆站外户外终端应有检修平台，并满足高度和安全距离要求。

16.1.18 66kV 及以上电压等级电缆穿越桥梁等振动较为频繁的区域时，应采用可缓冲机械应力的固定装置。

16.1.19 6kV 及以上电压等级电力电缆终端头、中间接头制作实行 100％ 旁站监督。严格按照电缆终端头、中间接头的制作工艺要求制作相关电缆附件并进行电气试验合格；定期检查电缆终端头及接头温度、放电痕迹和机械损伤等情况。

16.1.20 认真落实 110kV 及以上电压等级高压电缆的定期试验工作，必要时加装局部放电在线监测装置进行监视或开展局部放电带电检测。

16.1.21 对橡塑绝缘电力电缆主绝缘进行绝缘考核时，交接和预防性试验不应做直流耐压试验，而应做交流耐压试验。

16.2 防止外力损坏事故

16.2.1 同一负荷的双路或多路电缆，不宜布置在相邻位置。

16.2.2 电缆通道及直埋电缆线路工程、水底电缆敷设应严格按照相关标准和设计要求施工，并同步进行竣工测绘，非开挖工艺的电缆通道应进行三维测绘。应在投运前向运行部门提交竣工资料和图纸。

16.2.3 直埋电缆沿线、水底电缆应装设永久标识或路径感应标识。

16.2.4 电缆路径上应设立明显的警示标志，对可能发生外力破坏的区段应加强监视，并采取可靠的防护措施。

16.2.5 电缆终端场站、隧道出入口、重要区域的工井井盖应有安防措施，并宜加装在线监控装置。户外金属电缆支架、电缆固定金具等应使用防盗螺栓。

16.2.6 工井正下方的电缆，宜采取防止坠落物体打击的保护措施。

16.2.7 应监视电缆通道结构、周围土层和临近建筑物等的稳定性，发现异常应及时采取防护措施。

16.2.8 敷设于公用通道中的电缆应制订专项管理措施。

16.2.9 应及时清理退运的报废缆线，对盗窃易发地区的电缆设施应加强巡视。

16.2.10 电缆的固定禁止使用尼龙扎带。

16.2.11 在电缆桥架、槽盒的拐弯支撑部位应采取加垫胶皮等防磨、防割伤措施，电缆支架与电缆接触部位不得存在锋利尖角、毛刺等情况，避免电缆绝缘割伤或破损。

16.2.12 频繁移动及频繁拆接线的高压电缆中间头或终端不宜采用冷缩型电缆附件，对冷缩电缆终端头或中间头部位应采取防止损伤保护措施。高压电缆移动时应停电，送电前应做绝缘测试。

16.3 防止单芯电缆金属护层绝缘故障

16.3.1 电缆通道、夹层及管孔等应满足电缆弯曲半径的要求，110kV（66kV）及以上电压等级电缆的支架应满足电缆蛇形敷设的要求。电缆应严格按照设计要求进行敷设、固定。

16.3.2 电缆支架、固定金具、排管的机械强度应符合设计和长期安全运行的要求，且无尖锐棱角。

16.3.3 应对完整的金属护层接地系统进行交接试验，包括电缆外护套、同轴电缆、接地电缆、接地箱、互联箱等。交叉互联系统导体对地绝缘强度应不低于电缆外护套的绝缘水平。

16.3.4 应监视重载和重要电缆线路因运行温度变化产生的蠕变，出现异常应及时处理。

16.3.5 严格按照试验规程对电缆金属护层的接地系统开展运行状态检测、试验。

16.3.6 严格按试验规程规定检测金属护层接地电流、接地线连接点温度，发现异常应及时处理。

16.3.7 电缆线路发生运行故障后，应检查接地系统是否受损，发现问题应及时修复。

16.3.8 坚持定期（每年一次）对变电设备外绝缘表面的盐密和灰密进行测量，根据盐密和灰密测试结果确定污秽等级。取样瓷瓶应按《污秽条件下使用的高压绝缘子的选择和尺寸确定第 1 部分：定义、信息和一般原则》（GB/T 26218.1）要求进行安装，安装高度应尽可能接近于线路或母线绝缘子的安装高度。盐密/灰密测量应在当地积污最重的时期进行。应进行污秽调查和运行巡视，及时根据变化情况采取防污闪措施，做好防污闪的基础工作。

17 防止接地网和过电压事故

17.1 防止接地网事故

17.1.1 在输变电工程设计中，应认真吸取接地网事故教训，并按照相关规程要求，改进和完善接地网设计。

17.1.2 发电厂、变电站的接地装置应与线路的避雷线相连，且有便于分开的连接点；当不允许避雷线直接和发电厂、变电站配电装置连接时，发电厂、变电站的接地装置应在地下与避雷线相连，连接线埋在地下的长度不应小于 15m。

17.1.3 发电厂、变电站配电装置构架上的避雷针（含悬挂避雷针的构架）的接地引下线应与接地网连接，并应在连接处加装集中接地装置。引下线与接地网的连接点至变压器接地导体之间，沿接地极的长度不应小于 15m。

17.1.4 变电站内接地装置宜采用同一种材料。当采用不同材料进行混连时，地下部分应采用同一种材料连接。

17.1.5 对于 110kV（66kV）及以上电压等级新建、改建变电站，在中性或酸性土壤地区，接地装置选用热镀锌钢为宜，在强碱性土壤地区或者其站址土壤和地下水条件会引起钢质材料严重腐蚀的中性土壤地区，宜采用铜质、铜覆钢（铜层厚度不小于 0.25mm）或者其他具有防腐性能材质的接地网。对于室内变电站及地下变电站应采用铜质材料的接地网。铜材料间或铜材料与其他金属间的连接，须采用放热焊接，不得采用电弧焊接或压接。

17.1.6 在新建工程设计中，校验接地引下线热稳定所用电流应不小于远期可能出现的入地短路电流最大值；接地装置接地体的截面面积不小于连接至该接地装置接地引下线截面面积的 75%，并提出考虑 30 年腐蚀后接地装置的热稳定容量计算报告。

17.1.7 在扩建工程设计中，除应满足上条中新建工程接地装置的热稳定容量要求以外，还应对前期已投运的接地装置进行热稳定容量校核，不满足要求的必须进行改造。

17.1.8 变压器中性点应有两根与接地网主网格的不同边连接的接地引下线，并且每根接地引下线均应符合热稳定校核的要求。主设备及设备架构等宜有两根与主接地网不同干线连接的接地引下线，并且每根接地引下线均应符合热稳定校核的要求。连接引线应便于定期进行检查测试。

17.1.9 6～66kV 不接地、谐振接地和高电阻接地的系统，改造为低电阻接地方式时，应重新核算杆塔和接地网接地阻抗值和热稳定性。

17.1.10 施工单位应严格按照设计要求进行施工，预留设备、设施的接地引下线必须经确认合格，隐蔽工程必须经监理单位和建设单位验收合格，在此基础上方可回填土。同时，应按《接地装置特性参数测量导则》（DL/T 475）的要求分别对两个最近的接地引下线之间测量其回路电阻，测试结果是交接验收资料的必备内容，竣工时应全部交甲方备存。

17.1.11 接地装置的焊接质量必须符合有关规定要求，各设备与主接地网的连接必须可靠，扩建接地网与原接地网间应为多点连接。接地线与接地极的连接应用焊接,接地线与电气设备的连接可用螺栓或者焊接,用螺栓连接时应设防松螺母或防松垫片。

17.1.12　对于高土壤电阻率地区的接地网,在接地阻抗难以满足要求时,应采用完善的均压及隔离措施,在接触电位差和跨步电位差满足《交流电气装置的过电压保护和绝缘配合设计规范》(GB/T 50064)要求后方可投入运行。对弱电设备应有完善的隔离或限压措施,防止接地故障时地电位的升高造成设备损坏。

17.1.13　变电站控制室及保护小室应独立敷设与主接地网紧密连接的二次等电位接地网,在系统发生近区故障和雷击事故时,以降低二次设备间电位差,减少对二次回路的干扰。二次等电位接地点应有明显标志。

17.1.14　接地装置的接地阻抗测试及电气完整性测试应在土建完工后尽快进行,以便在投产前对测试不合格的接地装置进行改造。

17.1.15　接地阻抗测量应注意测试条件和测试方法符合《接地装置特性参数测量导则》(DL/T 475)要求,并必须排除与接地装置连接的接地中性点、架空地线和电缆外皮等分流对测量的影响,实测值应符合设计规定值。

17.1.16　对于已投运的接地装置,应每年根据变电站短路容量的变化,校核接地装置(包括设备接地引下线)的热稳定容量,并结合短路容量变化情况和接地装置的腐蚀程度有针对性地对接地装置进行改造。对于变电站中的不接地、经消弧线圈接地、经低阻或高阻接地系统,必须按异点两相接地校核接地装置的热稳定容量。

17.1.17　接地装置引下线的导通检测工作宜每年进

行一次，应根据历次接地引下线的导通检测结果进行分析比较，以决定是否需要进行开挖检查、处理，严禁设备失地运行。

17.1.18　定期（时间间隔应不大于 5 年）通过开挖抽查等手段确定接地网的腐蚀情况，每站抽检 5～8 个点。铜质材料接地体地网整体情况评估合格的不必定期开挖检查。

17.2　防止雷电过电压事故

17.2.1　设计阶段应因地制宜开展防雷设计，除地闪密度小于 0.78 次/（km² · 年）的雷区外，220kV 及以上电压等级线路一般应全线架设双地线，110kV 线路应全线架设地线。

17.2.2　对符合以下条件之一的敞开式变电站应在 110～220kV 进出线间隔入口处加装金属氧化物避雷器：

（1）变电站所在地区年平均雷暴日不小于 50 日或者近 3 年雷电监测系统记录的平均落雷密度不小于 3.5 次/（km² · 年）。

（2）变电站 110～220kV 进出线路走廊在距变电站 15km 范围内穿越雷电活动频繁（平均雷暴日数不小于 40 日或近 3 年雷电监测系统记录的平均落雷密度大于等于 2.8 次/（km² · 年）的丘陵或山区。

（3）变电站已发生过雷电波侵入造成断路器等设备损坏。

（4）经常处于热备用状态的线路。

17.2.3　架空输电线路的防雷措施应按照输电线路在电网中的重要程度、线路走廊雷电活动强度、地形地貌及线路结构的不同进行差异化配置，重点加强重要线路以及多雷区、强雷区内杆塔和线路的防雷保护。新建和运行的重要线路，应综合采取减小地线保护角、改善接地装置、适当加强绝缘等措施降低线路雷害风险。针对雷害风险较高的杆塔和线段宜采用线路避雷器保护。线路杆塔地线宜同期加装接地引下线，并与变电站内地网可靠连接。

17.2.4 加强避雷线运行维护工作，定期打开部分线夹检查，保证避雷线与杆塔接地点可靠连接。对于具有绝缘架空地线的线路，要加强放电间隙的检查与维护，确保动作可靠。

17.2.5 严禁利用避雷针、变电站构架和带避雷线的杆塔作为低压线、通信线、广播线、电视天线的支柱。

17.2.6 在土壤电阻率较高地段的杆塔，可采用增加垂直接地体、加长接地带、改变接地形式、换土或采用接地模块等措施降低杆塔接地电阻值。

17.3　防止变压器过电压事故

17.3.1 拉合 110kV 及以上电压等级有效接地系统中性点不接地的空载变压器时，应先将该变压器中性点临时接地。

17.3.2 为防止在有效接地系统中出现孤立不接地系统并产生较高工频过电压的异常运行工况，110～220kV 不接地变压器的中性点过电压保护应采用棒间隙保护方式。对于 110kV 变压器，当中性点绝缘的冲击耐受电压不大于 185kV 时，还应在间隙旁并联金属氧化物避雷器，间隙距离及避雷器参数配合应进行校核。间隙动作后，应检查间隙的烧损情况并校核间隙距离，如不符合要求，应及时调整。

17.3.3 对于低压侧有空载运行或者带短母线运行可

能的变压器，宜在变压器低压侧装设避雷器进行保护。

17.4 防止谐振过电压事故

17.4.1 为防止 110kV 及以上电压等级断路器断口均压电容与母线电磁式电压互感器发生谐振过电压，可通过改变运行和操作方式避免形成谐振过电压条件。新建或改造敞开式变电站应选用电容式电压互感器。

17.4.2 为防止中性点非直接接地系统发生由于电磁式电压互感器饱和产生的铁磁谐振过电压，可采取以下措施：

（1）选用励磁特性饱和点较高的，在 $1.9U_{\mathrm{m}}/\sqrt{3}$ 电压下铁芯磁通不饱和的电压互感器。

（2）在电压互感器一次绕组中性点对地间串接线性或非线性消谐电阻、加零序电压互感器或在开口三角绕组加阻尼或其他专门消除此类谐振的装置。

（3）10kV 及以下电压等级用户电压互感器一次中性点应不直接接地。

17.5 防止弧光接地过电压事故

17.5.1 对于中性点不接地的发电机系统，应测量发电机单相接地故障电容电流。当单相接地故障电容电流超过《交流电气装置的过电压保护和绝缘配（DL/T 620）规定时，应装设消弧线圈或接地变压器，在配置消弧线圈时应按照《导体和电器选择设计技术规定》（DL/T 5222）的要求，合理选择消弧线圈补偿方式；在配置接地变压器时，其容量应根据实测的电容电流进行选择、校核。当发电机因定子线圈改造其电容电流发生变化时，应实测电容电流来校核消弧线圈或接地变压器是否满足相关规程要求。在中性点配置消弧线圈或接地变压器的发电机，其定子接地保护应采用相应的配套保护。

17.5.2 对于中性点不接地的 6～35kV 系统，应根据电网发展每 3～5 年进行一次电容电流测试。发电厂 6～10kV 厂用系统结构发生变化时，应进行电容电流测试。当单相接地故障电容电流超过《交流电气装置的过电压保护和绝缘配合》（DL/T 620）规定时，应及时装设消弧线圈；单相接地电流虽未达到规定值，也可根据运行经验装设消弧线圈，消弧线圈的容量应能满足过补偿的运行要求。在消弧线圈布置上，应避免由于运行方式改变出现部分系统无消弧线圈补偿的情况。对于已经安装消弧线圈、单相接地故障电容电流依然超标的应当采取消弧线圈增容或者采取分散补偿方式；对于系统电容电流大于 150A 及以上的，也可以根据系统实际情况改变中性点接地方式或者在配电线路分散补偿。

17.5.3 对于装设手动消弧线圈的 6～35kV 非有效接地系统，应根据电网发展每 3～5 年进行一次调谐试验，使手动消弧线圈运行在过补偿状态，合理整定脱谐度，保证电网不对称度不大于相电压的 1.5%，中性点位移电压不大于额定电压的 15%。

17.5.4 对于自动调谐消弧线圈，在订购前应向制造厂索取能说明该产品可以根据系统电容电流自动进行调谐的试验报告。自动调谐消弧线圈投入运行后，应根据实际测量的系统电容电流对其自动调谐功能的准确性进行校核。

17.5.5 不接地和谐振接地系统每一馈线应装设接地保护，发生单相接地时应快速消除故障，降低发生弧光接地过电压的风险。

17.6 防止无间隙金属氧化物避雷器事故

17.6.1 对于强风地区变电站避雷器应采取差异化设计，避雷器均压环应采取增加固定点、支撑筋数量及支撑筋宽度等加固措施。

17.6.2 220kV 及以上电压等级瓷外套避雷器安装前应检查避雷器上下法兰是否胶装正确，下法兰应设置排水孔。

17.6.3 110kV 及以上电压等级的金属氧化物避雷器，必须坚持在运行中按规程要求进行带电试验。当发现异常情况时，应及时查明原因。35kV 及以上电压等级金属氧化物避雷器可用带电测试替代定期停电试验，但应3～5年进行一次停电试验。

17.6.4 严格遵守避雷器交流泄漏电流测试周期，雷雨季节前后各测量一次，测试数据应包括全电流及阻性电流，应重点跟踪泄漏电流的变化，当阻性电流增加50％（与初始值比较），应适当缩短监测周期，当阻性电流增加100％，必须停电检查。停运后应进行直流参考电压及泄漏电流测试，并重点检查上盖板是否有锈蚀，防爆膜是否有破损。

17.6.5 110kV 及以上电压等级避雷器应安装交流泄漏电流在线监测表计。对已安装在线监测表计的避雷器，每天至少巡视一次，每半月记录一次，并加强数据分析。强雷雨天气后应进行特巡。

17.7 防止避雷针事故

17.7.1 构架避雷针设计时应统筹考虑站址环境条件、配电装置构架结构形式等，采用格构式避雷针或圆管型避雷针等结构形式。

17.7.2 构架避雷针结构形式应与构架主体结构形式协调统一，通过优化结构形式，有效减小风阻。构架主体结构为钢管人字柱时，宜采用变截面钢管避雷针；构架主体结构采用格构柱时，宜采用变截面格构式避雷针。构架避雷针如采用管型结构，法兰连接处应采用有劲肋板法兰刚性连接。

17.7.3 在严寒大风地区的变电站，避雷针设计应考虑风振的影响，结构型式宜选用格构式，以降低结构对风荷载的敏感度；当采用圆管型避雷针时，应严格控制避雷针针身的长细比，法兰连接处应采用有劲肋板刚性连接，螺栓应采用8.8级高强度螺栓，双帽双垫，螺栓规格不小于 M20，结合环境条件，避雷针钢材应具有冲击韧性的合格保证。

17.7.4 钢管避雷针底部应设置有效排水孔，防止内部积水锈蚀或冬季结冰。

17.7.5 在非高土壤电阻率地区，独立避雷针的接地电阻不宜超过 10Ω。当有困难时，该接地装置可与主接地网连接，但避雷针与主接地网的地下连接点至 35kV 及以下电压等级设备与主接地网的地下连接点之间，沿接地体的长度不得小于 15m。

17.7.6 以 6 年为基准周期或在接地网结构发生改变后，进行独立避雷针接地装置接地阻抗检测，当测试值大于 10Ω 时应采取降阻措施，必要时进行开挖检查。独立避雷针接地装置与主接地网之间导通电阻应大于 $500m\Omega$。

18 防止输变电设备事故

18.1 防止外绝缘污闪事故

18.1.1 新建和扩建输变电设备应依据最新版污区分布图进行外绝缘配置。中重污区的外绝缘配置宜采用硅橡胶类防污闪产品，包括线路复合绝缘子、支柱复合绝缘子、复合套管、瓷绝缘子（含悬式绝缘子、支柱绝缘子及套管）和玻璃绝缘子表面喷涂防污闪涂料等。选站时应避让 d、e 级污区；如不能避让，变电站（含升压站）宜采用 GIS、HGIS 设备或全户内变电站。

18.1.2 污秽严重的覆冰地区外绝缘设计应采用加强绝缘、V 型串、不同盘径绝缘子组合等形式，通过增加绝缘子串长、阻碍冰凌桥接及改善融冰状况下导电水帘形成条件，防止冰闪事故。

18.1.3 中性点不接地系统的设备外绝缘配置至少应比中性点接地系统配置高一级，直至达到 e 级污秽等级的配置要求。

18.1.4 规范绝缘子选型、招标、监造、验收及安装等环节，确保使用伞形合理、运行经验成熟，质量稳定的绝缘子。

18.1.5 电力系统污区分布图的绘制、修订应以现场污秽度为主要依据之一，并充分考虑污区图修订周期内的环境、气象变化因素，包括在建或计划建设的潜在污源，极端气候条件下连续无降水日的大幅度延长等。

18.1.6 外绝缘配置不满足污区分布图要求及防覆冰（雪）闪络、大（暴）雨闪络要求的输变电设备应予以改造，中重污区的防污闪改造应优先采用硅橡胶类防污闪产品。

18.1.7 应避免局部防污闪漏洞或防污闪死角，如具有多种绝缘配置的线路中相对薄弱的区段，配置薄弱的耐张绝缘子，输、变电结合部等。

18.1.8 户内非密封设备外绝缘与户外设备外绝缘的防污闪配置级差不宜大于一级。应在设计、基建阶段考虑户内设备的防尘和除湿条件，确保设备运行环境良好。

18.1.9 对于500kV升压站和重要的220kV升压站，应取比污区图所划污区等级高一级来配置外绝缘。在潮湿、多雾或设备放电严重和多次发生污闪的地区，外绝缘的配置应取相应污秽等级规定爬距的上限。

18.1.10 清扫（含停电及带电清扫）作为辅助性防污闪措施，可用于暂不满足防污闪配置要求的输变电设备及污染特殊严重区域的输变电设备，如：硅橡胶类防污闪产品已不能有效适应的粉尘特殊严重区域，高污染和高湿度条件同时出现的快速积污区域，雨水充沛地区出现超长无降水期导致绝缘子的现场污秽度可能超过设计标准的区域等，且应重点关注自洁性能较差的绝缘子。

18.1.11 绝缘子表面涂覆防污闪涂料和加装防污闪辅助伞裙是防止变电设备污闪的重要措施，其中避雷器不宜单独加装辅助伞裙，宜将防污闪辅助伞裙与防污闪涂料结合使用；隔离开关动触头支持绝缘子和操作绝缘子使用防污闪辅助伞裙时要根据绝缘子尺寸和间距选择合适的辅助伞裙尺寸、数量及安装位置。

18.1.12 宜优先选用加强 RTV－Ⅱ型防污闪涂料，防污闪辅助伞裙的材料性能与复合绝缘子的高温硫化硅橡胶一致。

18.1.13 加强防污闪涂料和防污闪辅助伞裙的施工和验收环节，防污闪涂料宜采用喷涂施工工艺，防污闪辅助伞裙与相应的绝缘子伞裙尺寸应吻合良好。

18.1.14 坚持定期（每年一次）对变电设备外绝缘表面的盐密和灰密进行测量，根据盐密和灰密测试结果确定污秽等级。取样瓷瓶应按《污秽条件下使用的高压绝缘子的选择和尺寸确定 第1部分：定义、信息和一般原则》（GB/T 26218.1）要求进行安装，安装高度应尽可能接近于线路或母线绝缘子的安装高度。盐密/灰密测量应在当地积污最重的时期进行。应进行污秽调查和运行巡视，及时根据变化情况采取防污闪措施，做好防污闪的基础工作。

18.1.15 运行设备外绝缘的爬距，应与污秽分级相适应，不满足的应予以调整，受条件限制不能调整爬距的，应有主管防污闪领导签署的明确的防污闪措施。

18.2 防止绝缘子和金具断裂事故

18.2.1 风振严重区域的导地线线夹、防振锤和间隔棒应选用加强型金具或预绞式金具。

18.2.2 按照承受静态拉伸载荷设计的绝缘子和金具，应避免在实际运行中承受弯曲、扭转载荷、压缩载荷和交变机械载荷而导致断裂故障。

18.2.3 在复合绝缘子安装和检修作业时应避免损坏伞裙、护套及端部密封，不得脚踏复合绝缘子。在安装复合绝缘子时，不得反装均压环。

18.2.4 积极应用红外测温技术检测直线接续管、耐张线夹等引流连接金具的发热情况，高温大负荷期间应增加夜巡，发现缺陷及时处理。

18.2.5 加强对导、地线悬垂线夹承重轴磨损情况的检查，导地线振动严重区段应按 2 年周期打开检查，磨损严重的应予更换。

18.2.6 应认真检查锁紧销的运行状况，锈蚀严重及失去弹性的应及时更换；特别应加强 V 串复合绝缘子锁紧销的检查，防止因锁紧销受压变形失效而导致掉线事故。

18.2.7 对于直线型重要交叉跨越塔，包括跨越 110kV 及以上电压等级线路，铁路和高速公路，一级公路，一、二级通航河流等，应采用双悬垂绝缘子串结构，且宜采用双独立挂点；无法设置双挂点的窄横担杆塔可采用单挂点双联绝缘子串结构。同时，应采取适当措施使双串绝缘子均匀受力。

18.2.8 加强瓷、玻璃绝缘子的检查，及时更换自爆玻璃绝缘子及零值、低值及破损绝缘子。

18.2.9 加强复合绝缘子护套和端部金具连接部位的检查，端部密封破损及护套严重损坏的复合绝缘子应及时更换。

18.2.10 加强对铜铝过渡接线板的检查。利用外观检查、红外测温、着色探伤等手段对铜铝结合部位进行检查，若发现铜铝过渡线夹存在裂纹、气孔、疲劳等严重缺陷，必须及时更换处理。

19 防止继电保护事故

19.1 加强继电保护规划与设备选型管理

19.1.1 在一次系统规划建设中，应充分考虑继电保护的适应性，避免出现特殊接线方式造成继电保护配置及整定难度的增加，为继电保护安全可靠运行创造良好条件。

19.1.2 涉及电网安全、稳定运行的发电、输电、配电及重要用电设备的继电保护装置应纳入电网统一规划、设计、运行、管理和技术监督。

19.1.3 继电保护装置的配置和选型，必须满足有关规程规定的要求，并经相关继电保护管理部门同意。保护选型应采用技术成熟、性能可靠、质量优良的产品。

19.2 合理配置继电保护及安全自动装置

19.2.1 应根据发电厂一次设备的接线方式、电网结构以及运行、检修、管理的实际要求，遵循"强化主保护、简化后备保护和二次回路"的原则进行保护配置、选型和整定。

19.2.2 继电保护的设计、选型、配置应以保持继电保护"四性"（可靠性、速动性、选择性、灵敏性）为基本原则，任何技术创新不得以牺牲继电保护的快速性和可靠性为代价。

19.2.3 继电保护的制造、配置应充分考虑系统可能出现的不利情况，尽量避免在复杂、多重故障的情况下继电保护不正确动作，同时还应考虑系统运行方式变化对继电保护带来的不利影响；当遇到电网、发电厂系统结构变化复杂、整定计算不能满足系统运行要求的情况下，应按整定规程进行取舍，侧重防止保护拒动，备案注明并报主管领导批准。

19.2.4 各发电厂应重视和完善与电网运行关系密切的保护选型、配置，在保证主设备安全的情况下，还必须满足电网安全运行的要求。

19.2.5 电力系统重要设备的继电保护应采用双重化配置，双重化配置的继电保护应满足以下基本要求：

19.2.5.1 依照双重化原则配置的两套保护装置，每套保护均应含有完整的主、后备保护，能反应被保护设备的各种故障及异常状态，并能作用于跳闸或给出信号；宜采用主、后一体的保护装置。

19.2.5.2 220kV 及以上电压等级线路、变压器、高压电抗器、串联补偿装置、滤波器等设备微机保护应按双重化配置；除终端负荷变电站外，220kV 及以上电压等级变电站的母线保护应按双重化配置。

19.2.5.3 为防止双重化配置的两套继电保护装置同时拒动，双重化配置的线路、变压器、母线、高压电抗器等保护装置宜采用不同生产厂家的产品。

19.2.5.4 220kV 及以上电压等级线路纵联保护的通道（含光纤、微波、载波等通道及加工设备和供电电源等）、远方跳闸及就地判别装置应遵循相互独立的原则按双重化配置。

19.2.5.5 100MW 及以上容量发电机-变压器组应按双重化原则配置微机保护（非电量保护除外）；大型发电

机组和重要发电厂的启动变压器保护宜采用双重化配置。

19.2.5.6 两套保护装置的交流电流应分别取自电流互感器互相独立的绕组；交流电压应分别取自电压互感器互相独立的绕组。其保护范围应交叉重叠，避免死区。对原设计中电压互感器仅有一组二次绕组，且已经投运的变电站，宜积极安排电压互感器的更新改造工作，改造完成前，应在开关场的电压互感器端子箱处，利用具有短路跳闸功能的两组分相空气开关将按双重化配置的两套保护装置交流电压回路分开。

19.2.5.7 两套保护装置的直流电源应取自不同蓄电池组供电的直流母线段。

19.2.5.8 有关断路器的选型应与保护双重化配置相适应，220kV及以上断路器必须具备双跳闸线圈机构。两套保护装置的跳闸回路应与断路器的两个跳闸线圈分别一一对应。

19.2.5.9 当母差保护与失灵保护共用出口时，母差保护与失灵保护不完全满足双重化配置，出口应同时作用于断路器的两个跳圈。

19.2.5.10 当保护采用双重化配置时，其电压切换箱（回路）隔离开关辅助触点宜采用单位置输入方式。单套配置保护的电压切换箱（回路）隔离开关辅助触点应采用双位置输入方式。双重化配置的保护当隔离开关辅助触点采用单位置输入方式时，电压切换直流电源与对应保护直流电源取自同一段直流母线且共用直流空气开关。

19.2.5.11 双重化配置的两套保护装置之间不应有电气联系。与其他保护、设备（如通道、失灵保护等）配合的回路应遵循相互独立且相互对应的原则，每套保护装置应能独立处理可能发生的所有类型的故障。当一套保护退出时不应影响另一套保护的运行。防止因交叉停用导致保护功能的缺失。

19.2.5.12 采用双重化配置的两套保护装置应安装在各自保护柜内，并应充分考虑运行和检修时的安全性。

19.2.5.13 220kV 及以上电压等级断路器的压力闭锁继电器宜双重化配置。

19.2.6 断路器失灵保护配置应符合下列要求：

19.2.6.1 220kV 及以上电压等级变压器、发变组的断路器失灵时应起动断路器失灵保护。断路器失灵保护的电流判别元件的动作和返回时间不宜大于 20ms，返回系数不宜低于 0.9。

19.2.6.2 断路器失灵保护起动条件：故障线路或电力设备切除后能瞬时复归的出口继电器动作后不返回（故障切除后，起动失灵的保护出口返回时间应不大于 30ms）以及断路器未断开的判别元件动作后不返回。若出口继电器返回时间不符合要求时，判别元件应双重化。

19.2.6.3 一个半断路器接线的失灵保护不装设闭锁元件。

19.2.6.4 双母线的失灵保护应能自动适应连接元件运行位置的切换。

19.2.6.5 失灵保护动作跳闸条件：对具有双跳闸线圈的相邻断路器，应同时动作于两组跳闸回路；对远方跳对侧断路器的，宜利用两个传输通道传送跳闸命令。

19.2.6.6 发电机变压器组的断路器若是分相操作，则三相位置不一致保护应启动失灵保护。

19.2.6.7 220kV 及以上电压等级的断路器均应配置

断路器本体的三相位置不一致保护，单元制接线的发变组，在三相不一致保护动作后仍不能解决问题时，应使用具有电气量判据的断路器三相不一致保护去起动断路器失灵保护。

19.2.6.8 线路—发变组的线路和主设备电气量保护均应起动断路器失灵保护。当本侧断路器无法切除故障时，应采取起动远方跳闸等后备措施加以解决。220kV及以上电压等级变压器的断路器失灵时，除应跳开失灵断路器相邻的全部断路器外，还应跳开本变压器连接其他电源侧的断路器。

19.2.6.9 非电量保护及动作后不能随故障消失而立即返回的保护（只能靠手动复位或延时返回）不应启动失灵保护。

19.2.7 智能变电站的保护设计应遵循相关标准、规程和反事故措施的要求。

19.2.8 应充分考虑电压互感器二次绕组合理分配，两套线路主保护的电压回路宜分别接入电压互感器的不同二次绕组。按近后备原则配置的两套线路主保护，当合用电压互感器的同一二次绕组时，至少应配置一套分相电流差动保护。

19.2.9 发变—线路组、单回线路及同塔双回线路接线方式的发变组保护宜配置零功率切机保护。

19.3 加强继电保护设计管理

19.3.1 继电保护组屏设计应充分考虑运行和检修时的安全性，确保能够采取有效的防继电保护"三误"（误碰、误整定、误接线）措施。双重化配置的两套保护装置宜安装在各自保护柜内。

19.3.2 保护装置直流空气开关、交流空气开关应与上一级开关及总路空气开关保持级差关系，防止由于下一级电源故障时，扩大失电元件范围。

19.3.3 继电保护及相关设备的端子排，宜按照功能进行分区、分段布置，正、负电源之间、跳（合）闸引出线之间以及跳（合）闸引出线与正电源之间、交流电源与直流回路之间等应至少采用一个空端子隔开。

19.3.4 直流系统在配置直流熔断器和自动开关时，应满足以下要求：

（1）对于双重化配置的保护装置，每套保护装置应由不同直流母线供电，跳闸回路电源与相应保护装置电源应取自同一直流母线，且分别设有专用的直流熔断器或自动开关。

（2）母线保护、变压器差动保护、发电机差动保护、各种双断路器接线方式的线路保护等保护装置与各断路器的操作回路应分别由专用的直流熔断器或自动开关供电。

（3）有两组跳闸线圈的断路器，其每一跳闸回路应分别由专用的直流熔断器或自动开关供电。

（4）直流系统应采用直流专用断路器，严禁交直流断路器混用。

（5）直流电源总输出回路、直流分段母线的输出回路宜按逐级配合的原则设置熔断器或带延时的直流断路器，保护柜屏的直流电源进线应使用自动直流断路器。

（6）直流总输出回路、直流分路均装设熔断器时，直流熔断器应分级配置，逐级配合。

（7）直流总输出回路装设熔断器，直流分路装设自动开关时，必须保证熔断器与小空气开关有选择性地配合。

（8）直流总输出回路、直流分路均装设自动开关时，必须确保上、下级自动开关有选择性地配合，自动开关的额定工作电流应按最大动态负荷电流（即保护三相同时动作、跳闸和收发信机在满功率发信的状态下）的 2.0 倍选用。

19.3.5 引入两组及以上电流互感器构成合电流的保护装置，各组电流互感器应分别引入保护装置，不应通过装置外部回路形成合电流。对已投入运行采用合电流引入保护装置的，应结合设备运行评估情况，逐步技术改造。

19.3.6 变电站（升压站）内的故障录波器宜能对站用直流系统的各母线段（控制、保护）对地电压进行录波。

19.3.7 继电保护相关辅助设备（如交换机、光电转换器等）宜采用直流电源供电，如只能交流供电的，应取自不间断电源。

19.3.8 严禁在保护装置电流回路中并联接入过电压保护器，防止过电压保护器不可靠动作引起差动保护误动作。

19.3.9 宜在高压厂用变压器的低压侧设置取自不同电流回路的两套电流保护。当短路电流大于变压器热稳定电流时，变压器保护切除故障的时间不宜大于 2s。

19.3.10 应根据系统短路容量合理选择电流互感器的容量、变比和特性，满足保护装置整定配合和可靠性的要求。新建和扩建工程宜选用具有多次级的电流互感器，优先选用贯穿（倒置）式电流互感器。

19.3.11 差动保护用电流互感器的相关特性宜一致，母线差动保护各支路电流互感器变比差不宜大于 4 倍。

19.3.12 应充分考虑电流互感器二次绕组合理分配，避免可能出现的保护死区。当采用3/2、4/3、角形接线等多断路器接线形式时，宜在断路器两侧均配置电流互感器；对经计算影响电网安全稳定运行重要变电站的220kV及以上电压等级双母线接线方式的母联、分段断路器，宜在断路器两侧配置电流互感器。对确实无法解决的保护动作死区，在满足系统稳定要求的前提下，可采取启动失灵和远方跳闸等后备措施加以解决。

19.3.13 双母线接线变电站的母差保护、断路器失灵保护，除跳母联、分段的支路外，应经复合电压闭锁。

19.3.14 变压器、电抗器宜配置单套非电量保护，应同时作用于断路器的两个跳闸线圈。来采用就地跳闸方式的变压器非电量保护应设置独立的电源回路（包括直流空气小开关及其直流电源监视回路）和出口跳闸回路，且必须与电气量保护完全分开。当变压器、电抗器采用就地跳闸方式时，应向监控系统发送动作信号。

19.3.15 500kV及以上电压等级变压器低压侧并联电抗器和电容器、站用变压器的保护配置与设计，应与一次系统相适应，防止电抗器和电容器故障造成主变压器的跳闸。

19.3.16 线路纵联保护应优先采用光纤通道。双回线路采用同型号纵联保护，或线路纵联保护采用双重化配置时，在回路设计和调试过程中应采取有效措施防止保护通道交叉使用。分相电流差动保护应采用同一路由收发、往返延时一致的通道。

19.3.17 200kV及以上电气模拟量必须接入故障录波器，发电厂发电机、变压器不仅录取各侧的电压、电流，还应录取公共绕组电流、中性点零序电流和中性点零序电压。所有保护出口信息、通道收发信情况及开关分合位情况等变位信息应全部接入故障录波器。

19.3.18 对闭锁式纵联保护，"其他保护停信"回路应直接接入保护装置，而不应接入收发信机。

19.3.19 220kV 及以上电压等级的线路保护应采取措施，防止由于零序功率方向元件的电压死区导致零序功率方向纵联保护拒动。

19.3.20 发电厂升压站监控系统的电源、断路器控制回路及保护装置电源，应取自升压站配置的独立蓄电池组。

19.3.21 发电机-变压器组的阻抗保护须经电流元件（如电流突变量、负序电流等）启动，在发生电压二次回路失压、断线以及切换过程中交流或直流失压等异常情况时，阻抗保护应具有防止误动措施。

19.3.22 200MW 及以上容量发电机定子接地保护宜将基波零序过电压保护与三次谐波电压保护的出口分开，基波零序过电压保护投跳闸。

19.3.23 采用零序电压原理的发电机匝间保护应设有负序功率方向闭锁元件。

19.3.24 并网发电厂均应制定完备的发电机带励磁失步振荡故障的应急措施，300MW 及以上容量的发电机应配置失步保护，在进行发电机失步保护整定计算和校验工作时应能正确区分失步振荡中心所处的位置，在机组进入失步工况时根据不同工况选择不同延时的解列方式，并保证断路器断开时的电流不超过断路器允许开断电流。

19.3.25 发电机的失磁保护应使用能正确区分短路

故障和失磁故障的、具备复合判据的方案。应仔细检查和校核发电机失磁保护的整定范围和低励限制特性，防止发电机进相运行时发生误动作。

19.3.26 300MW 及以上容量发电机应配置起、停机保护及断路器断口闪络保护。

19.3.27 200MW 及以上容量发电机-变压器组应配置专用故障录波器。

19.3.28 发电厂的辅机设备及其电源在外部系统发生故障时，应具有一定的抵御事故能力，以保证发电机在外部系统故障情况下的持续运行。

19.4 防止二次回路故障导致保护误动

19.4.1 装设静态型、微机型继电保护装置和收发信机的厂、站接地电阻应按《计算机场地通用规范》（GB/T 2887）和《计算机场地安全要求》（GB 9361）规定；上述设备的机箱应构成良好电磁屏蔽体，并有可靠的接地措施。

19.4.2 电流互感器的二次绕组及回路，必须且只能有一个接地点。公用电流互感器二次绕组二次回路只允许、且必须在相关保护柜屏内一点接地。独立的、与其他电流互感器的二次回路没有电气联系的二次回路宜在开关场一点接地。当差动保护的各组电流回路之间因没有电气联系而选择在开关场就地接地时，须考虑由于开关场发生接地短路故障，将不同接地点之间的地电位差引至保护装置后所带来的影响。来自同一电流互感器二次绕组的三相电流线及其中性线必须置于同一根二次电缆。

19.4.3 公用电压互感器的二次回路只允许在控制室内有一点接地，为保证接地可靠，各电压互感器的中性线不得接有可能断开的开关或熔断器等。已在控制室一点接地的电压互感器二次绕组，宜在开关场将二次绕组中性点经放电间隙或氧化锌阀片接地，其击穿电压峰值应大于 $30I_{max}$ V（I_{max} 为电网接地故障时通过变电站的可能最大接地电流有效值，单位为 kA）。应定期检查放电间隙或氧化锌阀片，防止造成电压二次回路多点接地的现象。

19.4.4 来自同一电压互感器二次绕组的三相电压线及其中性线必须置于同一根二次电缆，不得与其他电缆共用。来自同一电压互感器三次绕组的两（或三）根引入线必须置于同一根二次电缆，不得与其他电缆共用。应特别注意：电压互感器三次绕组及其回路不得短路。

19.4.5 交流电流和交流电压回路、交流和直流回路、强电和弱电回路，均应使用各自独立的电缆。

19.4.6 严格执行有关规程、规定及反事故措施，防止二次寄生回路的形成。

19.4.7 直接接入微机型继电保护装置的所有二次电缆均应使用屏蔽电缆，电缆屏蔽层应在电缆两端可靠接地。严禁使用电缆内的空线替代屏蔽层接地。

19.4.8 对经长电缆跳闸的回路，应采取防止长电缆分布电容影响和防止出口继电器误动的措施：出口继电器的启动功率应大于 5W，动作电压在额定直流电源电压的 55%～70%之间，额定直流电源电压下动作时间为 10～35ms，并应具有抗 220V 工频电压的干扰能力。对于装置间不经附加判据直接启动跳闸的开入量，应经抗干扰继电器重动后开入，抗干扰继电器按上述出口继电器各项参数要求。在运行和检修中应严格执行有关规程、规定及反事故措施，严格防止交流电压、电流串入直流回路。

19.4.9 如果断路器只有一组跳闸线圈，失灵保护装置工作电源应与相对应的断路器操作电源取自不同的直流电源系统。

19.4.10 主设备非电量保护应防水、防震、防油渗漏、密封性好。气体继电器至保护柜的电缆应取消中间转接环节。

19.4.11 保护室与通信室之间信号优先采用光缆传输。若使用电缆，应使用双绞双屏蔽电缆，其中内屏蔽在信号接收端单端接地，外屏蔽在电缆两端接地。

19.4.12 应采取有效措施防止空间磁场对二次电缆的干扰，应根据开关场和一次设备安装的实际情况，敷设与厂、站主接地网紧密连接的等电位接地网。等电位接地网应满足以下要求：

19.4.12.1 应在主控室、保护室、敷设二次电缆的沟道、开关场的就地端子箱及保护用结合滤波器等处，使用截面面积不小于 $100mm^2$ 的裸铜排（缆）敷设与主接地网紧密连接的等电位接地网。

19.4.12.2 在主控室、保护室柜屏下层的电缆室（或电缆沟道）内，按柜屏布置的方向敷设 $100mm^2$ 的专用铜排（缆），将该专用铜排（缆）首末端连接，形成保护室内的等电位接地网。保护室内的等电位接地网与厂、站的主接地网只能存在唯一连接点，连接点位置宜选择在保护室外部电缆沟道的入口处。为保证连接可靠，连接线必须用至少 4 根以上、截面面积不小于 $50mm^2$ 的铜缆（排）构成共点接地。

19.4.12.3 沿开关场二次电缆的沟通敷设截面面积不少于 $100mm^2$ 的铜排（缆），专用铜排（缆）的一端在开关场的每个就地端子箱处与主地网相连，另一端在保护室的电缆沟通入口处与主地网相连，铜排不要求与电缆支架绝缘。

19.4.12.4 由开关场的变压器、断路器、隔离开关和电流、电压互感器等一次设备至开关场就地端子箱之间的二次电缆应经金属管从一次设备的接线盒（箱）引至电缆沟，并将金属管的上端与上述设备的底座和金属外壳良好焊接，金属管另一端在距一次设备 3～5m 之外与主接地网焊接。上述二次电缆的屏蔽层应使用截面面积不小于 $4mm^2$ 多股铜质软导线，仅在就地端子箱处一点接地，在一次设备的接线盒（箱）处不接地。

19.4.12.5 采用电力载波作为纵联保护通道时，应沿高频电缆敷设 $100mm^2$ 铜导线，在结合滤波器处，该铜导线与高频电缆屏蔽层相连且与结合滤波器一次接地引下线隔离，铜导线及结合滤波器二次的接地点应设在距结合滤波器一次接地引下线入地点 3～5m 处；铜导线的另一端应与保护室的等电位地网可靠连接。

19.4.12.6 开关场的就地端子箱内应设置截面不少于 $100mm^2$ 的裸铜排，并使用截面面积不少于 $100mm^2$ 的铜缆与电缆沟道内的等电位接地铜排连接。

19.4.12.7 保护装置之间、保护装置至开关场就地端子箱之间联系电缆以及高频收发信机的电缆屏蔽层应双端接地，使用截面面积不小于 $4mm^2$ 多股铜质软导线可靠连接到等电位接地网的铜排上。

19.4.12.8 微机保护和自动控制装置的屏柜、就地开关端子箱下部应设有截面面积不小于 $100mm^2$ 的接地铜排。屏柜上装置的接地端子应用截面面积不小于 $4mm^2$ 的多股铜线和接地铜排相连，接地铜排应用截面面积不小于 $50mm^2$ 的铜缆与保护室内的等电位接地网相连。

19.4.12.9 结合滤波器中与高频电缆相连的变送器的一、二次线圈间应无直接连接，一次线圈接地端与结合滤波器外壳及主地网直接相连；二次线圈与高频电缆屏蔽层在变送器端子处相连后用不小于 $10mm^2$ 的绝缘导线引出结合滤波器，在与上述与截面积不小于 $100mm^2$ 的专用铜排（缆）焊接的 $50mm^2$ 分支铜导线相连；变送器二次线圈、高频电缆屏蔽层以及 $50mm^2$ 分支铜导线在结合滤波器处不接地。

19.4.12.10 应沿线路纵联保护光电转换设备至光通信设备光电转换接口装置之间的 2M 同轴电缆敷设截面积不小于 $100mm^2$ 的铜电缆。该铜电缆两端分别接至光电转换接口柜和光通信设备（数字配线架）的接地铜排。该接地铜排应与 2M 同轴电缆的屏蔽层可靠相连。为保证光电转换设备和光通信设备（数字配线架）的接地电位的一致性，光电转换接口柜和光通信设备的接地铜排应与主地网相连。重点检查 2M 同轴电缆接地是否良好，防止电网故障时由于屏蔽层接触不良影响保护通信信号。

19.4.12.11 为取得必要的抗干扰效果，可在敷设电缆时使用金属电缆托盘（架），将各段电缆托盘（架）与接地网紧密连接，并将不同用途的电缆分类、分层敷设在金属电缆托盘（架）中。

19.4.12.12 直流电源绝缘检测装置的平衡桥和检测桥的接地端以及保护屏柜内的交流供电电源的中性线（零线）不应接入保护专用的等电位接地网。

19.5　加强新建、扩建、改建工程管理

19.5.1　应从保证设计、调试和验收质量的要求出发，合理确定新建、扩建、技改工程工期。基建调试应严格按照规程规定执行，不得为赶工期减少调试项目，降低调试质量。

19.5.2　新建、扩建、改建工程除完成各项规定的分步试验外，还必须进行所有保护整组检查，模拟故障检查保护连接片的唯一对应关系，模拟闭锁触点动作或断开来检查其唯一对应关系，避免有任何寄生回路存在。

19.5.3　双重化配置的保护装置整组传动验收时，应采用同一时刻，模拟相同故障性质（故障类型相同，故障量相别、幅值、相位相同）的方法，对两套保护同时进行作用于两组跳闸线圈的试验。

19.5.4　所有差动保护（线路、母线、变压器、电抗器、发电机等）在投入运行前，除应在能够保证互感器与测量仪表精度的负荷电流条件下，测定相回路和差回路外，还必须测量各中性线的不平衡电流、电压，以保证保护装置和二次回路接线的正确性。

19.5.5　新建、扩建、改建工程的相关设备投入运行后，施工（或调试）单位应按照约定及时提供完整的一、二次设备安装资料及调试报告，并应保证图纸与实际投入运行设备相符。

19.5.6　验收方应根据有关规程、规定及反事故措施要求制订详细的验收标准。新设备投产前应认真编写保护启动方案，做好事故预想，确保新投设备发生故障能可靠被切除。

19.5.7　新建、扩建、改建工程中应同步建设或完善

继电保护故障信息管理系统，并严格执行国家有关网络安全相关规定。

19.5.8 新、扩、改建工程机组投运前应具备以下资料：

（1）线路、变压器、发电机、断路器等一次设备的技术参数、实测参数和型式试验报告，并应提供变压器、发电机过励磁特性曲线。

（2）电压、电流互感器的变比、极性、直流电阻、伏安特性、电流互感器10％误差计算等实测数据。

（3）保护装置及相关二次交、直流和信号回路的绝缘电阻的实测数据。

（4）光纤通道及接口设备的试验数据。

（5）高频通道及加工设备的试验数据。

（6）安装、调试过程对设计和设备的变更以及缺陷处理的全过程记录。

（7）保护的调试报告和竣工图纸。

19.6 加强继电保护定值及运行管理

19.6.1 加强继电保护定值及保护投退管理，保护装置定值与审核下发的保护定值单必须一致，防止保护定值误整定；保护控制字与压板投入应统一，防止保护误投、漏投现象发生。

19.6.2 依据电网结构和继电保护配置情况，按相关规定进行继电保护的整定计算。当灵敏性与选择性难以兼顾时，应首先考虑以保灵敏度为主，防止保护拒动，并备案报主管领导批准。

19.6.3 按照相关规定定期进行继电保护整定计算，并认真校核与系统保护的配合关系。加强对主设备及厂用系统的继电保护整定计算与管理工作，安排专人每年对所辖设备的整定值进行全面复算和校核，注意防止因厂用系统保护不正确动作，扩大事故范围。

19.6.4 大型发电机高频、低频保护整定计算时，应分别根据发电机在并网前、后的不同运行工况和制造厂提供的发电机性能、特性曲线，并结合电网要求进行整定计算。

19.6.5 过激磁保护的启动元件、反时限和定时限应能分别整定，其返回系数不宜低于 0.96。整定计算应全面考虑主变压器及高压厂用变压器的过励磁能力，并与励磁调节器 V/Hz 限制特性相配合，按励磁调节器 V/Hz 限制首先动作、再由过激磁保护动作的原则进行整定和校核。

19.6.6 发电机负序电流保护应根据制造厂提供的负序电流暂态限值（A 值）进行整定，并留有一定裕度。发电机保护启动失灵保护的零序或负序电流判别元件灵敏度应与发电机负序电流保护相配合。

19.6.7 发电机励磁绕组过负荷保护应投入运行，且与励磁调节器过励磁限制相配合。

19.6.8 应对已运行的母线、变压器和发变组差动保护电流互感器二次回路负载进行 10% 误差计算和分析，校核主设备各侧二次负载的平衡情况，并留有足够裕度。不符合要求的电流互感器应安排更换。

19.6.9 建立与完善阻波器、结合滤波器等高频通道加工设备的定期检修制度，落实责任制，消除检修、管理的死区，应注意做到：定期检查线路高频阻波器、结合滤波器等设备是否工作在正常状态；对已退役的结合滤波器和分频滤过器等设备，应及时采取安全隔离措施。

19.6.10 应对保护直流系统的熔断器、自动开关加强维护、管理。为防止因直流熔断器不正常熔断或自动开关失灵而扩大事故，应定期对运行中的熔断器和自动开关进行检验，严禁质量不合格的熔断器和自动开关投入运行。

19.6.11 继电保护直流系统运行中的电压纹波系数应不大于2%，最低电压不低于额定电压的85%，最高电压不高于额定电压的110%。

19.6.12 应加强对直流系统的管理，防止直流系统故障，特别要重点防止交流电混入直流回路，造成电网事故。

19.6.13 严格执行工作票制度和二次工作安全措施票制度，规范现场安全措施，防止继电保护"三误"（误碰、误接线、误整定）事故。相关专业人员在继电保护回路工作时，必须遵守继电保护相关规定。

19.6.14 微机型继电保护及安全自动装置的软件版本和结构配置文件修改、升级前，应对其书面说明材料及检测报告进行确认，并对原运行软件和结构配置文件进行备份。修改内容涉及测量原理、判据、动作逻辑或变动较大的，必须提交全面检测认证报告。保护软件及现场二次回路变更须经相关保护管理部门同意并及时修订相关的图纸资料。

19.6.15 加强继电保护装置运行维护工作。装置检验应保质保量，严禁超期和漏项，应特别加强对基建投产设备及新安装装置在一年内的全面校验，提高继电保护设备健康水平。

19.6.16 加强发电机组保护投退管理，严格执行操作票步序。机组启停过程中启停机保护、断路器闪络保护、误上电保护投入时不允许退出发变组保护出口压板。

19.6.17 短引线保护应取消线路或元件隔离开关辅助接点自动投退功能，只由压板投退短引线保护。机组解列后系统合环前或断开主变压器（线路）出口隔离开关后投入短引线保护功能及出口压板，合上主变压器或线路出口隔离开关后退出短引线保护功能及出口压板。严禁发变组保护与短引线保护同时退出。

19.6.18 配置足够的保护备品、备件，缩短继电保护缺陷处理时间。微机保护装置的开关电源模件宜在运行6年后予以更换。

19.6.19 加强继电保护试验仪器、仪表的管理工作，每1～2年应对微机型继电保护试验装置进行一次全面检测，确保试验装置的准确度及各项功能满足继电保护试验的要求，防止因试验仪器、仪表存在问题而造成继电保护误整定、误试验。

19.6.20 继电保护专业和通信专业应密切配合，加强对纵联保护通道设备的检查，重点检查是否设定了不必要的收、发信环节的延时或展宽时间。注意校核继电保护通信设备（光纤、微波、载波）传输信号的可靠性和冗余度及通道传输时间，防止因通信问题引起保护不正确动作。

19.6.21 未配置双套母差保护的变电站，在母差保护停用期间应采取相应措施，严格限制母线侧隔离开关的倒闸操作，以保证系统安全。

19.6.22 针对电网运行工况，加强备用电源自动投入装置的管理，定期进行传动试验，保证事故状态下投入成功率。

19.6.23 在电压切换和电压闭锁回路，断路器失灵保护，母线差动保护，远跳、远切、联切回路以及"和电流"等接线方式有关的二次回路上工作时，以及 3/2 断路器接线等主设备检修而相邻断路器仍需运行时，应特别认真做好安全隔离措施。

19.6.24 新投运或电流、电压回路发生变更的 220kV 及以上保护设备，在第一次经历区外故障后，宜通过打印保护装置和故障录波器报告的方式校核保护交流采样值、收发信开关量、功率方向以及差动保护差流值的正确性。

20 防止发电机励磁系统事故

20.1 加强励磁系统设计管理

20.1.1 励磁系统中两套励磁调节器的电压回路应相互独立，使用机端不同电压互感器的二次绕组，防止其中一个故障引起发电机误强励。

20.1.2 励磁系统的灭磁能力应达到国家标准要求，且灭磁装置应具备独立于调节器的灭磁能力。灭磁开关的弧压应满足误强励灭磁的要求。

20.1.3 自并励系统中，励磁变压器不应采取高压熔断器作为保护措施。励磁机、励磁变的容量选择需考虑与励磁系统强励能力相配合，其保护定值应与励磁系统强励能力相协调，防止机组强励过程保护误动作。

20.1.4 励磁变压器的绕组温度应具有有效的监视手段，并控制其温度在设备允许的范围之内。有条件的可装设铁芯温度在线监视装置。运行过程要加强对温度测点的监视与分析。

20.1.5 当励磁系统中过励限制、低励限制、V/Hz限制、定子过压或过流限制的控制失效后，相应的发电机保护应完成解列灭磁。

20.1.6 高起始响应励磁系统必须具备励磁机时间常数补偿环节，以提高其动态性能指标。

20.1.7 励磁功率柜风机电源应采用双路电源，其中一路宜采用保安、UPS等可靠电源。

20.1.8 发变组保护跳灭磁开关出口和集控室紧急跳灭磁开关出口，不允许通过 AVR 的开关量输入环节间接跳灭磁开关。

20.1.9 励磁系统应保证良好的工作环境，环境温度不得超过规定要求。励磁调节器与励磁变压器不应置于同一场地内，整流柜冷却通风入口应设置滤网，必要时应采取防尘降温措施。新建或改造工程，凡是安装在密封环境下的励磁调节器或整流柜均应具备励磁小室环境温湿度远方监测报警功能。

20.2 加强励磁系统的基建安装及设备改造管理

20.2.1 励磁变压器高压侧封闭母线外壳用于各相别之间的安全接地连接应采用大截面金属板，不应采用导线连接，防止不平衡的强磁场感应电流烧毁连接线。

20.2.2 发电机励磁回路接地保护装置原则上应安装于励磁系统柜。接入保护柜或机组故障录波器的转子正、负极采用高绝缘的电缆且不能与其他信号共用电缆。

20.2.3 励磁系统的二次控制电缆均应采用屏蔽电缆，电缆屏蔽层应可靠接地。

20.2.4 励磁系统设备改造后，应重新进行阶跃扰动性试验和各种限制环节、电力系统稳定器功能的试验，确认新的励磁系统工作正常，满足标准的要求。控制程序更新升级前，对旧的控制程序和参数进行备份，升级后进行空载试验及新增功能或改动部分功能的测试，确认程序更新后励磁系统功能正常。做好励磁系统改造或程序更新前后的试验记录并备案。

20.2.5 灭磁开关跳闸中间继电器应采用抗干扰继电器，继电器的启动功率应大于 5W，动作电压在额定直流电源电压的 55%～70% 之间，额定直流电源电压下动作时间为 10～35ms，并应具有抗 220V 工频电压的干扰能力。

20.3 加强励磁系统调整试验管理

20.3.1 电力系统稳定器的定值设定和调整应由具备资质的科研单位或认可的技术监督单位按照相关行业标准进行。试验前应制订完善的技术方案和安全措施上报相关管理部门备案，试验后电力系统稳定器的传递函数及自动电压调节器（AVR）最终整定参数应书面报告相关调度部门。

20.3.2 机组基建投产或励磁系统大修及改造后，应进行发电机空载和负载阶跃响应试验、各限制器动态试验、电力系统稳定器功能验证试验，检查励磁系统动态指标是否达到标准要求。试验前应编写包括试验项目、安全措施和危险点分析等内容的试验方案并经批准。

20.3.3 励磁系统的 V/Hz 限制环节特性应与发电机或变压器过激磁能力低者相匹配，无论使用定时限还是反时限特性，都应在发电机组对应继电保护装置动作前进行限制。V/Hz 限制环节在发电机空载和负载工况下都应正确工作。

20.3.4 励磁系统如设有定子过压限制环节，应与发电机过压保护定值相配合，该限制环节应在机组保护之前动作。

20.3.5 励磁系统低励限制环节动作值的整定应综合考虑发电机定子边段铁芯和结构件发热情况及对系统静态稳定的影响，按照发电机和电网许可的进相能力进行整定，并与发电机失磁保护相配合，在失磁保护之前动作。当发电机进相运行受到扰动瞬间进入励磁调节器低励限制环节工作区域时，不允许发电机组进入不稳定工作状态。

20.3.6 励磁系统的过励限制（即过励磁电流反时限限制和强励电流瞬时限制）环节的特性应与发电机转子的过负荷能力相一致，并与发电机保护中转子过负荷保护定值相配合在保护之前动作。

20.3.7 励磁系统定子电流限制环节的特性应与发电机定子的过电流能力相一致，但是不允许出现定子电流限制环节先于转子过励限制动作从而影响发电机强励能力的情况。

20.3.8 励磁系统应具有无功调差环节和合理的无功调差系数。接入同一母线的发电机的无功调差系数应基本一致。励磁系统无功调差功能应投入运行。

20.4 加强励磁系统运行安全管理

20.4.1 并网机组励磁系统应在自动方式下运行。如励磁系统故障或进行试验需退出自动方式，必须及时报告调度部门。

20.4.2 励磁调节器的自动通道发生故障时应及时修复并投入运行。严禁发电机在手动励磁调节（含按发电机或交流励磁机的磁场电流的闭环调节）下长期运行。在手动励磁调节运行期间，在调节发电机的有功负荷时必须先适当调节发电机的无功负荷，以防止发电机失去静态稳定性。

20.4.3 进相运行的发电机励磁调节器应投入自动方式，低励限制器必须投入。

20.4.4 励磁系统各限制和保护的定值应在发电机安全运行允许范围内，并与发电机、变压器保护相配合，定期进行定值校验。

20.4.5 修改励磁系统参数必须严格履行审批手续，在书面报告有关部门审批并进行相关试验后，方可执行，严禁随意更改励磁系统参数设置。

20.4.6 在机组启动、停机和其他试验过程中，应有机组低转速时切断发电机励磁的措施。

20.4.7 励磁系统控制程序更新升级前，应对旧的控制程序和参数进行备份，升级后进行空载试验及新增功能或改动部分功能的测试，确认程序更新后励磁系统功能正常。做好励磁系统改造或程序更新前后的试验记录并备案。

20.4.8 利用自动电压控制（AVC）对发电机调压时，受控机组励磁系统应投入自动方式。

20.4.9 对上电时会发出"励磁系统故障跳闸"的调节器，上电前应在发变组保护盘上退出励磁系统故障跳闸出口压板，以防止保护误动作。

20.4.10 定期对励磁系统整流柜冷却通风入口滤网、励磁小间空调等降温设施（特别是冷却排水管等）进行清理，防止滤网堵塞、排水管排水不畅或励磁小间漏水等原因导致励磁变压器、励磁调节器控制盘柜发生故障。

20.4.11 运行中应坚持红外成像检测滑环及碳刷温度，出现异常时及时调整，确保碳刷接触良好；必要时检查集电环椭圆度，椭圆度超标时应处理；运行中碳刷打火应采取措施消除，不能消除的要停机处理，一旦形成环火必须立即停机。

20.4.12 励磁系统应具备防止 PT 保险慢熔引起发电机误强励的措施。重视 PT 一次保险的选型，加强检修时 PT 保险定期检查工作。

20.4.13 励磁系统应配置足够的备品、备件，以便发现异常时缩短缺陷处理时间，励磁调节系统电源模件宜在运行 6 年后予以更换。

20.4.14 加强励磁系统设备的日常巡视，检查内容至少包括：励磁变压器各部件温度应在允许范围内，整流柜的均流系数应不低于 0.9，励磁小间防高温、防漏雨、防小动物、防尘等措施完备，温度无异常，通风孔滤网无堵塞。发电机或励磁机转子碳刷磨损情况在允许范围内，滑环火花不影响机组正常运行等。

21 防止电力调度自动化系统、电力通信网及信息系统事故

21.1 防止电力调度自动化系统事故

21.1.1 发电厂的电力监控系统安全防护满足《电力监控系统安全防护规定》（国家发展和改革委员会令2014年第14号）及《国家能源局关于印发电力监控系统安全防护总体方案等安全防护方案和评估规范的通知》（国家能源局国能安全〔2015〕36号），确保电力监控系统安全防护体系完整可靠，具有数据网络安全防护实施方案和网络安全隔离措施，分区合理，隔离措施完备、可靠。

21.1.2 调度自动化系统的主要设备应采用冗余配置，互为热备，服务器的存储容量和中央处理器负载应满足相关规定要求。控制区尽量减少不必要的应用系统，尽量减少服务应用。定期对关键业务的数据进行备份，并实现历史归档数据异地保存。

21.1.3 电力监控系统安全防护应满足"安全分区、网络专用、横向隔离、纵向认证"总体原则要求。安全防护策略从边界防护逐步过渡到全过程安全防护，安全四级主要设备应满足电磁屏蔽的要求，全面形成具有纵深防御的安全防护体系。

21.1.4 生产控制大区内部的系统配置应符合规定要求，硬件应满足要求。生产控制大区一区和二区之间应实现物理隔离，应安装电力专用单向横向隔离装置。生产控

制大区和管理信息大区间应安装电力专用单向横向隔离装置。发电厂至上一级电力调度数据网之间应安装纵向加密认证装置。装置应经过国家权威机构的测试和安全认证。

21.1.5 发电厂站内的远动装置、相量测量装置、电能量终端、时间同步装置、计算机监控系统及其测控单元、变送器及安全防护设备等自动化设备（子站）必须是通过具有国家级检测资质的质检机构检验合格的产品。

21.1.6 主网 500kV（330kV）及以上厂站、220kV枢纽变电站、大电源、电网薄弱点、风电等新能源接入站（风电接入汇集点）、通过 35kV 及以上电压等级线路并网且装机容量 40MW 及以上的风电场、光伏电站均应部署相量测量装置（PMU）。其中新能源汇集站、直流换流站及近区厂站的相量测量装置应具备连续录波及次/超同步振荡监测功能。

21.1.7 厂站端调度自动化系统应采用专用的、冗余配置的不间断电源（UPS）供电，UPS 单机负载率应不高于 40%。外供交流电消失后 UPS 电池满载供电时间应不小于 2h。UPS 应至少具备两路独立的交流供电电源，且每台 UPS 的供电开关应独立。厂站远动装置、计算机监控系统及其测控单元等自动化设备应采用冗余配置的 UPS 或站内直流电源供电。具备双电源模块的设备，应由不同电源供电。

21.1.8 电力监控系统在设备选型及配置时，应当禁止选用经国家相关管理部门检测认定并经国家能源局通报存在漏洞和风险的系统及设备；对于已经投入运行的系统及设备应根据相关要求及时进行整改。

21.1.9 调度范围内的发电厂、110kV 及以上电压等级的变电站应采用开放、分层、分布式计算机双网络结构，自动化设备通信模块应冗余配置，优先采用专用装置，无旋转部件，采用安全可控操作系统；至调度主站（含主调和备调）应具有两路不同路由的通信通道（主/备双通道），支持双主模式与主站通信，变电站应支持告警直传与远程浏览。

21.1.10 厂站自动化系统和设备、调度数据网等必须提前进行调试，出具调试和验收报告，并完成与调度主站联调，验收合格方可投入运行，确保与一次设备同步投入运行，投产资料文档应同步提交。电力监控系统工程建设和管理单位（部门）应严格按照安全防护要求，保障横向隔离、纵向认证、调度数字证书、网络安全监测等安全防护技术措施与电力监控系统同步建设，根据要求配置安全防护策略，验收合格方可开展业务调试。

21.1.11 发电厂、变电站基（改、扩）建工程中调度自动化设备的设计、选型应符合调度自动化专业有关规程规定，并须经相关调度自动化管理部门同意。现场设备的信息采集、接口和传输规约必须满足调度自动化主站系统的要求。

21.1.12 发电厂自动发电控制和自动电压控制子站应具有可靠的技术措施，对接收到的所属调度自动化主站下发的自动发电控制指令和自动电压控制指令进行安全校核，对本地自动发电控制和自动电压控制系统的输出指令进行校验，拒绝执行明显影响电厂或电网安全的指令。除紧急情况外，未经调度许可不得擅自修改自动发电控制和自动电压控制系统的控制策略和相关参数。厂站自动发电控制和自动电压控制系统的控制策略更改后，需要对安全控制逻辑、闭锁策略、电力监控系统安全防护等方面进行全面测试验证，确保自动发电控制和自动电压控制系统在启动过程、系统维护、版本升级、切换、异常工况等过程中不发出或执行控制指令。

21.1.13 调度自动化系统运行维护管理部门应结合本网实际，建立健全各项管理办法和规章制度，必须制定和完善调度自动化系统运行管理规程、调度自动化系统运行管理考核办法、机房安全管理制度、系统运行值班与交接班制度、系统运行维护制度、运行与维护岗位职责和工作标准等。

21.1.14 应制订和落实调度自动化系统应急预案和故障恢复措施，系统和运行数据应定期备份。

21.1.15 按照有关规定的要求，结合一次设备检修或故障处理，定期对调度范围内厂站远动信息（含相量测量装置信息）进行测试。遥信传动试验应具有传动试验记录，遥测精度应满足相关规定要求。

21.1.16 电力监控系统安防配置和策略应符合相关规定要求。保障横向隔离、纵向认证、调度数字证书、网络安全监测等安全防护技术措施与电力监控系统同步建设，根据要求配置安全防护策略，应按照最小化原则，采取白名单方式对安全防护设备的策略进行合理配置。电力监控系统各类主机、网络设备、安防设备、操作系统、应用系统、数据库等应采用强口令，并删除缺省账户。应按照要求对电力监控系统主机及网络设备进行安全加固，关闭空闲的硬件端口，关闭生产控制大区禁用的通用网络服务。

21.1.17 调度端及厂站端应配备全站统一的卫星时

钟设备和网络授时设备，对站内各种系统和设备的时钟进行统一校正。主时钟应采用双机冗余配置，配双电源模块。时间同步装置应能可靠应对时钟异常跳变及电磁干扰等情况，避免时钟源切换策略不合理等导致输出时间的连续性和准确性受到影响，时间同步装置应支持北斗Ⅱ代和GPS双系统授时功能，优先采用北斗Ⅱ代系统，被授时系统（设备）对接收到的对时信息应做校验。厂站测控装置应接收站内统一授时信号，具有带时标数据采集和处理功能，变化遥测数据上送阈值应满足调度要求，具备时间同步状态监测管理功能。

21.2 防止电力通信网事故

21.2.1 电力通信网的网络规划、设计和改造计划应与电网发展相适应，并保持适度超前，突出本质安全要求，统筹业务布局和运行方式优化，充分满足各类业务应用需求，避免生产控制类业务过度集中承载，强化通信网薄弱环节的改造力度，力求网络结构合理、运行灵活、坚强可靠和协调发展。

21.2.2 电力调度机构与其调度范围内的下级调度机构、集控中心（站）、重要变电站、直调发电厂和重要风电场之间应具有两个及以上独立通信路由，应具有两种及以上通信方式的调度电话，满足"双设备、双路由、双电源"的要求，且至少保证有一路单机电话。省调及以上调度及许可厂、站必须至少具备一种光纤通信手段。

21.2.3 网、省调度大楼应具备两条及以上完全独立的光缆通道。电力调度机构、集控中心（站）、重要变电站、直调发电厂、重要风电场和通信枢纽站的通信光缆或电缆应采用不同路由的电缆沟（竖井）进入通信机房和主控室；避免与一次动力电缆同沟（架）布放，并完善防火阻燃、阻火分隔、防小动物封堵等各项安全措施，绑扎醒目的识别标志；如不具备条件，应采取电缆沟（竖井）内部分隔离等措施进行有效隔离。新建通信站应在设计时与全站电缆沟、架统一规划，满足以上要求。

21.2.4 同一条 220kV 及以上线路的两套继电保护和同一系统的有主/备关系的两套安全自动装置通道应由两套独立的通信传输设备分别提供，并分别由两套独立的通信电源供电，重要线路保护及安全自动装置通道应具备两条独立的路由，满足"双设备、双路由、双电源"的要求。

21.2.5 线路纵联保护使用复用接口设备传输允许命令信号时，不应带有附加延时展宽。

21.2.6 电力调度机构与直调发电厂及重要变电站调度自动化实时业务信息的传输应具有两路不同路由的通信通道（主/备双通道）。

21.2.7 通信机房、通信设备（含电源设备）的防雷和过电压防护能力应满足电力系统通信站防雷和过电压防护相关标准、规定的要求。通信机房环境温度、湿度符合要求，机房空调工作正常；对机房空调，机房温、湿度具有控制措施。

21.2.8 电网一次系统配套通信项目，应随电网一次系统建设同步设计、同步实施、同步投运，以满足电网发展需要。

21.2.9 通信设备应在选型、安装、调试、入网试验等各个时期严格执行电力系统通信运行管理和工程验收等方面的标准、规定，明确应选用国家安全部门检测合格的设备（国产设备）。

21.2.10 在基建或技改工程中，通信系统选型应符合通信专业有关规程规定，并需相关通信管理部门同意后，才能实施。现场设备的接口和协议必须满足通信系统的要求。必要时应根据实际情况制定通信系统过渡方案。

21.2.11 应从保证工程质量和通信设备安全稳定运行的要求出发，合理安排新建、改建和技改工程的工期，严格把好质量关，满足提前调试的条件，不得为赶工期减少调试项目，降低调试质量。

21.2.12 在基建或技改工程中，若电网建设改造工作改变原有通信系统的网络结构、设备配置、技术参数时，工程建设单位应委托设计单位对通信系统进行设计，深度应达到初步设计要求，并要按照基建和技改工程建设程序开展相关工作。通信系统选型应符合通信专业有关规程规定，并需相关通信管理部门同意后，才能实施。现场设备的接口和协议必须满足通信系统的要求。必要时应根据实际情况制定通信系统过渡方案。

21.2.13 用于传输继电保护和安控装置业务的通信通道投运前应进行测试验收，其传输时间、可靠性等技术指标应满足《光纤通道传输保护信息通用技术条件》（DL/T 364）等的要求。传输线路分相电流差动保护的通信通道应满足收、发路径和时延相同的要求。

21.2.14 安装调试人员应严格按照通信业务运行方式单的内容进行设备配置和接线。通信调度应在业务开通前与现场工作人员核对通信业务运行方式单的相关内容，确保业务图实相符。

21.2.15 严格按架空地线复合光缆（OPGW）及其

他光缆施工工艺要求进行施工。架空地线复合光缆（OPGW）应在进站门型架顶端、最下端固定点（余缆前）和光缆末端分别通过匹配的专用接地线可靠接地，其余部分应与构架绝缘。采用分段绝缘方式架设的输电线路OPGW，绝缘段接续塔引下的 OPGW 与构架之间的最小绝缘距离应满足安全运行要求，接地点应与构架可靠连接。OPGW、ADSS 等光缆在进站门型架处应悬挂醒目光缆标识牌。应防止引入光缆封堵不严或接续盒安装不正确，造成光缆保护管内或接续盒内进水结冰，导致光纤受力引起断纤故障的发生。引入光缆应使用防火阻燃光缆，并在沟道内全程穿防护子管或使用防火槽盒。引入光缆从门型架至电缆沟地埋部分应全程穿热镀锌钢管，钢管应全程密闭并与站内接地网可靠连接，钢管埋设路径上应设置地埋光缆标识或标牌，钢管地面部分应与构架固定。

21.2.16 通信设备应采用独立的空气开关或直流熔断器供电，禁止多台设备共用一只分路开关或熔断器。各级开关或熔断器保护范围应逐级配合，避免出现分路开关或熔断器与总开关或熔断器同时跳开或熔断，导致故障范围扩大的情况发生。

21.2.17 发电厂负责监视及控制所辖范围内的通信网的运行情况，及时发现通信网故障信息，协调通信网故障处理。

21.2.18 地（市）级及以上通信机构应设置通信调度，设置通信调度岗位，并实行 24h 有人值班。应加强通信调度管理，发挥通信调度在电力通信网运行指挥方面的作用。通信调度员必须具有较强的判断、分析、沟通、协调和管理能力，熟悉所辖通信网络状况和业务运行方式，上岗前应进行培训和考核。

21.2.19 通信站内主要设备的告警信号（声、光）及装置应真实可靠。通信机房动力环境和无人值班机房内主要设备的告警信号（包括电源系统）应接到 24h 有人值班的地方或接入通信综合监测系统，满足通信运行要求。

21.2.20 通信检修工作应严格遵守电力通信检修管理规定相关要求，对通信检修票的业务影响范围、采取的措施等内容应严格进行审查核对，对影响一次电网生产业务的检修工作应按一次电网检修管理办法办理相关手续。严格按通信检修票工作内容开展工作，严禁超范围、超时间检修。

21.2.21 发电厂、新能源场（站）通信部门应与电网通信管理部门、运行维护部门建立工作联系制度。跟踪电网年度、月度检修计划，并按照电力通信检修管理规定办理相关手续，如影响上级通信电路，必须报上级通信调度审批后，方可批准办理开工手续。防止因一次线路施工或检修对通信光缆造成影响，导致通信光缆非计划中断。

21.2.22 发电厂通信部门应定期对厂内及线路光缆的外观、接续盒固定线夹、接续金密封垫等进行检查，并对光缆备用纤芯的衰耗进行测试对比。

21.2.23 每年雷雨季节前应对接地系统进行检查和维护。检查连接处是否紧固、接触是否良好、接地引下线有无锈蚀、接地体附近地面有无异常，必要时应开挖地面抽查地下隐蔽部分锈蚀情况。有通信站的大楼接地网的接地电阻应每年进行一次测量，通信接地网应列入厂内接地网测量内容和周期。微波塔上除架设本站必须的通信装置外，不得架设或搭挂可构成雷击威胁的其他装置，如电缆、电线、电视天线等。

21.2.24 发电厂通信设备运行维护部门应定期对通信设备的滤网、防尘罩进行清洗，做好设备防尘、防虫工作。通信设备检修或故障处理中，应严格按照通信设备和仪表使用手册进行操作，避免误操作或对通信设备及人员造成损伤，特别是采用光时域反射仪测试光纤时，必须断开对端通信设备。

21.2.25 制定通信网管系统运行管理规定，服从上级网管指挥，未经许可，各网元不得进行无关的配置、修改。落实数据备份、病毒防范和安全防护工作。

21.2.26 调度交换机运行数据应每月进行备份，调度交换机数据发生改动前后，应及时做好数据备份工作。调度录音系统应每月进行检查，确保运行可靠、录音效果良好、录音数据准确无误，存储容量充足。

21.2.27 因通信设备故障以及施工改造和电路优化工作等原因需要对原有通信业务运行方式进行调整时，应在48h之内恢复原运行方式。超过48h，必须编制和下达新的通信业务运行方式单，通信调度必须与现场人员对通信业务运行方式单进行核实。确保通信运行资料与现场实际运行状况一致。

21.2.28 应制订和完善通信系统主干电路、同步时钟系统和复用保护通道等应急预案。制订和完善光缆线路、光传输设备、PCM设备、微波设备、载波设备、调度及行政交换机设备、网管设备以及通信专用电源系统的突发事件现场处置方案；通过定期开展反事故演习来检验应急预案的实际效果，并根据通信网发展和业务变化情况对应急预案及时进行补充和修改，保证通信应急预案的常态化，提高通信网预防、控制和处理突发事件的能力。

21.3　防止信息系统事故

21.3.1　建立并完善信息系统安全管理机构，强化管理确保各项安全措施落实到位。

21.3.2　配备信息安全管理人员，并开展有效的管理、考核、审查与培训。

21.3.3　定期开展风险评估，并通过质量控制及应急措施消除或降低评估工作中可能存在的风险。

21.3.4　通过灾备系统的实施做好信息系统及数据的备份，以应对自然灾难可能会对信息系统造成毁灭性的破坏。网络节点具有备份恢复能力，并能够有效防范病毒和黑客的攻击所引起的网络拥塞、系统崩溃和数据丢失。

21.3.5　在技术上合理配置和设置物理环境、网络、主机系统、应用系统、数据等方面的设备及安全措施；在管理上不断完善规章制度，持续改善安全保障机制。

21.3.5.1　信息网络设备及其系统设备可靠，符合相关要求；总体安全策略、设备安全策略、网络安全策略、应用系统安全策略、部门安全策略等应正确，符合规定。

21.3.5.2　信息网络应采用用户身份认证、访问权限控制等安全措施等防范内部的网络攻击；信息网络与互联网之间符合安全隔离相关要求，具备边界完整性检查功能，严禁私自外联，防范来自互联网的攻击。发电厂 SIS 系统应当逐步采用数字证书技术，对用户登录应用系统、访问系统资源等操作进行身份认证。

21.3.5.3 无线网络的设备布局、信号范围、权限管理、传输加密、日志审计等要符合相关安全规定，具有无线网络连接的信息系统应设置安全接入区。

21.3.5.4 构建网络基础设备和软件系统安全可信，没有预留后门或逻辑炸弹。接入网络用户及网络上传输、处理、存储的数据可信，杜绝非授权访问或恶意篡改。

21.3.5.5 加强主机恶意代码防范，定期对网络内办公主机或终端进行扫描，及时检测和清除感染病毒；对网络内的病毒传播情况实时监控，防止发生重大计算机病毒传播事件。

21.3.5.6 加强移动存储介质使用过程、送出维修以及销毁等全生命周期管理，杜绝因移动存储介质引起的病毒传播和敏感数据泄密。

21.3.5.7 路由器、交换机、服务器、邮件系统、目录系统、数据库、域名系统、安全设备、密码设备、密钥参数、交换机端口、IP地址、用户账号、服务端口等网络资源统一管理。

21.3.6 信息系统的需求阶段应充分考虑到信息安全，进行风险分析，开展等级保护定级工作；设计阶段应明确系统自身安全功能设计以及安全防护部署设计，形成专项信息安全防护设计。

21.3.7 加强信息系统开发阶段的管理，建立完善内部安全测试机制，确保项目开发人员遵循信息安全管理和信息保密要求，并加强对项目开发环境的安全管控，确保开发环境与实际运行环境安全隔离。

21.3.8 信息系统上线前测试阶段，应严格进行安全功能测试、代码安全检测等内容，依据风险分析的结果进行修复或制订安全措施，对系统进行安全性测试验收，并按照合同约定及时进行软件著作权资料的移交。

21.3.9 信息系统投入运行前，应对访问策略和操作权限进行全面清理，复查账号权限，核实安全设备开放的端口和策略，确保信息系统投运后的信息安全；信息系统投入运行须同步纳入监控。

21.3.10 在信息系统运行维护、数据交互和调试期间，认真履行相关流程和审批制度，执行工作票和操作票制度，不得擅自进行在线调试和修改，相关维护操作在测试环境通过后再部署到正式环境。

21.3.11 加强网络与信息系统安全审计工作，安全审计系统要定期生成审计报表，审计记录应受到保护，并进行备份，避免删除、修改或破坏。

21.3.12 严格落实国家能源集团《关于印发〈电力监控系统安全十不准〉的通知》（国家能源办〔2019〕396号）要求。

电力监控系统安全十不准：

（1）不准以任何方式将生产控制大区直接接入外部网络。

（2）不准未经许可人员进入生产控制大区设备机房区域。

（3）不准将电力监控系统业务外包。

（4）不准对生产控制大区业务系统进行远程运维、调试。

（5）不准使用未经检测认证的网络设备、安全防护产品、控制系统及 U 盘等移动设备。

（6）不准在生产控制大区工作站保留不必要的物理、

通信等端口。

（7）不准存储、发送、借用、泄露密钥。

（8）不准跨安全等级区域混连网络系统。

（9）不准擅自修改电力监控系统安全防护策略。

（10）不准泄漏电力监控系统核心数据等敏感信息。

22 防止供热中断事故

22.1 加强供热安全生产管理

22.1.1 供热电厂应建立健全供热安全生产机制，完善相关管理制度，在执行汽轮机、锅炉、电气、热工及防止全厂停电等反事故措施的基础上，制订并落实防止供热中断的专项措施，确保供热期间设备安全稳定运行。

22.1.2 强化供热机组的预防性检修检查，检修计划应安排在供热之前，充分利用机组检修、停备机会，开展针对性检修消缺工作，保证一个供热期内的安全稳定运行。

22.1.3 加强供热机组运行管理，合理安排供热机组运行方式，做到系统方式安全、灵活。供热期间重大操作、消缺工作应认真开展危险点分析，工作过程中必须提高监护级别，严格落实各项安全技术措施，防止误操作事故发生。

22.1.4 应与地方政府和供热公司，每年召开一次供热负荷协同会议，确定供热电厂基本供热量、调峰供热量、应急供热量及供热参数。确定各自职责。同时，加强供热应急管理，完善供热事故应急预案，建立应急组织机构，确定工作职责，明确应急指挥控制和响应流程。值长和有关人员应学习掌握预案内容，供热前应组织供热事故应急演练，提高供热中断事故的应急处置能力。积极展开事故预想，掌握供热最低需求及最不利用户情况，制订极端工况下确保用户最低供热需求的技术措施。

22.1.5 热网运行应遵守"统一调度"原则。参与城市集中供热的热电厂，要遵守"服从电网、保证安全、优先供热"的原则。电网发生事故、发电及供热设备突发事故、热网大量失水超过设备补水能力时，热电厂可按照有关规程调整供热参数，并通知热网调度相应调整管网负荷。

22.1.6 加强供热保障、备品备件的物资储备工作，确保事故期间抢修物资、备品备件的正常供应。

22.1.7 接近供热设计值的供热厂，要寻求适合本厂的供热技术方案，增加供热厂的供热能力，降低供热风险。

22.2 防止热网系统故障导致供热中断

22.2.1 热网辅机的容量设计应满足：热网循环泵的总容量应与热网加热器设备最大出力相适应。一台热网循环水泵停止运行时，其余泵的总出力应满足供热可靠性要求。其他热网辅机设备容量应满足《火力发电厂供热首站设计规范》（DL/T 5537）的要求。

22.2.2 热力管网的管道选线、布置等设计应满足《城镇供热管网设计规范》（CJJ 34）。

22.2.3 为便于热网系统隔离，要经过水力计算软件，模拟主网漏泄参数，合理选择分段阀门，多热源换热站间的连通干线、环状管网环线的分段阀门应采用双向密封阀门。防止发生供热事件发生。

22.2.4 地上和管沟敷设的热水或凝结水管道、蒸汽管道及其附件应涂刷耐热、耐湿、防腐性能良好的涂料。直埋敷设的供热管道在地面上应设置标识，燃气管道不得进入热网管沟。管壁腐蚀深度超过壁厚的 1/3 或剩余壁厚小于最小计算壁厚时必须更换管道。

22.2.5 热网设备动力电源应可靠，合理设置备用电源并定期实验。

22.2.6 热网投入运行前，应对热网及其相关系统进行全面检查。

（1）对换热站、管网、热网电源、监控系统、制补水等设备系统进行专项检查（包括热水循环泵和补水泵检查试转），消除影响机组供热的隐患。

（2）热网阀门应灵活可靠，泄水及排空气阀门应严密，阀门状态应符合系统运行要求。

（3）热网系统仪表齐全、准确。

（4）固定支架、滑动支架、卡板、垫片等良好。

（5）新建、改建的供热水网管系应进行试压和冲洗。各种承压管道系统和设备水压试验合格，非承压管道系统和设备应灌水试验合格。

（6）在役供热水网管系应进行充水升压查漏，升压速率应控制在规定范围内，每升压一次应对管网检查一次，并应对疏水管、弯管弯头、三通等大口径部件、检修的管道及设备进行重点检查，确认无异常后方可继续升压。

（7）充分暖管，暖管的恒温时间不应少于 1h，管网升温速率应控制在规定范围内，升温过程中应检查管网、补偿器、固定支架、滑动支架等设备的状态。

（8）泵与阀门操作时应注意防止发生水击、水锤。

（9）要对热网隔断排水点进行摸排，要保证隔断后排水点能及时排出，有相应的接排措施，保证隔离措施发挥作用。

22.2.7 热网系统冷态启动条件:

(1) 新建、改建的供热水管网系统应进行试压和冲洗。供热电厂应在供暖开始前完成热网首站和补水定压系统检修工作,具备对热网首站和外网注水条件,热网系统在供暖日应具备冷态循环条件,保证管网系统冷态调整和热网主干线预热。

(2) 在役供热水网管系应进行充水升压查漏,升压速率应控制在规定范围内,每升压一次应对管网检查一次,并应对疏水管、弯管弯头、三通等大口径部件、检修的管道及设备进行重点检查,确认无异常后方可继续升压。

(3) 供热水网投入时各种承压管道系统和设备水压试验合格,非承压管道系统和设备应灌水试验合格。

(4) 升压过程中保证热网循环泵入口压力,防止升压速度过快发生水锤及汽蚀现象。

22.2.8 投入抽汽供热时,应有相应的运行监视措施:

(1) 热网投运初期,应加强凝汽器水位监视,及时关闭启动疏水门,管道沿线放空门。

(2) 充分暖管,暖管的恒温时间不应少于 1h,管网升温速率应控制在规定范围内,升温过程中应检查管网、补偿器、固定支架、滑动支架等设备的状态。

(3) 控制热网循环水温升、增减热负荷抽气量,保证热网管线正常膨胀,蝶阀后抽汽压力应满足低压缸冷却流量要求。

(4) 热网回水压力降低至规定值时,应立即启动热网补水泵向系统补水防止热网泵汽蚀。

22.2.9 热网投入运行后应进行全面检查:热网无泄漏,管道膨胀正常,滑动支架无卡死、失稳、失垮现象,支架、补偿器等无异常。

22.2.10 供暖期间应采用可靠的压力控制方式。闭式水系统应设安全泄压装置，供热水网的定压应采用自动控制。

22.2.11 抽汽供热机组供热期间，供热汽源的快关阀、电动阀及调整阀进行消缺、试验工作时应做好防止阀门误动的安全技术措施。供热机组的定期切换应避开供热高峰、极寒冷或满负荷出力的时段。

22.2.12 热网管道、设备及附件在正常运行或临时停运期间，应做好防冻保护措施。

22.2.13 热网加热器、热网除氧器、联箱应定期检查检验，安全保护装置齐全，安全阀整定数值合格，并进行定期校验和排放试验。

22.2.14 非采暖期间应重点对影响系统隔离的阀门进行严密性检查和修复，确保系统可靠隔离。

22.2.15 采用自然干燥法对热网系统进行保养时，抽汽管道、加热器汽、水侧、疏水侧分段隔离放尽存水自然干燥，加热器汽侧放入适量的干燥剂，水侧通风干燥。湿法保养应保证系统充满水并维持在一定的正压，水中加药均匀。

22.2.16 热网系统全停 48h 内，消压放水，停止全部运行设备，关闭加热器汽侧进汽电动门，开放水门、放空气门，放尽热网加热器存水，通知维修烘干保养。当因各种原因发生供热中断时，应尽可能保证热网系统的冷水循环，不能保证时，根据天气情况决定是否采取放掉系统存水措施。

22.2.17 要对热网隔断排水点进行摸排，要保证隔断后排水点能及时排出，有相应的接排措施，保证隔离措施发挥作用。

22.3 防止汽轮发电机组及辅助设备故障导致供热中断

22.3.1 汽轮发电机组供热容量、参数选择应执行有关标准，合理选择机、炉、电主辅设备，确保机组正常供热。

（1）当一台容量最大的蒸汽锅炉停用时，其余锅炉的供热能力应满足：冬季采暖、生活用热水的60％～75％用热量，严寒地区取上限；满足工业热用户连续生产所需的生产用汽量。

（2）抽汽式供热汽轮机旋转隔板或低压缸进汽调整蝶阀设计应符合汽轮机末级最小蒸汽流量要求。供热管路应设置安全阀。

（3）抽汽式供热汽轮机必须设计超压保护并投入正常，确保在供热突然中断时旋转隔板或低压缸进汽调整蝶阀能够自动开启。

22.3.2 供热回路快关阀、止回阀、调整阀、旋转隔板等应进行全行程试验，动作时间在合格范围内。

22.3.3 供热公用控制系统应纳入独立分散控制系统或供热机组的分散控制系统内，供热公用控制系统的两路电源应分别取自不同机组的不间断电源系统，且具备无扰切换功能。

22.3.4 应按照汽轮机设计规定控制抽汽供热负荷，严密监视抽汽段压力，防止汽轮机叶片超负荷损坏造成机组停运。

22.3.5 采用背压机进行能量梯级利用的供热机组，背压机检修后投运前油系统必须进行冲洗，润滑系统用油必须清洁，并按规程要求做好启动前的检查和准备工作，以及相关启动前试验。

22.3.6 采用吸收式热泵回收电厂余热进行供暖的机组，应制定热泵真空运行和热泵停备期间真空管理规程，防止溴化锂溶液腐蚀设备。

22.3.7 采用吸收式热泵对电厂循环水进行回收利用时，应重点防范循环水中断或减少、吸收式热泵冻结或结晶、热网系统参数大幅度波动、余热利用抽汽减少造成机组供热抽汽波动、余热利用系统电源中断、余热利用系统 DCS 失灵等事故发生。

22.3.8 采用汽轮机高、低压旁路联合供热时，要保证高、低压旁路阀热工控制逻辑合理，保护逻辑中选取的温度、压力及阀位等测点要具备可靠性，防止高、低压旁路阀因快关保护误动导致供热中断。

22.3.9 进行热电解耦低压缸改造的机组，如低压缸双转子、低压缸光轴、低压缸切除运行，应重视机组振动、轴向推力变化，加强机组在启停阶段及变负荷工况运行时汽轮机胀差和轴向位移的监视，避免汽轮机动静摩擦、振动增大、轴封冒火等问题。

22.4　防止锅炉故障导致供热中断

22.4.1 有启动锅炉且启动锅炉满足环保排放要求的采暖供热电厂，可将启动锅炉作为单台机组供暖时的备用热源，在供暖前全面检修、试运启动锅炉。

22.4.2 根据设备特点制订检修计划，供热前开展锅炉"四管"防磨防爆检查，加强运行控制，防止发生超温、膨胀不畅、蒸汽吹损、高温腐蚀等引起的锅炉爆管停运。

22.4.3 供热前开展风机的检修维护工作，消除风机叶轮的磨损、积灰、腐蚀等缺陷，检查轴承磨损、间隙大及风烟道漏风情况；加强风机运行监视，防止风机振动大、轴承超温、润滑油缺失、叶片损坏、动叶卡涩、旋转失速和喘振等故障引起锅炉降出力或停运。

22.4.4 做好制粉系统设备的维护工作，消除中速磨磨辊磨碗衬板、密封件、钢球磨衬瓦等易磨损件严重及中速磨加载力失效的设备缺陷；运行中严密监视和控制磨煤机进出口差压、出口温度、磨煤机电流及出力等，避免制粉系统堵煤（粉）、断煤、满粉等影响制粉出力。

22.4.5 供热前及时消除空气预热器换热片磨损或腐蚀严重、密封片损坏严重等设备缺陷；清理空气预热器的积灰，保证空气预热器吹灰、在线冲洗装置正常；加强运行监视和吹灰工作，避免转子变形造成机械部分卡涩、液力联耦合器或联轴器故障脱开等造成空气预热器停运；尤其应加强低负荷时空气预热器冷端综合温度的控制，防止因空气预热器严重堵塞引起锅炉降出力。

22.4.6 供热前应对锅炉除灰、输灰、输渣、脱硫、脱硝系统进行全面消缺，及时发现并消除电除尘极板变形、阴极线松动脱落、振打锤或振打砧脱落、布袋损坏、GGH堵塞等设备缺陷。对于燃用灰分大、硫分大的煤种，应加强运行监视，防止干渣机钢带卡涩堵渣、输灰不畅及环保排放超标引起的锅炉降出力。

22.4.7 保证入炉煤质稳定，加强锅炉燃烧调整，防止锅炉结焦结渣、燃烧不稳等影响机组可靠供热。

22.4.8 加强对吹灰器检查，出现吹灰器不严或漏汽现象，及时进行处理。运行中发生吹灰器卡涩，应及时将吹灰器退出，避免受热面被吹损。每次锅炉吹灰后，要对锅炉吹灰器进行一次全面检查，防止远传信号不准造成误判断，导致吹灰器长时间卡在炉内。

22.4.9　做好锅炉设备的防寒防冻工作，依据设备及实际环境，制订本专业防寒防冻措施，加强检查和维护，确保蒸汽伴热、电伴热、暖风器等系统可靠投运。

22.4.10　在出现气温骤降、大风、大雪气候情况时，应缩短巡检周期，严密监视本专业所辖设备运行情况，确保各类发电、供水、供暖系统正常运转。在发生异常情况时，运行人员要及时调整。

22.5　防止化水系统故障导致供热中断

22.5.1　供热机组的化学制水与储水系统应有足够的设计裕度，应满足系统泄漏等异常情况的最大制水量。供热蒸汽疏水外排期间，应增加除盐水制水量，保证补水需求。

22.5.2　应定期化验监督热网补给水、热网疏水、热网循环水的水质。

22.5.3　热网补给水应采用合格的软化水（硬度＜600μmol/L、悬浮物＜5mg/L），防止热网加热设备和管道发生结垢、腐蚀，甚至堵塞。

22.5.4　供热蒸汽凝结水需回收至供热机组时，水质应符合《火力发电机组及蒸汽动力设备水汽质量》（GB/T 12145）的相关规定。

22.5.5　应做好制水系统和热网补给水系统的管道防冻工作。

22.6　防止输煤系统故障导致供热中断

22.6.1　应保障煤场储煤量，防止出现天气、外部市场等原因导致厂内用煤紧张，影响正常供热。

22.6.2 采取措施保障雨雪冰冻以及极端天气情况下燃煤接卸工作。应根据雨雪天气对燃煤的影响程度和上煤易造成堵煤等特点，合理调整上煤周期，增加上煤次数，及时疏通堵煤设备。

22.6.3 加强输煤设备管理，消除输煤设备缺陷，防止上煤系统事故造成锅炉用煤中断。

22.6.4 做好配煤掺烧工作，严格控制入炉煤质，确保不因煤质原因发生锅炉灭火、机组降负荷和环保超标事件。

22.7 防止火灾造成供热中断

22.7.1 做好消防设施的检修维护工作，配备完善的消防设施，定期对各类消防设施进行检查试验与维护保养。落实消防水管道冬季防冻措施，确保特种消防装置可靠投运。

22.7.2 按照巡回检查制度要求，加强电缆沟（夹层）、电缆中间接头、油系统、氢站、氨站、输煤系统、制粉系统等重点部位检查频次，及时消除火灾隐患。

22.7.3 在输煤栈桥、油库、制粉系统等部位动火作业必须办理动火工作票。

22.7.4 输煤、制粉系统要及时清理积煤、积粉，尤其是输煤系统皮带、输煤除尘装置、煤粉仓等部位，防止煤粉自燃引发火灾。

22.8 全面做好设备防寒、防冻工作，确保各种汽、水、油、加药、取样的管道、阀门、表计的保温效果完好，加热、伴热装置能正常投入，防止管道、设备冻裂和仪表指示失常。

22.9 强化继电保护和热工保护工作，严格执行保护管理规定和反事故措施，重要保护回路上开展工作时应安排专人监护，防止发生保护"三误"。

23 防止水轮发电机组（含抽水蓄能机组）事故

23.1 防止机组飞逸

23.1.1 设置完善的剪断销（破断连杆）、调速系统低油压、电气和机械过速等保护装置。过速保护装置应定期检验，并正常投入。对水机过速 140％ 额定转速、事故停机时剪断销剪断（破断连杆破断）等保护在机组检修时应进行传动试验。

23.1.2 机组调速系统安装、更新改造及大修后必须进行水轮机调节系统静态模拟试验、动态特性试验和导叶关闭规律等试验，各项指标合格方可投入运行。

23.1.3 新机组投运前或机组大修后必须通过甩负荷和过速试验，验证水压上升率和转速上升率符合设计要求，过速整定值校验合格。

23.1.4 工作闸门（主阀）应具备动水关闭功能，导水机构拒动时能够动水关闭。应保证工作闸门（主阀）在最大流量下动水关闭时，关闭时间不超过机组在最大飞逸转速下允许持续运行的时间。

23.1.5 进口工作门（事故门）应定期进行落门试验。水轮发电机组设计有快速门的，应当在中控室能够进行人工紧急关闭，并定期进行落门试验。

23.1.6 对调速系统油质进行定期化验和颗粒度超标检查，加强对调速器滤油器的维护保养工作，寒冷地区电站应做好调速系统及集油槽透平油的保温措施，防止油温低、黏度增大，导致调速器动作不灵活，在油质指标不合格的情况下，严禁机组启动。

23.1.7　机组检修时做好过速限制器的分解检查，保证机组过速时可靠动作，防止机组飞逸。

23.1.8　大中型水电站应采用"失电动作"规则，在水轮发电机组的保护和控制回路电压消失时，使相关保护和控制装置能够自动动作关闭机组导水机构。

23.1.9　电气和机械过速保护装置、自动化元件应定期进行检修、试验，以确保机组过速时可靠动作。

23.1.10　机组过速保护的转速信号装置采用冗余配置，其输入信号取自不同的信号源，转速信号器的选用应符合规程要求。

23.1.11　调速器设置交直流两套电源装置，互为备用，故障时自动转换并发出故障信号。

23.1.12　每年结合机组检修进行一次模拟机组事故试验，检验水轮机关闭进水口工作闸门或主阀的联动性能。

23.1.13　新投产机组或机组大修后，应结合机组甩负荷试验时转速升高值，核对水轮机导叶关闭规律是否符合设计要求，并通过合理设置关闭时间或采用分段关闭，确保水压上升值不超过规定值。

23.2　防止水轮机损坏

23.2.1　防止水轮机过流及重要紧固部件损坏。

23.2.1.1　水电站规划设计中应重视水轮发电机组的运行稳定性，合理选择机组参数，使机组具有较宽的稳定运行范围。水电站运行单位应全面掌握各台水轮发电机组的运行特性，划分机组运行区域，并将测试结果作为机组运行控制和自动发电控制（AGC）等系统运行参数设定的依据。电力调度机构应加强与水电站的沟通联系，了解和掌握所调度范围水轮发电机组随水头、出力变化的运行特性，优化机组的安全调度。

23.2.1.2 水轮发电机组设计制造时应重视机组重要连接紧固部件的安全性，并说明重要连接紧固部件的安装、使用、维护要求。水电站运行单位应经常对水轮发电机组重要设备部件（如水轮机顶盖紧固螺栓等）进行检查维护，结合设备消缺和检修对易产生疲劳损伤的重要设备部件进行无损探伤，对已存在损伤的设备部件要加强技术监督，对已老化和不能满足安全生产要求的设备部件要及时进行更新。

23.2.1.3 水轮机导水机构必须设有防止导叶损坏的安全装置，包括装设剪断销（破断连杆）、导叶限位、导叶轴向调整和止推等装置。

23.2.1.4 水电站应当安装水轮发电机组状态在线监测系统，对机组的运行状态进行监测、记录和分析。对于机组振动、摆度突然增大超过标准的异常情况，应当立即停机检查，查明原因和处理合格后，方可按规定程序恢复机组运行。水轮机在各种工况下运行时，应保证顶盖振动和机组轴线各处摆度不大于规定的允许值。机组异常振动和摆度超过允许值应启动报警和事故停机回路。

23.2.1.5 水轮机水下部分检修应检查转轮体与泄水锥的连接牢固可靠。

23.2.1.6 水轮机过流部件应定期检修，重点检查过流部件裂纹、磨损和汽蚀，防止裂纹、磨损和大面积汽蚀等造成过流部件损坏。水轮机过流部件补焊处理后应进行修型，保证型线符合设计要求，转轮大面积补焊或更换新转轮必须做静平衡试验。

23.2.1.7 水轮机桨叶接力器与操作机构连接螺栓应符合设计要求，经无损检测合格，螺栓预紧力矩符合设计要求，止动装置安装牢固或点焊牢固。

23.2.1.8 水轮机的轮毂与主轴连接螺栓和销钉符合设计标准，经无损检测合格，螺栓对称紧固，预紧力矩符合设计要求，止动装置安装或点焊牢固。

23.2.1.9 水轮机桨叶接力器铜套、桨叶轴颈铜套、连杆铜套应符合设计标准，铜套完好无明显磨损，铜套润滑油沟油槽完好，铜套与轴颈配合间隙符合设计要求。

23.2.1.10 水轮机桨叶接力器、桨叶轴颈密封件应完好无渗漏，符合设计要求，并保证耐压试验、渗漏试验及桨叶动作试验合格。

23.2.1.11 水轮机所用紧固件、连接件、结构件应全面检查，经无损检测合格，水轮机轮毂与主轴等重要受力、振动较大的部位螺栓经受过两次紧固拉伸后应全部更换。

23.2.1.12 水轮机转轮室及人孔门的螺栓、焊缝经无损检测合格，螺栓紧固无松动，密封完好无渗漏。

23.2.1.13 水轮机伸缩节所用螺栓符合设计要求，经无损检测合格，密封件完好无渗漏，螺栓紧固无松动，预留间隙均匀并符合设计值。

23.2.1.14 灯泡贯流式水轮机转轮室与桨叶端部间隙符合设计要求，桨叶轴向窜动量符合设计要求。混流式机组应检查上冠和下环之间的间隙符合设计要求。

23.2.1.15 水轮机真空破坏阀、补气阀应动作可靠，检修期间应对其进行检查、维护和测试。

23.2.2 防止水轮机导轴承事故。

23.2.2.1 油润滑的水导轴承应定期检查油位、油色，并定期对运行中的油进行油质化验。

23.2.2.2 水润滑的水导轴承应保证水质清洁、水流畅通和水压正常，压力变送器和示流器等装置工作正常。

23.2.2.3 技术供水滤水器自动排污正常，并定期人工排污。

23.2.2.4 应保证水轮机导轴承测温元件和表计显示正常，信号整定值正确。对设置有外循环油系统的机组，其控制系统应正常工作。

23.2.2.5 水轮机导轴承的间隙应符合设计要求，轴承瓦面完好无明显磨损，轴承瓦与主轴接触面积符合设计标准。

23.2.2.6 水轮机导轴承紧固螺栓应符合设计要求，经无损检测合格，对称紧固，止动装置安装牢固或焊死。

23.2.2.7 水轮机顶盖排水系统完好，防止顶盖水位升高导致油箱进水。

23.2.3 防止液压装置破裂、失压。

23.2.3.1 压力油罐油气比符合规程要求，对投入运行的自动补气阀定期清洗和试验，保证自动补气工作正常。

23.2.3.2 压力油罐及其附件应定期检验检测合格，焊缝检测合格。压力容器安全阀、压力开关和变送器定期校验，动作定值符合设计要求。

23.2.3.3 机组检修后对油泵启停定值、安全阀组定值进行校对并试验。油泵运转应平稳，其输油量不小于设计值。

23.2.3.4 液压系统管路应经耐压试验合格，连接螺栓经无损检测合格，密封件完好无渗漏。

23.2.4 防止机组引水管路系统事故。

23.2.4.1 结合引水系统管路定检、设备检修检查，分析引水系统管路管壁锈蚀、磨损情况，如有异常则及时采取措施处理，做好引水系统管路外表除锈防腐工作。

23.2.4.2 定期检查伸缩节漏水、伸缩节螺栓紧固情况，如有异常及时处理。

23.2.4.3 及时监测拦污栅前后压差情况，出现异常及时处理。结合机组检修定期检查拦污栅的完好性情况，防止进水口拦污栅损坏。

23.2.4.4 当引水管破裂时，事故门应能可靠关闭，并具备远方操作功能，在检修时进行关闭试验。

23.3 防止水轮发电机重大事故

23.3.1 防止定子绕组端部松动引起相间短路。

23.3.1.1 定子绕组在槽内应紧固，槽电位测试应符合要求。

23.3.1.2 定期检查定子绕组端部有无下沉、松动或磨损现象。

23.3.2 防止定子绕组绝缘损坏。

23.3.2.1 加强大型发电机环形接线、过渡引线绝缘检查，并定期按照《电力设备预防性试验规程》（DL/T 596）的要求进行试验。

23.3.2.2 定期检查发电机定子铁芯螺杆紧力，发现铁芯螺杆紧力不符合出厂设计值应及时处理。定期检查发电机硅钢片叠压整齐、无过热痕迹，发现有硅钢片滑出应及时处理。

23.3.2.3 定期对抽水蓄能发电/电动机线棒端部与端箍相对位移与磨损进行检查，发现端箍与支架连接螺栓松动应及时处理。

23.3.2.4 卧式机组应做好发电机风洞内及引线端部油、水引排工作，定期检查发电机风洞内应无油气，机仓底部无积油、水。

23.3.3 防止转子绕组匝间短路。

23.3.3.1 调峰运行机组（参见11.4.3）。

23.3.3.2 加强运行中发电机的振动与无功出力变化情况监视。如果振动伴随无功变化，则可能是发电机转子有严重的匝间短路。此时，首先控制转子电流，若振动突然增大，应立即停运发电机。

23.3.4 防止发电机局部过热损坏。

23.3.4.1 发电机出口、中性点引线连接部分应可靠，机组运行中应定期对励磁变压器至静止励磁装置的分相电缆、静止励磁装置至转子滑环电缆、转子滑环进行红外成像测温检查。

23.3.4.2 定期检查电制动隔离开关动静触头接触情况，发现压紧弹簧松脱或单个触指与其他触指不平行等问题应及时处理。

23.3.4.3 发电机绝缘过热装置报警时（参见11.6.3）。

23.3.4.4 新投产机组或机组检修，都应注意检查定子铁芯压紧以及齿压指有无压偏情况，特别是两端齿部，如发现有松弛现象，应进行处理后方能投入运行。对铁芯绝缘有怀疑时，应进行铁损试验。

23.3.4.5 制造、运输、安装及检修过程中，应注意防止焊渣或金属屑等微小异物掉入定子铁芯通风槽内。

23.3.5 防止发电机机械损伤。

23.3.5.1 在发电机风洞内作业，必须设专人把守发电机进人门，作业人员须穿无金属的工作服、工作鞋，进入发电机内部前应全部取出禁止带入物件，带入物品应清点记录。在工作时，不得踩踏线棒绝缘盒及连接梁等绝缘部件，工作产生的杂物应及时清理干净，工作完毕撤出时清点物品正确，确保无遗留物品。重点要防止螺钉、螺母、工具等金属杂物遗留在定子内部，特别应对端部线圈的夹缝、上下渐伸线之间位置作详细检查。

23.3.5.2 主、辅设备保护装置应定期检验，并正常投入。机组重要运行监视表计和装置失效或动作不正确时，严禁机组启动。机组运行中失去监控时，必须停机检查处理。

23.3.5.3 应尽量避免机组在振动负荷区或气蚀区运行。

23.3.5.4 大修时应对端部紧固件（如连接片紧固的螺栓和螺母、支架固定螺母和螺栓、引线夹板螺栓、汇流管所用卡板和螺栓等）紧固情况以及定子铁芯边缘硅钢片有无断裂等进行检查。

23.3.6 防止发电机轴承烧瓦。

23.3.6.1 带有高压油顶起装置的推力轴承应保证在高压油顶起装置失灵的情况下，推力轴承不投入高压油顶起装置时安全停机无损伤。应定期对高压油顶起装置进行检查试验，确保其处于正常工作状态。

23.3.6.2 润滑油油位应具备远方自动监测功能，并定时检查。定期对润滑油进行化验，油质劣化应尽快处理，油质不合格禁止启动机组。

23.3.6.3 冷却水温、油温、瓦温监测和保护装置应准确可靠，并加强运行监控。

23.3.6.4 机组出现异常运行工况可能损伤轴承时，必须全面检查确认轴瓦完好后，方可重新启动。

23.3.6.5 定期对轴承瓦进行检查，确认无脱壳、裂纹等缺陷，轴瓦接触面、轴领、镜板表面粗糙度应符合设计要求。对于巴氏合金轴承瓦，应定期检查合金与瓦坯的接触情况，必要时进行无损探伤检测。

23.3.6.6 轴电流保护回路应正常投入，出现轴电流报警必须及时检查处理，禁止机组长时间无轴电流保护运行。

23.3.7 防止水轮发电机部件松动。

23.3.7.1 旋转部件连接件应做好防止松脱措施，并定期进行检查。发电机转子风扇应安装牢固，叶片无裂纹、变形，引风板安装应牢固并与定子线棒保持足够间距。

23.3.7.2 定子（含机座）、转子各部件、定子线棒槽楔等应定期检查。水轮发电机机架固定螺栓、定子基础螺栓、定子穿芯螺栓和拉紧螺栓应紧固良好，机架和定子支撑、转动轴系等承载部件的承载结构、焊缝、基础、配重块等应无松动、裂纹、变形等现象。

23.3.7.3 水轮发电机风洞内应避免使用在电磁场下易发热材料或能被电磁吸附的金属连接材料，否则应采取可靠的防护措施，且强度应满足使用要求。

23.3.7.4 定期检查水轮发电机机械制动系统，制动闸、制动环应平整无裂纹，固定螺栓无松动，制动瓦磨损后须及时更换，制动闸及其供气、油系统应无发卡、串腔、漏气和漏油等影响制动性能的缺陷。制动回路转速整定值应定期进行校验，严禁高转速下投入机械制动。

23.3.8 防止发电机转子绕组接地故障（参见11.11）。

23.3.9 防止发电机非同期并网（参见11.9）。

23.3.10 防止励磁系统故障引起发电机损坏。

23.3.10.1 严格执行调度机构有关发电机低励限制和PSS的定值要求，并在大修进行校验。

23.3.10.2 自动励磁调节器的过励限制和过励保护的定值应在制造厂给定的容许值内，并定期校验。

23.3.10.3 励磁调节器的运行通道发生故障时应能自动切换通道并投入运行。严禁发电机在手动励磁调节下长期运行。在手动励磁调节运行期间，调节发电机的有功负荷时必须先适当调节发电机的无功负荷，以防止发电机失去静态稳定性。

23.3.10.4 在电源电压偏差为$+10\%\sim-15\%$、频率偏差为$+4\%\sim-6\%$时，励磁控制系统及其继电器、开关等操动系统均能正常工作。

23.3.10.5 在机组启动、停机和其他试验过程中，应有机组低转速时切断发电机励磁的措施。

23.3.10.6 励磁系统中两套励磁调节器的电压回路应相互独立，使用机端不同电压互感器的二次绕组，防止其中一个短路引起发电机误强励。

23.4 防止抽水蓄能机组相关事故

23.4.1 防止机组调相工况运行时主轴密封、迷宫环温度过高损坏。

23.4.1.1 机组技术供水的压力、流量等应满足各种工况及工况转换的要求。

23.4.1.2 机组调相运行应重点关注机组主轴密封、迷宫环的温度以及机组振动情况。

23.4.2 防止机组相关紧固件、连接件及预埋件损坏。

针对抽水蓄能机组高压力、高水头、高转速、开机频繁特点，应定期进行紧固件、连接件及预埋件的检查。

23.4.3 防止水库水位过低，输水流道进入空气。

23.4.3.1 定期对上下库水位监测装置进行校验，保证数据与现场一致。

23.4.3.2 根据上下水库的死水位，制定上下水库的水位限幅值，并进行水位限幅试验。

23.4.3.3 设置上下库水位最低运行报警值，定期检验报警装置是否能正常动作。

23.4.4 防止进水球阀水力振荡。

23.4.4.1 机组应避免在"S"区运行或振动区运行。

23.4.4.2 进水球阀在设计上应能防止振荡发生时产生位移。

23.4.4.3 机组在发生水力振荡时，应迅速查明水力不平衡的原因，并尽量降低机组有功出力或停机。

23.4.5 防止背靠背（BTB）启动事故。

23.4.5.1 机组背靠背启动涉及原动机和被拖机控制和配合，机组启动过程中应有确保机组自动开机而非单步开机的安全措施，同时应实现静止变频器（SFC）抽水启动、背靠背抽水启动之间的相互闭锁。

23.4.5.2 抽水蓄能机组背靠背启动过程中，应确保在启动过程中发生事故时，启动原动机和被拖机事故停机。

23.4.5.3 抽水蓄能机组背靠背启动过程中，原动机和被拖机转速应保持同步。原动机和被拖机转差大于设定值（根据实际试验情况确定）时，启动原动机和被拖机事故停机。

23.4.5.4 抽水蓄能机组背靠背抽水启动过程中，应设置机组启动一定时间（根据实际情况确定）内未能检测到原动机被拖机转速的保护，启动原动机和被拖机事故停机。

23.4.6 防止抽水启动及水泵运行事故。

在水泵启动及运行过程中，可靠投入溅水功率保护、低功率保护，防止机组启动及运行事故。机组调相运行时，要求具有完善的压水控制流程及相关保护，能够根据监控命令可靠地开启或关闭压水补气阀，当出现水位异常上升时，相关保护能正确动作停机。

23.4.7 防止静止变频器故障，机组无法进行水泵及水泵调相工况启动。

23.4.7.1 静止变频器应满足启动发电电动机至额定转速的时间和频率变化的要求。

23.4.7.2 任意两台机组之间应能满足背靠背启动要求，在启动回路上，背靠背启动和静止变频器启动时应配置相应闭锁。

23.4.7.3 定期对静止变频器冷却水系统进行检查，对存在漏水、水量减少、水压降低的缺陷应及时消除。

23.4.7.4 静止变频器设备间应配置温湿度调节设备,应有防止静止变频器系统长时间停运时冷却水管路结露的措施。

23.4.7.5 要定期对静止变频器对励磁电流设定值的变送器和励磁电流反馈的变送器进行效验,防止因励磁不启动或者是励磁电流没能达到静止变频器启动的要求,造成静止变频器转子位置测量错误,导致静止变频器启动不成功。

23.4.7.6 静止变频器工作时所产生的谐波电流和谐波电压值应不影响发电电动机保护、励磁、调速器、自动准同期装置、中性点接地装置及其他设备的正常运行。

23.4.7.7 静止变频器输入变压器保护装置必须完善可靠,严禁变压器无保护投入运行。

23.4.7.8 静止变频器输入及输出变压器为油变者要定期进行油色谱分析,严禁超标运行。对有水冷却器系统的要有防止变压器本体结露的措施。

23.4.8 防止蓄能机组运行时球阀事故。

23.4.8.1 定期对球阀控制回路及回路上的相关元器件进行检查,保证回路绝缘合格、各元器件工作正常。

23.4.8.2 对于球阀紧停阀为失电动作的机组,其控制电源需冗余配置,并与其他回路隔离。

23.4.8.3 当机组抽水工况运行,球阀突然自动关闭时,保护系统的抽水工况低功率与溅水功率保护应能可靠动作停机。

23.4.8.4 确保进水球阀密封能正常投退,球阀能自动关闭。

24 防止垮坝、水淹厂房及厂房坍塌事故

24.1 加强大坝、厂房防洪设计

24.1.1 设计应充分考虑不利的工程地质、气象条件的影响，尽量避开不利地段，禁止在危险地段修建、扩建和改造工程。

24.1.2 大坝、厂房的监测设计需与主体工程同步设计，监测项目内容和设施的布置在符合水工建筑物监测设计及相关监测技术规范基础上，应统筹考虑监测数据整编及系统维护、检修及运行等要求。

24.1.3 水库设防标准及防洪标准应满足规范要求，应有可靠的泄洪等设施，启闭设备供电电源、通信设施、水位监测设施等可靠性应满足运行要求。

24.1.4 厂房设计应设有正常及应急排水系统。

24.1.5 运行单位应在设计阶段介入工程，从保护设施、设备运行安全及维护方便等方面提出意见。设计应根据运行电站出现的问题，统筹考虑水电站大坝和厂房等工程问题的解决方案。

24.1.6 新建发电厂应认真勘测、精心设计。设计必须按照国家规定的基本建设程序进行，设计文件应按照规定的内容和深度完成批准手续。大坝、厂房等的选址，必须严格执行与发电厂等级或者水电枢纽工程级别相对应的强制性条文规定的防洪标准，或者执行当地人民政府有关防洪标准的要求。位于蓄滞洪区的电厂给排水管线，按照

所在滞洪区洪水资料做管线防洪抗冲刷设计。

24.2 落实大坝、厂房施工期防洪、防汛措施

24.2.1 施工期应成立防洪度汛组织机构，机构应包含业主、设计、施工和监理等相关单位人员，明确各单位人员权利和职责。

24.2.2 施工期建设单位应组织编制满足工程度汛及施工要求的临时挡水方案，报相关部门审查，并报送有管辖权的人民政府批准后组织实施。

24.2.3 大坝、厂房改（扩）建过程中应满足各施工阶段的防洪标准。

24.2.4 项目建设单位、施工单位应制定工程防洪应急预案，并组织应急演练。

24.2.5 施工单位应单独编制观测设施施工方案并经设计、监理、建设单位审查后实施。

24.2.6 设计单位应于汛前提出工程度汛标准、工程形象面貌及度汛要求。

24.2.7 施工单位应于汛前按设计要求和现场施工情况制订防汛措施报监理单位审批后成立防汛抢险队伍，配置足够的防汛物资，做好防洪抢险准备工作。建设单位应组织做好水情预报工作，提供水文气象预报信息，及时通告各参建单位。

24.2.8 汛前应组织专人对截水系统和排水系统进行全面检查、处理，确保截水有效、排水通畅。施工期（或重大技改项目）的围堰工程必须经过专项鉴定和验收，确保围堰体安全度汛。

24.2.9 大坝应急柴油发电机应与泄洪启闭设备同时设计、同时施工、同时投入运行。

24.3 加强大坝、厂房日常防洪、防汛管理

24.3.1 建立、健全防汛组织机构，强化防汛工作责任制，明确防汛目标和防汛重点。

24.3.2 加强发电厂防汛与大坝安全工作的规范化、制度化和标准化建设，及时制定和修订完善能够指导实际工作的《防汛手册》，运行规程以及地震、台风、暴雨、洪水、水位陡涨陡落和其他异常情况时的巡查、加密监测方案。

加强大坝安全保卫，严防人为破坏、相互妨碍等外力损坏，禁止在大坝管理和保护范围内进行爆破、打井、采石、采矿、挖沙、取土、修坟等活动。

24.3.3 做好大坝安全检查（日常巡查、年度详查、定期检查和特种检查）、监测、维护工作，确保大坝处于良好状态。对观测异常数据要及时分析、上报和采取措施。当出现地震、台风、海堤越浪、暴雨、洪水、水位陡涨陡落和其他异常情况时，应进行专项检查。

定期开展灰场大坝安全性评价，全面评价大坝结构、完整性和安全性态。主要内容包括：现场检查和监测、数据分析、大坝及附属物的评价和鉴定、紧急措施和方案四个部分，并对大坝提出评价结论和建议。

24.3.4 按照集团公司《防汛工作管理办法》要求，应及时开展汛前检查工作，并做好自查整改及防洪度汛的各项准备工作。

24.3.5 发电厂应结合电力生产特点和任务，制定科学、具体、切合实际的防汛预案，预案应报当地防汛主管部门审批或备案，有针对性地开展防汛演练，对演练情况应及时上报主管部门。台风多发地区的发电厂，应制定和

完善防台风应急预案，提前做好防台风的各项技术准备（腾库迎台）和相应的物资准备；加强对水雨情的监测与预报，随时掌握气象预报信息；台风来临前应组织一次全面的检查，制定好相应的应对措施；台风过后，及时检查，并报告上级主管部门。

24.3.6 水电厂应按照有关规定，对大坝、水库情况、备用电源、泄洪设备、水位计等进行认真检查。既要检查厂房外部的防汛措施，也要检查厂房内部的防水淹厂房措施，厂房内部重点应对供排水系统、廊道、尾水进人孔、水轮机顶盖等部位的检查和监视，防止水淹厂房和损坏机组设备。

24.3.7 汛前应做好防止水淹厂房、廊道、泵房、变电站、进厂铁（公）路以及其他生产、生活设施的可靠防范措施，防汛备用电源汛前应进行带负荷试验，特别确保地处河流附近低洼地区、水库下游地区、河谷地区排水畅通，防止河水倒灌、排水通道淤积和暴雨造成水淹。

24.3.8 汛前备足必要的防洪抢险器材、物资，并对其进行检查、检验和试验，确保物资的良好状态。确保有足够的防汛资金保障，并建立保管、更新、使用等专项使用制度。

24.3.9 在重视防御江河洪水灾害的同时，应落实防御和应对上游水库垮坝、下游尾水顶托及局部暴雨造成的厂坝区山洪、支沟洪水、山体滑坡、泥石流等地质灾害的各项措施。

24.3.10 加强对水情自动化系统的维护，广泛收集气象信息，确保洪水预报精度。如遇特大暴雨洪水或其他严重威胁大坝安全的事件，又无法与上级联系，可按照批准的方案，采取非常措施确保大坝安全，同时采取一切可能的途径通知地方政府。

24.3.11 强化水电厂水库运行管理，必须根据批准的调洪方案和防汛指挥部门的指令进行调洪，严格按照有关规程规定的程序操作闸门。

24.3.12 对影响大坝、灰坝安全和防洪度汛的缺陷、隐患及水毁工程，应实施永久性的工程措施，优先安排资金，抓紧进行检修、处理。对已确认的病、险坝，必须立即采取补强加固措施，并制订险情预计和应急处理计划。检修、处理过程应符合有关规定要求，确保工程质量。隐患未除期间，应根据实际病险情况，充分论证，必要时采取降低水库运行特征水位等措施确保安全。

24.3.13 加强对灰场的排水（排洪）系统、山谷灰场的坝体浸润线、坝下渗流溢出点的巡视、检查、监测工作，定期检查灰场的截水、排水设备设施完好，及时清理排水管道，保证排水管道畅通；定期监测灰坝位移。发现异常及时汇报，并采取措施，严防灰场垮坝造成灾害。

24.3.14 应定期检查和清理灰场、煤场的排水设施，保证其完好、畅通，防止水淹灰场、煤场等低洼地带的设备设施。下游坝脚100m范围内不得取土、开洞。

24.3.15 汛期加强防汛值班，确保水雨情系统完好可靠，及时了解和上报有关防汛信息。防汛抗洪中发现异常现象和不安全因素时，应及时采取措施，并报告上级主管部门。

24.3.16 汛期严格按水库汛限水位运行规定调节水库水位，在水库洪水调节过程中，严格按批准的调洪方案调洪。当水库发生特大洪水后，应对水库的防洪能力进行复核。

24.3.17 汛期加强防汛值班带班，防汛值班应配备卫星电话，及时了解和上报有关防汛信息，防汛信息传递时应使用录音电话。防汛抗洪中发现异常现象和不安全因素时，应及时采取措施，并报告上级主管部门。

24.3.18 汛期后应及时总结，对存在的隐患进行整改，总结情况应及时上报主管单位。

24.3.19 对屋顶积灰严重的机、炉等厂房，要及时组织清理，防止除氧器排汽口结冰及雨雪时厂房屋顶荷重超载而塌落。定期清理、疏通房屋顶排水管道，保证排水畅通。

24.3.20 对建成 20 年及以上厂房及建筑物应加强检测和维修，防止坍塌事故的发生。当存在短期内发生破坏性事故风险时，应迅速采取有效的除险加固措施，并及时上报主管单位。

24.3.21 当电厂厂区附近地形较高时，应检查厂区外客水（洪水、越浪海水）倒灌的节流、疏排设备设施，确保排水供电设施完好，严防淹没设备设施。

24.3.22 对近坝库岸可能产生的滑坡、泥石流等，要加强巡查、监测，对可能导致漫坝事故的滑坡体应设置监测设施，并纳入巡查和监测范围，及时分析监测成果。

24.3.23 当电厂给排水管线处于蓄滞洪区时，应加强与当地抗洪指挥部门沟通，加强对行洪、分洪、蓄洪、滞洪区管线巡视，研究制订极端情况下的各项应急措施，备足必要的防洪抢险器材、物资，落实相应的应急预案。

25 防止重大环境污染事故

25.1 严格执行环境影响评价与环保"三同时"等环保管理制度要求

25.1.1 新建、扩建、改建工程的建设和运行须满足环境影响评价文件及其批复意见的要求,环境保护设施必须与主体工程同时设计、同时施工、同时投产使用。

25.1.2 锅炉实际燃用煤质的灰分、硫分、低位发热量等不宜超出设计煤质及校核煤质,否则应采取混煤等掺烧措施。加强燃煤掺配管理,合理调配锅炉燃煤,全面考虑燃煤硫分、灰分和低位发热量等指标,使入炉煤煤质达到或接近设计要求。

25.1.3 应按《火力发电厂大气污染物排放标准》(GB 13223)或更严格的地方烟气污染物排放标准规定的排放限值,采用相应的烟气除尘(电除尘器、袋式除尘器、电袋复合式除尘器、脱硫装置协同除尘器、湿式电除尘器等)、烟气脱硫与烟气脱硝(锅炉配置低氮燃烧装置)设施,投运的环保设施及系统应运行正常,脱除效率应达到设计要求,各污染物排放浓度达到国家、地方的排放标准要求。

25.1.4 废水处理设备必须保证正常运行,处理后废水测试数据指标应达到设计标准及《污水综合排放标准》(GB 8978)相关规定的要求;脱硫废水处理系统容量应满足现场实际运行需求,处理后的脱硫废水应满足《火电厂石灰石—石膏湿法脱硫废水水质控制指标》（DL/T 997）的要求。

25.1.5 宜采用干除灰输送系统、干排渣系统。如采用水力除灰，应实现灰水回收循环使用，灰水设施和除灰系统投运前必须做水压试验。

25.1.6 灰场大坝应充分考虑大坝的强度和安全性，大坝工程设计应最大限度地合理利用水资源并建设灰水回用系统，灰场应按无渗漏设计，防止污染地下水。

25.1.7 燃煤电厂储煤场应采用全封闭型式，储煤场的防尘设计应符合《大中型火力发电厂设计规范》（GB 50660）、《工业企业设计卫生标准》（GBZ1）、《工作场所有害因素职业接触限值》（GBZ2）及《火力发电厂职业安全设计规范》（DL 5053）的有关规定。

25.1.8 应按照《企业突发环境事件风险评估指南（试行）》（环办〔2018〕8号）和《企业突发环境事件风险分级方法》（HJ 941—2018）等文件要求制定《环境污染事故应急预案》，并不定期地进行可能会造成环境污染事故预想和反事故演习。

25.2 加强输煤设施运行维护管理

25.2.1 制定完善的输煤系统设施运行、维护及管理制度，并严格贯彻执行。

25.2.2 加强输煤系统设备维护管理，确保喷雾抑尘设施正常运行。

25.2.3 大风天气时，对未全封闭的煤场应启动储煤场喷洒水装置，配合挡风抑尘墙，防止煤场扬尘。

25.2.4 加强码头卸煤管理，防止煤尘落入水体造成污染。

25.3 加强灰场设施运行维护管理

25.3.1 加强发电厂灰坝坝体的安全管理。设置灰坝坝体监测点，对灰场及灰坝的安全性进行定期评估，并将评估报告及相关材料报送公司或有关部门备案。已建大坝要对危及大坝安全的缺陷、隐患及时处理和加固。

25.3.2 建立灰场（灰坝坝体）安全管理制度，明确管理职责。应设专人定期对灰坝、灰管、灰场和排、渗水设施进行巡检。应坚持巡检制度并认真做好巡检记录，发现缺陷和隐患及早解决。汛期应加强灰场管理，增加巡检频率。

25.3.3 加强灰水系统运行参数和污染物排放情况的监测分析，发现问题及时采取措施。

25.3.4 定期对灰管进行检查，重点包括灰管的磨损和接头、各支撑装置（含支点及管桥）的状况等，防止发生管道断裂事故。灰管道泄漏时应及时停运，以防蔓延形成污染事故。

25.3.5 对分区使用或正在取灰外运的灰场，必须制定落实严格的防止扬尘污染的管理制度，配备必要的防尘设施，避免扬尘对周围环境造成污染。

25.3.6 灰场应根据实际情况采取覆土、碾压、种植或表面固化处理等措施，防止发生扬尘污染。

25.3.7 定期对灰场周围地下水观测点、观测井的水质进行自行监测，并按规定周期接受当地环保部门或具备资质的第三方检测机构进行监测，发现异常时及时向上级公司、当地环保及相关部门进行报送。

25.4 加强废水处理设施运行维护管理

25.4.1 电厂内部应做到废水集中处理，处理后的废水应回收利用，正常工况下，禁止废水外排。环评要求厂区不得设置废水排放口的企业，一律不准设置废水排放口。环评允许设置废水排放口的企业，其废水排放口应规范化设置，满足环保部门的要求。同时应安装废水自动监控设施，并严格执行《水污染源在线监测系统安装技术规范（试行）》（HJ/T 353）。

25.4.2 电厂排放水应按照国家、地方环保部门规定的排放水域等级进行指标控制。工业废水重点控制排水 pH 值、石油类及悬浮物含量，悬浮物含量应按受纳水体等级从严要求。循环冷却水排水重点控制排水总磷与 pH 值。生活污水排水重点控制 BOD_5、化学需氧量 COD_{Cr}。有脱硫废水产生的火电厂，应单独设置废水处理系统，对厂区废水排放口硫酸盐浓度定期取样化验。

25.4.3 应定期做好全厂水平衡测试工作。加强废水的等级梯次利用，通过节水分析，优化使用，按照一水多用、重复利用的原则，做好节水和废水治理改造，努力实现工业废水零排放。

25.4.4 应对电厂废（污）水处理设施制定严格的运行维护和检修制度，加强对污水处理设备的维护、管理，确保废（污）水处理运转正常。

25.4.5 做好电厂废（污）水处理设施运行记录，并定期监督废水处理设施的投运率、处理效率和废水排放达标率。废水处理设施投运率达到 100%，废水排放达标率达到 100%。

25.4.6 锅炉进行化学清洗时，必须制订废液处理方案，并经审批后执行。清洗产生的废液经处理达标后尽量回用，降低废水排放量。清酸洗废液需外运处置时的，应委托有资质单位进行，电厂要进行过程监督，并且留下记录。锅炉化学清洗废液的排放应符合《污水综合排放标准》(GB 8978)和地方环保标准的规定。严禁排放未经处理的酸、碱液及其他有害液体，也不得采用渗坑、渗井和漫流的方式排放。

25.5 加强除尘、除灰、除渣设施运行维护管理

25.5.1 加强燃煤电厂电除尘器、袋式除尘器、电袋复合式除尘器、脱硫装置协同除尘器和湿式电除尘器的运行、维护及管理，除尘器的运行参数控制在最佳状态。及时处理设备运行中存在的故障和问题，保证除尘器的除尘效率和投运率。烟尘排放浓度应达到国家及地方的排放标准规定要求，否则应进行除尘器提效等改造。

25.5.2 电除尘器、湿式电除尘器的除尘效率、电场投运率、烟尘排放浓度应满足设计的要求。新建、改造和大修后的电除尘器应进行性能试验，性能指标未达标不得验收。

25.5.3 袋式除尘器、电袋复合式除尘器的除尘效率、滤袋破损率、阻力、滤袋寿命等应满足设计的要求。新建、改造和大修后的袋式除尘器、电袋复合式除尘器应进行性能试验，性能指标未达标不得验收。袋式除尘器、电袋复合式除尘器运行期间出现滤袋破损应及时处理。

25.5.4 防止除尘器灰斗堵灰，根据电场（布袋）除尘量合理调配输灰系统输送能力，确保除尘器灰斗灰位在允许范围内。灰斗应设置高料位报警和紧急放灰装置，灰斗长时间（超过 6h）高料位时应采取强制放灰措施，防止发生除尘器灰斗垮塌事故。

25.5.5 防止电厂干除灰输送系统、干排渣系统及水

力输送系统的输送管道泄漏，应制定紧急事故措施及预案。

25.5.6 锅炉启动时油枪点火、燃油、煤油混烧、等离子投入等工况下，电除尘器应在闪络电压以下运行，袋式除尘器或电袋复合式除尘器的滤袋应提前进行预涂灰处理。同时防止除尘器内部、灰库、炉底干排渣系统的二次燃烧，要求及时输送避免堆积。

25.5.7 袋式除尘器或电袋复合式除尘器的旁路烟道及阀门应零泄漏。

25.6 加强脱硫设施运行维护管理

25.6.1 制定完善的脱硫设施运行、维护及管理制度，并严格贯彻执行。

25.6.2 锅炉运行其脱硫系统必须同时投入，脱硫设施纳入主设备管理，并确保脱硫系统高效稳定运行，脱硫效率、投运率应达到设计的要求，同时二氧化硫排放浓度达到国家及地方的排放标准要求，否则脱硫系统应进行提效改造。

25.6.3 加强脱硫设施的运行、维护和管理，确保二氧化硫浓度小时均值达标排放。优化调整脱硫控制参数，如pH值、密度、液位（干法循环流化床脱硫塔误动、床压、脱硫除尘运行参数）等，提高脱硫设施运行的稳定性。

25.6.4 对吸收剂的品质、吸收塔浆液、脱水石膏等进行定期的取样分析，运行人员应根据分析结果及时调整设备运行方式。每年应开展脱硫设施运行状态性能测试，结合测试数据全面评价设施的能力及状态。

25.6.5 应加强脱硫系统吸收塔液位的监视，并定期校验液位计，防止液位过高使大量浆液溢流至入口烟道和引风机处。

25.6.6 脱硫系统运行时必须投入废水处理系统，处理后的废水指标满足国家和地方标准要求。

25.6.7 新建、改造和大修后的脱硫系统应进行性能试验，指标未达到标准的不得验收。

25.6.8 加强防腐工程施工队伍及人员资质管理，选择优良的原材料及施工工艺，加强重点工序和施工过程中温度和湿度等环境条件的控制，确保防腐工程质量优良。加强脱硫系统的维护工作，对脱硫系统吸收塔、换热器、烟道等设备的腐蚀情况进行定期检查，防止发生大面积腐蚀。

25.6.9 对未安装烟气换热器（GGH）加热设备的脱硫设施，应定期监测脱硫后的烟气中的石膏含量，防止烟气中带出脱硫石膏。

25.6.10 防止出现脱硫系统输送浆液管道的跑冒滴漏现象，发生泄漏及时处理。

25.6.11 脱硫系统的副产品应按照要求进行堆放、运输和综合利用，避免二次污染。

25.6.12 脱硫系统的上游设备除尘器应保证其出口烟尘浓度等指标满足脱硫系统运行要求，避免吸收塔浆液中毒。

25.7 加强脱硝设施运行维护管理

25.7.1 制定完善的脱硝设施运行、维护及管理制度，并严格贯彻执行。

25.7.2 脱硝系统的脱硝效率、投运率、应达到设计要求，同时氮氧化物排放浓度满足国家和地方的排放标准，不能达到标准要求应加装、更换催化剂或采取其他措施。

25.7.3 新建燃煤机组应选择尿素作为还原剂；投运机组采用液氨或氨水作为还原剂的，应按国家、地方和公司的有关要求改用尿素作为还原剂。

25.7.4 新建、改造、加装或更换催化剂后的脱硝设施应进行性能试验，指标未达到标准的不得验收。催化剂应按照催化剂管理要求进行阶段性性能评估检验，建立性能指标档案及寿命曲线，并与设计值进行对比分析。

25.7.5 设有氨储存设备的脱硝系统应制定氨区事故应急预案，同时定期进行环境污染的事故预想、防火、防爆处理演习，每年至少一次。

25.7.6 氨区的设计应满足《建筑设计防火规范》（GB 50016）、《罐区防火堤设计规范》（GB 50351）、地方安全监督部门的技术规范及有关要求，氨区应有防雷、防爆、防静电设计。新建液氨储罐区应设计倒罐系统，当其中一储罐发生泄漏事故时，可将泄漏罐内的液氨倒入另一安全液氨罐内。液氨的使用管理应符合国家能源局《燃煤发电厂液氨灌区安全管理规定》和国华电力公司《烟气脱硝氨区作业安全技术规定》等相关政策和法规、规范的有关要求。

25.7.7 氨区的卸料压缩机、液氨供应泵、液氨蒸发槽、氨气缓冲罐、氨气稀释罐、储氨罐、阀门及管道等无泄漏。

25.7.8 氨区的喷淋降温系统、消防水喷淋系统、氨气泄漏检测器应定期进行试验；安全阀和压力容器应按要求定期检验。

25.7.9 氨区应具备风向标、洗眼池及人体冲洗喷淋设备，同时氨区现场应放置防毒面具、防护服、药品以及相应的专用工具。风向标的位置应设在本企业职工和附近300m 范围内居民容易看到的高处。若发生液氨泄漏事故，应当立即向有关部门报告，启动应急救援预案。当泄漏影响周边居民人身安全时，应立即通告，并组织人员向上风向转移。

25.7.10 氮气吹扫系统应符合设计要求，系统正常运行。

25.7.11 烟气脱硝系统应按设计效率运行，严禁利用过量喷氨来提高脱硝效率，造成氨逃逸量偏大对尾部设施形成腐蚀、结垢、堵塞等问题。

25.7.12 加强氨逃逸监测装置的运行维护，保证测量的准确性和可靠性。

25.7.13 烟气脱硝系统禁止在催化剂最低允许温度以下、最高允许温度以上喷氨运行。

25.7.14 液氨储罐区泄漏或含氨废水必须经过工艺处理合格后回用。液氨储罐区泄漏或含氨废水由废水池收集后通过废水泵输送到工业废水处理车间集中处理，废水泵的总出力应满足排出废水池内最大来水。应设置运行和事故状态下的废水收集系统，禁止进入雨排水系统。

25.7.15 锅炉启动时油枪点火、燃油、煤油混烧、等离子投入等工况下，防止催化剂产生堆积可燃物燃烧。

25.7.16 根据《固体废物污染环境防治法》和《国家危险废物名录》的有关规定和要求，妥善处理废烟气脱硝催化剂转移、再生和利用处置过程中产生的废酸、废水、污泥和废渣等，避免二次污染。

25.7.17 不可再生且无法利用的废烟气脱硝催化剂应交由具有相应能力的危险废物经营企业处理处置。

25.7.18 氨区配备完善的消防设施，定期对各类消防设施进行检查与保养，禁止使用过期消防器材。

25.7.19 加强脱硝设施的管理、运行和维护人员的定期培训，使其系统掌握脱硝设施正常运行的具体操作和应急情况的处理措施，尤其是事故或紧急状态下时的操作和事故处理。

25.7.20 输送液氨车辆在厂内运输应严格按照制定的路线、速度行进，同时输送车辆及驾驶人员应有运输液氨相应的资质及证件等。

25.8 加强烟气在线连续监测装置运行维护管理

25.8.1 严格按照《固定污染源烟气（SO_2、NO_x、颗粒物）排放连续监测技术规范》（HJ 75）及《固定污染源烟气（SO_2、NO_x、颗粒物）排放连续监测系统技术要求及检测方法》（HJ 76）执行。

25.8.2 加强烟气在线连续监测装置的运营和管理，确保烟气颗粒物、二氧化硫、氮氧化物、温度、流量、氧量和湿度等参数采样的代表性和测试的准确性，并保证数据传输的传输率和效率。

引用法律法规和标准规范目录

一、国家法律法规

中华人民共和国安全生产法

中华人民共和国特种设备安全法

中华人民共和国防洪法

中华人民共和国消防法

中华人民共和国道路交通安全法

电力供应与使用条例

生产安全事故报告和调查处理条例

电力安全事故应急处置和调查处理条例

中华人民共和国防汛条例

中华人民共和国道路交通安全法实施条例

中华人民共和国固体废物污染环境防治法

二、部门规章及规范性文件

环境保护部、国家发展和改革委员会令第 1 号　国家危险废物名录

电力工业部令第 8 号　供电营业规则

国家发改委第 14 号令　电力监控系统安全防护规定

国家经济贸易委员会令第 30 号　电网与电厂计算机监控系统及调度数据网络安全防护规定

国家安全监管总局令第 30 号　特种作业人员安全技术培训考核管理规定

国家安全监管总局令第 41 号　危险化学品生产企业安全生产许可证实施办法

公安部令第 61 号　机关、团体、企业、事业单位消防安全管理规定

国务院令第 549 号　特种设备安全监察条例

能源安保〔1991〕709 号　电站压力式除氧器安全技术规定

安监总管三〔2011〕95 号　国家安全监管总局关于公布首批重点监督的

危险化学品名录的通知

国能安全〔2013〕427 号　关于防范电力人身伤亡事故的指导意见

国能安全〔2014〕161 号　国家能源局关于印发《防止电力生产事故的二十五项重点要求的通知

国能安全〔2014〕318 号　电力行业信息安全等级保护管理办法

国能安全〔2014〕328 号　国家能源局关于印发《燃煤发电厂液氨罐区安全管理规定》的通知

国能安全〔2015〕36 号　电力监控系统安全防护总体方案

环办〔2018〕8 号　企业突发环境事件风险评估指南（试行）

三、国家标准

TSG 08　特种设备使用管理规则

TSG 21　固定式压力容器安全技术监察规程

TSG G0001　锅炉安全技术监察规程

GB 150　压力容器

GB 4387　工业企业厂内铁路、道路运输安全规程

GB 4962　氢气使用安全技术规程

GB 6441　企业职工伤亡事故分类

GB 8978　污水综合排放标准

GB 13223　火电厂大气污染物排放标准

GB 13395　电力设备带电水冲洗导则

GB 15577　粉尘防爆安全规程

GB 26164.1　电力安全工作规程　第 1 部分：热力和机械

GB 26859　电力安全工作规程　电力线路部分

GB 26860　电力安全工作规程　发电厂和变电站电气部分

GB 50016　建筑设计防火规范

GB 50058　爆炸危险环境电力装置设计规范

GB 50116　火灾自动报警系统设计规范

GB 50168　电力装置安装工程　电缆线路施工及验收标准

GB 50172　电气装置安装工程　蓄电池施工及验收规范

GB 50183　石油天然气工程设计防火规范

GB 50217　电力工程电缆设计标准

GB 50229　火力发电厂与变电站设计防火标准

GB 50233　110kV～750kV 架空输电线路施工及验收规范

GB 50351　储罐区防火堤设计规范

GB 50660　大中型火力发电厂设计规范

GB 50545　110kV～750kV 架空输电线路设计规范

GB 50660　大中型火力发电厂设计规范

GBZ1　工业企业设计卫生标准

GBZ2　工作场所有害因素职业接触限值

GB/T 320　工业用合成盐酸

GB/T 2887　计算机场地通用规范

GB/T 6115　电力系统用串联电容器

GB/T 7064　隐极同步发电机技术要求

GB/T 7595　运行中变压器油质量

GB/T 7596　电厂运行中矿物涡轮机油质量

GB/T 7894　水轮发电机基本技术条件

GB/T 8564　水轮发电机组安装技术规范

GB/T 9361　计算机场地安全要求

GB/T 11024　标称电压 1000V 以上交流电力系统用并联电容器

GB/T 11199　高纯氢氧化钠

GB/T 12145　火力发电机组及蒸汽动力设备水汽质量

GB/T 14285　继电保护和安全自动装置技术规程

GB/T 14542　变压器油维护管理导则

GB/T 15468　水轮机基本技术条件

GB/T 16507　水管锅炉

GB/T 16508　锅壳锅炉

GB/T 17189　水力机械（水轮机、蓄能泵和水泵水轮机）振动和脉动现场测试规程

GB/T 18482　可逆式抽水蓄能机组启动试运行规程

GB/T 19963　风电场接入电力系统技术规定

GB/T 20043　水轮机、蓄能泵和水泵水轮机水力性能现场验收试验规程

GB/T 20140　隐极同步发电机定子绕组端部动态特性和振动测量方法及评定

GB/T 20269　信息安全技术　信息系统安全管理要求

GB/T 20834　发电电动机基本技术条件

GB/T 26218.1～2、GB/T 26218.3　污秽条件下使用的高压绝缘子的选择和尺寸确定

GB/T 28570　水轮发电机组状态在线监测系统技术导则

GB/T 50064　交流电气装置的过电压保护和绝缘配合设计规范

GB/T 50065　交流电气装置的接地设计规范

四、电力及相关行业标准

DL 755　电力系统安全稳定导则

DL 5053　火力发电厂职业安全设计规程

DL/T 246　化学监督导则

DL/T 298　发电机定子绕组端部电晕检测与评定导则

DL/T 300　火电厂凝汽器管防腐防垢导则

DL/T 333.1　火电厂凝结水精处理系统技术要求　第1部分：湿冷机组

DL/T 333.2　火电厂凝结水精处理系统技术要求　第2部分：空冷机组

DL/T 364　光纤通道传输保护信息通用技术条件

DL/T 393　输变电设备状态检修试验规程

DL/T 435　电站锅炉炉膛防爆规程

DL/T 438　火力发电厂金属技术监督规程

DL/T 466　电站磨煤机及制粉系统选型导则

DL/T 475　接地装置特性参数测量导则

DL/T 496　水轮机电液调节系统及装置调整试验导则

DL/T 507　水轮发电机组启动试验规程

DL/T 544　电力通信运行管理规程

DL/T 547　电力系统光纤通信运行管理规程

DL/T 556　水轮发电机组振动监测装置设置导则

DL/T 559　220kV～750kV电网继电保护装置运行整定规程

DL/T 561　火力发电厂水汽化学监督导则

DL/T 563　水轮机电液调节系统及装置技术规程

DL/T 571　电厂用磷酸酯抗燃油运行维护导则

DL/T 578　水电厂计算机监控系统基本技术条件

DL/T 584　3kV～110kV电网继电保护装置运行整定规程

DL/T 587　继电保护和安全自动装置运行管理规程

DL/T 595 六氟化硫电气设备气体监督导则

DL/T 596 电力设备预防性试验规程

DL/T 607 汽轮发电机漏水、漏氢的检验

DL/T 612 电力行业锅炉压力容器安全监督规程

DL/T 616 火力发电厂汽水管道与支吊架维修调整导则

DL/T 619 水电厂自动化元件（装置）及其系统运行维护与检修试验规程

DL/T 620 交流电气装置的过电压保护和绝缘配合

DL/T 623 电力系统继电保护及安全自动装置运行评价规程

DL 647 电站锅炉压力容器检验规程

DL/T 651 氢冷发电机氢气湿度技术要求

DL/T 655 火力发电厂锅炉炉膛安全监控系统验收测试规程

DL/T 656 火力发电厂汽轮机控制及保护系统验收测试规程

DL/T 657 火力发电厂模拟量控制系统验收测试规程

DL/T 658 火力发电厂开关量控制系统验收测试规程

DL/T 659 火力发电厂分散控制系统验收测试规程

DL/T 664 带电设备红外线诊断应用规范

DL/T 684 大型发电机变压器继电保护整定计算导则

DL/T 705 运行中氢冷发电机用密封油质量标准

DL/T 710 水轮机运行规程

DL/T 712 发电厂凝汽器及辅机冷却器管选材导则

DL/T 724 电力系统用蓄电池直流电源装置运行与维护技术规程

DL/T 735 大型汽轮发电机定子绕组端部动态特性的测量及评定

DL/T 741 架空输电线路运行规程

DL/T 748.4 火力发电厂锅炉机组检修导则 第4部分：制粉系统检修

DL/T 774 火力发电厂热工自动化系统检修运行维护规程

DL/T 781 电力用高频开关整流模块

DL/T 794 火力发电厂锅炉化学清洗导则

DL/T 801 大型发电机内冷却水质及系统技术要求

DL/T 805.1 火电厂汽水化学导则 第1部分：锅炉给水加氧处理导则

DL/T 805.4 火电厂汽水化学导则 第4部分：锅炉给水处理

DL/T 817 立式水轮发电机检修技术规程

DL/T 819　火力发电厂焊接热处理技术规程

DL/T 822　水电厂计算机监控系统试验验收规程

DL/T 827　灯泡贯流式水轮发电机组起动试验规程

DL/T 831　大容量煤粉燃烧锅炉炉腔选型导则

DL/T 869　火力发电厂焊接技术规程

DL/T 889　电力基本建设热力设备化学监督导则

DL/T 924　火力发电厂厂级监控信息系统技术条件

DL/T 956　火力发电厂停（备）用热力设备防锈蚀导则

DL/T 995　继电保护和电网安全自动装置检验规程

DL/T 997　火电厂石灰石-石膏湿法脱硫废水水质控制指标

DL/T 1009　水电厂计算机监控系统维护规程

DL/T 1039　发电机内冷水处理导则

DL/T 1056　发电厂热工仪表及控制系统技术监督导则

DL/T 1083　火力发电厂分散控制系统技术条件

DL/T 1091　火力发电厂锅炉炉膛安全监控系统技术规程

DL/T 1115　火力发电厂机组大修化学检查导则

DL/T 1164　汽轮发电机运行导则

DL/T 5003　电力系统调度自动化设计规程

DL/T 5035　发电厂供暖通风与空气调节设计规范

DL/T 5038　灯泡贯流式水轮发电机组安装工艺规程

DL/T 5044　电力工程直流系统设计技术规程

DL/T 5072　发电厂保温油漆设计规程

DL/T 5121　火力发电厂烟风煤粉管道设计技术规程

DL/T 5145　火力发电厂制粉系统设计计算技术规定

DL/T 5175　火力发电厂热工控制系统设计技术规定

DL/T 5182　火力发电厂热工自动化就地设备安装、管路、电缆设计技术规定

DL/T 5190.5　电力建设施工及验收技术规范　第 5 部分：管道及系统

DL/T 5227　火力发电厂辅助系统（车间）热工自动化设计技术规定

DL/T 5428　火力发电厂热工保护系统设计技术规定

DL/T 5440　重覆冰架空输电线路设计技术规程

DL/T 5537　火力发电厂供热首站设计规范

AQ 3013　危险化学品从业单位安全标准化通用规范

HJ 75　固定污染源烟气（SO_2、NO_x、颗粒物）排放连续监测技术规范

HJ 76　固定污染源烟气（SO_2、NO_x、颗粒物）排放连续监测系统技术要求及检测方法

HJ 941　企业突发环境事件风险分级方法

HJ/T 353　水污染源在线监测系统安装技术规范（试行）

SY 6503　石油天然气工程可燃气体检测报警系统安全规范

Q/DG 1-K401　火力发电厂分散控制系统（DCS）技术规范书

CJJ 34　城镇供热管网设计规范

CJJ 51　城镇燃气设施运行、维护和抢修安全技术规程

DRZ/T01　火力发电厂锅炉汽包水位测量系统技术规定

五、其他引用文件

国家能源局　防止电力生产事故的二十五项重点要求及编制释义

国家电网有限公司　十八项电网重大反事故措施（2018 修订版）

国网（调/4）457　国家电网公司网源协调管理规定

中国国电集团公司　中国国电集团公司二十五项重点反事故措施（2015 版）

中国大唐集团公司　中国大唐集团公司防止电力生产事故的二十五项重点要求实施细则（2015 版）

国华电力公司　国华电力防止电力生产重大事故的二十五项重点要求（2010 年版）

国华电力公司　2011～2017 年国华电力公司典型设备故障汇编

国华电力公司　GHFA-27-TB-28 机炉外管道检查管理标准

国华电力公司　GHFD-05-15 国华公司锅炉防磨防爆检查管理制度

国华电力公司　烟气脱硝氨区作业安全技术规定

国华电力公司　关于进一步加强励磁变压器设备管理的通知　国华电生传〔2018〕53 号

国华电力公司　关于加强发电机出线套管管理的通知　国华电生传〔2018〕92 号

《国华电力公司防止电力生产事故的二十五项重点措施》（2019版）编制说明

《国华电力防止电力生产重大事故的二十五项重点要求》在2010年发布执行后，对国华电力公司安全生产特别是防范重大安全、环保、设备事故发挥了重要作用。

随着电力技术的快速发展和中国电力改革的不断深化，电力安全生产工作过程中出现了一些新问题、新情况，电力安全事故发展规律和形态已经发生变化，电力安全监管面临新形势和新挑战，为此，国家能源局于2014年4月发布了《防止电力生产事故的二十五项重点要求》（简称"二十五项反措"）。

2016年以后，中共中央、国务院积极推动安全生产领域改革，安全、环保有关法律法规颁布生效，为进一步适应电力安全监管的需要，更好地落实国家能源局相关要求，国华电力公司启动了《国华电力公司防止电力生产重大事故的二十五项重点要求》的编制工作。

2019年3月6日，国华电力公司下发了关于修订《国华电力公司防止电力生产重大事故的二十五项重点要求》的通知，召开了编制工作启动会，明确了编制工作的指导思想、工作内容、编写分工等，成立了编写委员会。公司要求本次修编要全面贯彻落实国家安全生产法律法规，强化安全风险分级管控，进一步提高管控标准，坚决杜绝重伤及以上人身事故、杜绝火灾事故、杜绝重大环保事件，有效防范二类及以上的发电设备障碍。

通过调研国内五大发电集团、地方能源投资集团公司，征求一线生产人员的意见，并向编写委员会汇报，确定了本次修编的基本原则是：以国家能源局《防止电力生产事故的二十五项重点要求》为蓝本，保持其基本框架和条款分类；对《国华电力防止电力生产重大事故的二十五项重点要求》进行重新梳理、分类归纳，并结合国华电力公司多年来机组典型设备故障案例、安全生产管理与技术创新成果进行补充完善。

文稿经过国华电力公司内部八次集中讨论、数易其稿。文稿先在国华电力公司内部进行专业审查和征求意见，后委托中国电机工程学会进行专家审查，最终形成《国华电力公司防止电力生产事故的二十五项重点措施》（2019 版）。

本版反措主要内容仍为二十五项，由王顶辉博士统稿，其中第一项"防止人身伤亡事故"、第二项"防止火灾事故"内容修编由孙志春博士负责；第三项至第六项（"防止电气误操作事故""防止系统稳定破坏事故""防止发电厂、变电站全停事故""防止机网协调及风电大面积脱网事故"）第十九项至第二十一项（"防止继电保护事故""防止发电机励磁系统事故""防止电力调度自动化系统、电力通信网及信息系统事故"）内容修编由王茂高级工程师负责；第七项"防止锅炉事故"内容修编由谢建文教授级高级工程师主笔，赵慧传教授级高级工程师、王晨高级工程师共同参与；第八项"防止压力容器等承压设备爆破事故"内容修编由赵慧传教授级高级工程师负责；第九项"防止汽轮机、燃气轮机事故"内容修编由王顶辉博士、刘辉博士负责；第十项"防止热控制系统、保护失灵事故"内容修编由岳建华教授级高级工程师负责；第十一项至第十八项（"防止发电机损坏事故""防止大型变压器损坏事故""防止 GIS、开关设备事故""防止电力补偿设备损坏事故""防止互感器损害事故""防止电力电缆损坏事故""防止接地网和过电压事故""防止输变电设备事故"）内容修编由韩长利教授级高级工程师负责；第二十二项"防止供热中断事故"为本次新增加内容，由王顶辉博士主笔、张建丽教授级高级工程师、谢建文教授级高级工程师、刘辉博士共同参与；第二十三项"防止水轮发电机组（含抽水蓄能机组）事故"，内容无修改。第二十四项"防止垮坝、水淹厂房及厂房坍塌事故"内容修编由李飒岩教授级高级工程师负责；第二十五项"防止重大环境污染事故"内容修编由周洪光教授级高级工程师负责；化学专家张建丽教授级高级工程师全程参加了反措各章节中化学专业相关内容修编工作。

本次修编，根据国华电力公司所属电厂设备或系统及其运行状况，对国家能源局 2014 版二十五项反措中的一些条目进行了拆分，对发电厂不涉及的电网相关设备设施内容进行了删除。考虑到供热保障的重要性，增加了"防止供热中断事故"条目及相关内容。补充了新技术设备的相关内容，细化、量化了部分条款和要求。与国家能源局 2014 版二十五项反措相比，总条目仍为二十五项，新增条款 357 条，删除条款 56 条，修改条款 299 条，总条款数为 1902 条。

本版二十五项反措按照故障类型和专业划分进行了重新排序，主要调整内容如下：

（1）删除了与发电厂关联性不强的原第十五项"防止输电线路事故"（部分）和原第二十一项"防止直流换流站设备损坏和单双极强迫停运事故"两项反措及其相关内容，以及原第二十二项"防止发电厂、变电站全停及重要客户停电事故"中防止重要用户停电事故的反措及相关内容。

（2）增加了第二十二项"防止供热中断事故"条目及相关措施；重点强调热网系统故障，从汽轮机、锅炉、化水、输煤等方面提出防止供热中断的具体要求。

（3）原第二项"防止火灾事故"中"防止制粉系统爆炸事故"相关内容并入第七项"防止锅炉事故"中的"防止制粉系统爆炸和煤尘爆炸事故"条款中。

（4）原第七项"防止压力容器等承压设备爆破事故"中的"防止氢罐爆炸事故"相关内容并入第二项"防止火灾事故"中的"防止氢气系统爆炸事故"条款，其他条款并入"严格执行压力容器定期检验制度"条款中。

（5）原第九项"防止分散控制系统控制、保护失灵事故"改为"防止热工控制系统、保护失灵事故"。原因为：DCS经过三十年的发展，技术已经成熟，热控DCS原因造成的事故比重下降，诸如电源、就地设备故障增加，热控专业需要全面进行风险辨识，控制事故的发生。

（6）将原第十二项"防止大型变压器损坏和互感器事故"一项反措拆分为"防止大型变压器损坏事故"和"防止互感器事故"两项反措。在防止互感器事故中增加了防止干式互感器事故发生的相关内容，并从产品选型和试验等角度对油浸式互感器、气体绝缘互感器、干式互感器分别提出了要求。

（7）原第十六项"防止污闪事故"改为"防止输变电设备事故"。原因为：本次措施修编，将能源局2014版《防止电力生产事故的二十五项重点要求》"防止输电线路事故"中"防止绝缘子和金具断裂事故"内容移到本项。

（8）原第二十项"防止串联电容器补偿装置和并联电容器装置事故"改为"防止电力补偿设备损坏事故"。原因为：国华电力公司没有串联电容器补偿装置和并联电容器装置，但有用于电力补偿的电容器和电抗器设备，故名称改为"防止电力补偿设备损坏事故"。

主要修改和增加内容如下：

（1）第一项"防止人身伤亡事故"，根据近年来人生伤亡事故发生特点，在"防止灼伤事故"中增加了酸碱储藏运输、锅炉清灰以及水压试验的相关要求；在"防止起重伤害事故"中增加了施工方案审查、作业前检查、双机台吊作业等相关要求。

（2）第二项"防止火灾事故"，考虑到湿式电除尘器使用越来越多，湿除着火时有发生，故从工艺设计、材料选用、运行操作、检修施工等方面提出相关要求，增加了"防止湿式静电除尘器着火事故"条款。

（3）第三项"防止电气误操作事故"，根据近年来电力系统内事故经验教训，参考 2018 版《国家电网有限公司十八项电网重大反事故措施》相关内容，增加了防止电气误操作事故的规范化操作条款。

（4）第四项"防止系统稳定破坏事故"，根据国家电网公司对 AVC 的要求以及新型电网结构对控制逻辑保护的要求提出了防止系统稳定破坏事故措施。

（5）第五项"防止发电厂、变电站全停事故"部分内容，参考 2018 版《国家电网有限公司十八项电网重大反事故措施》对防止发电厂、变电站全停事故措施进行了补充和完善，删除了防止重要客户停电事故的反措及相关内容。

（6）第六项"防止机网协调及风电机组大面积脱网事故"，根据 2018 版《国家电网有限公司十八项电网重大反事故措施》以及系统内电厂实际情况提出了防止机网协调事故的措施。

（7）第七项"防止锅炉事故"，将"防止火灾事故"中"防止制粉系统爆炸事故"移动到"防止制粉系统爆炸和煤尘爆炸事故"，并增加炉膛选型、炉膛压力保护、贴壁烟气气氛监测、受热面管材选取、调峰运行、热偏差控制、氧化皮防治等措施。

（8）第八项"防止压力容器等承压设备爆破事故"，原"防止氢气爆炸事故"中氢气防爆内容并入第二项的"防止氢气系统爆炸事故"，氢罐定期检验内容并入第八项的"防止压力容器等承压设备爆破事故"。

（9）第九项"防止汽轮机、燃气轮机事故"，根据近期系统内燃气机组多次发生的事故和故障，增加了"防止燃气轮机叶片损坏事故""防止燃气轮机燃烧热通道部件损坏故障""防止燃气轮机进气系统堵塞故障""防止燃气轮机燃气调压系统故障"等条款。

（10）第十项"防止热工控制系统、保护失灵事故"，考虑到热控电源、就地设备故障增加，需要全面进行风险辨识，控制事故发生，增加了"防止热控电源故障及接地引起的事故"和"防止热控就地设备故障引起的事故"

等条款。

(11) 第十一项"防止发电机损坏事故"，针对公司下属电厂发电机励磁变和出线套管多次出现故障，造成机组停机，增加了"防止励磁变压器故障引起发电机跳闸"和"防止出线套管故障引起发电机跳闸"等条款。

(12) 第十二项"防止大型变压器损坏事故"，考虑到电网直流输电设施发展较快，部分电厂主变压器存在直流偏磁现象，提出了防止直流偏磁损伤变压器的措施，增加了"防止过热和直流偏磁导致事故"条款。

(13) 第十三项"防止 GIS、开关设备事故"，针对近年 GIS 不安全事件补充了部分运行与维护要求。

(14) 第十四项"防止电力补偿设备损坏事故"，根据电力系统内设备情况增加了"防止无功补偿装置（SVC、SVG）损坏事故"相关措施。

(15) 第十五项"防止互感器损坏事故"，根据 2018 版《国家电网有限公司十八项电网重大反事故措施》以及国华公司电气设备情况增加了防止互感器损坏相关措施。

(16) 第十六项"防止电力电缆损坏事故"，根据国华电力公司电气专业近年来相关要求，增加了"防止电力电缆损坏"相关措施。

(17) 第十七项"防止接地网和过电压事故"，增加了"防止避雷针事故"相关条款，对避雷针设计、维护等提出了要求。

(18) 第十八项"防止输变电设备事故"，包含了"防止外绝缘污闪事故"和"防止线路绝缘子和金具断裂事故"两部分内容。

(19) 第十九项"防止继电保护事故"，根据 2018 版《国家电网有限公司十八项电网重大反事故措施》，并结合近期电力系统内机组事故，对影响机组运行稳定及电网安全的重要保护提出了操作和管理要求。

(20) 第二十项"防止发电机励磁系统事故"，增加了防止励磁调节器上电时可能误跳闸的操作要求。

(21) 第二十一项"防止电力调度自动化系统、电力通信网络及信息系统事故"，对电力调度自动化系统二次安全防护、网络信息安全、移动存储设备使用等提出了要求。

(22) 第二十二项"防止供热中断事故"，从供热安全生产管理、热网系统、汽轮机、锅炉、化水、输煤等方面提出防止供热中断的具体要求。

(23) 第二十三项"防止水轮发电机组（含抽水蓄能机组）事故"，该项条款内容无修改。

（24）第二十四项"防止垮坝、水淹厂房及厂房坍塌事故"，根据近期电力系统内事故情况，增加了防止泄洪区管线冲刷、灰场垮坝、屋面积灰坍塌、洪水海水倒灌等事故发生的要求。

（25）第二十五项"防止重大环境污染事故"，根据近年来环保政策变化以及环境保护要求增加了防止煤场扬尘、码头卸煤污染水体和灰场污染地下水的要求。

中国电机工程学会受我方委托，组织国内著名技术专家、安全管理专家以及五大发电集团的专家、代表对送审稿进行了认真审查，提出了非常有价值的修改建议，在此对中国电机工程学会的领导、工作人员以及外审专家一并表示感谢。

文稿会审阶段，陕西国华锦界能源有限责任公司、宁夏国华宁东发电有限公司、天津国华盘山发电有限责任公司、浙江国华余姚燃气发电有限责任公司协助组织区域电厂进行审查，并提出了很多建议，在此表示感谢。

鉴于编制人员水平和时间所限，难免存在不足之处，如果在执行过程中存在一些问题，请及时反馈至国华电力公司生产技术部（电子信箱：dinghui.wang@chnenergy.com.cn），以便及时研究或在下次编写时修正。

《国华电力公司防止电力生产事故的二十五项重点措施》
编写委员会
2019 年 10 月 10 日